Java Web 开发技术教程

（第三版）

张娜 王嘉 编著

清华大学出版社
北京

内 容 简 介

本书基于 CDIO 工程教育模式,以 JSP 2.0 技术为主线,介绍了 Web 应用系统开发的相关内容。全书共 15 章,第 1～3 章介绍动态网页开发技术概述、开发环境和静态网页开发技术。第 4、5 章介绍 JSP 基本语法与内置对象。第 6 章介绍 JDBC 技术。第 7～9 章介绍基于 MVC 模式开发 Web 应用系统的相关技术。第 10 章介绍自定义标签。第 11、12 章介绍表达式语言和标准标签库。第 13 章介绍 Java Web 开发的常用功能。第 14 章是一个完整的项目实战案例。第 15 章介绍 Java Web 开发框架。

本书不仅可以作为计算机相关专业本科生的 Java Web 课程教材,也可供 Java Web 开发技术人员参考。

本书封面贴有清华大学出版社防伪标签,无标签者不得销售。
版权所有,侵权必究。举报: 010-62782989,beiqinquan@tup.tsinghua.edu.cn。

图书在版编目(CIP)数据

Java Web 开发技术教程/张娜,王嘉编著. —3 版. —北京: 清华大学出版社,2023.1(2023.8重印)
ISBN 978-7-302-62516-2

Ⅰ. ①J… Ⅱ. ①张… ②王… Ⅲ. ①JAVA 语言－程序设计－教材 Ⅳ. ①TP312.8

中国国家版本馆 CIP 数据核字(2023)第 005100 号

责任编辑:刘向威
封面设计:文　静
责任校对:焦丽丽
责任印制:丛怀宇

出版发行:清华大学出版社
网　　址:http://www.tup.com.cn,http://www.wqbook.com
地　　址:北京清华大学学研大厦 A 座
邮　　编:100084
社 总 机:010-83470000
邮　　购:010-62786544
投稿与读者服务:010-62776969,c-service@tup.tsinghua.edu.cn
质量反馈:010-62772015,zhiliang@tup.tsinghua.edu.cn
课件下载:http://www.tup.com.cn,010-83470236

印 装 者:三河市人民印务有限公司
经　　销:全国新华书店
开　　本:185mm×260mm　　印　张:27　　字　数:638 千字
版　　次:2011 年 1 月第 1 版　2023 年 1 月第 3 版　印　次:2023 年 8 月第 2 次印刷
印　　数:1501～3000
定　　价:79.00 元

产品编号:099155-01

前 言

  CDIO 工程教育模式是近年来国际工程教育改革的最新成果。CDIO 代表构思(Conceive)、设计(Design)、实施(Implement)和运行(Operate),它以系统从研发到运行的生命周期为载体,让学生以主动和实践的方式学习工程的理论、技术与经验,使课程之间建立有机联系。CDIO 模式把培养目标融入整个课程体系中,每个能力点都要具体落实到课内和课外活动中。

  本书结合 CDIO 理念对教学方式进行改革,使用案例和项目相结合的方式讲解知识。知识点的引入和说明采用案例教学法,随后引入符合 CDIO 教学模式的各级项目,强调"做中学",强化知识点的运用,重点培养学生的工程应用能力,以满足市场对应用型人才的需求。

  全书贯穿一个 Web 应用系统(图书管理系统)的开发项目,从静态页面设计→连接数据库完成动态功能→基于 MVC 模式的系统改进→基于 Web 框架的系统实现,一步一步向读者介绍 Web 应用系统开发过程中用到的相关知识,循序渐进地引导读者完成系统开发,提高读者 Web 应用系统开发的实践能力。

  本书注重培养学生的实践能力,结合 CDIO 的理念,让学生能够更好地理解所学内容,做到理论联系实际。书中通过项目构思和设计模块培养学生分析问题和解决问题的能力,通过项目实现模块提高学生的编码能力。

  全书共分为 15 章,各章内容如下。

  第 1 章是动态网页开发技术概述,介绍了动态网页技术以及 JSP 的基本概念、特点和运行原理。

  第 2 章介绍如何采用 JDK+Tomcat+Eclipse 搭建 JSP 开发平台。

  第 3 章讲述静态网页的开发技术 HTML、JavaScript 和 CSS,并引入贯穿全书的案例——图书管理系统。

  第 4 章介绍 JSP 的基本语法,包括基本规范、脚本元素和动作元素等。

  第 5 章介绍 JSP 页面中使用的内置对象,并结合这些对象的特点给出对应的练习项目。

  第 6 章介绍数据库连接技术,讲述 MySQL 数据库的安装和使用,JDBC 连接数据库的步骤,并给出完整的图书管理系统的项目实现。

  第 7 章介绍 JavaBean 组件在 JSP 中的应用,并给出使用 JavaBean 连接数据库的项目实现。

  第 8 章讲述 Servlet 技术,介绍 Servlet 的编写、配置和访问以及 Servlet 过滤器。

第9章从Web应用构架的角度,介绍了JSP开发的两种模型,并给出了基于两种模型实现的练习项目;另外,基于MVC模式改写了图书管理系统。

第10章讲述自定义标签的开发和使用,并针对不同形式的标签分别给出对应的练习项目。

第11章介绍表达式语言(EL)的基本概念、相关运算符以及隐含对象。

第12章介绍标准标签库(JSTL)的基本原理以及核心标签库、格式标签库、函数标签库、SQL标签库和XML标签库的使用,并给出了使用核心标签库实现的图书管理系统的前端页面以及使用SQL标签库实现的数据库连接项目。

第13章讲述了Java Web开发的常用功能,包括文件的上传下载、分页处理、Java Mail、树形菜单以及对应的练习项目。

第14章是项目实战,给出了一个完整的Web应用系统,讲述项目从构思、设计到实施和运行的全过程。

第15章讲述了Java Web开发框架,分别介绍了Spring、Spring MVC和MyBatis框架,并给出了对应的练习项目。

本书在编写时注重实用性和实践性。通过大量的实例和项目使读者可以快速地学以致用,掌握基于JSP技术的Web应用系统开发。本书是2016年8月出版的《Java Web开发技术教程》(第二版)的升级版,与第二版相比,重点升级了开发工具、开发环境与运行环境的版本,书中的所有代码均在JDK 8+Tomcat 9+Eclipse 4.18+MySQL 8开发平台上通过调试和运行。除此之外,将第二版的SSH(Struts2、Hibernate和Spring)框架升级为时下更为常用的SSM框架(Spring、Spring MVC和MyBatis),并对书中的项目基于新框架重新实现。

本书第1~7章由张娜编写,第8~15章由王嘉编写,全书由张娜统稿。本书在编写过程中还得到了金焱、姜仲和陈宁的大力支持,在此表示衷心的感谢。

本书的编者为一线教师或具有多年开发经验的软件工程师,书中的内容是多年教学和实践的积累,但因水平有限,错误和不妥之处在所难免,敬请读者批评指正。

编 者

2022年8月

目　录

第1章　动态网页开发技术概述 ……………………………………………… 1

1.1　动态网页技术 …………………………………………………………… 1
1.1.1　Servlet 技术 ……………………………………………………… 2
1.1.2　JSP 技术 ………………………………………………………… 2
1.1.3　ASP 和 ASP.NET 技术 ………………………………………… 2
1.1.4　PHP 技术 ………………………………………………………… 3
1.2　JSP 简介 ………………………………………………………………… 3
1.2.1　JSP 的示例 ……………………………………………………… 3
1.2.2　JSP 的运行原理 ………………………………………………… 4
1.2.3　JSP 的特点 ……………………………………………………… 4
1.2.4　JSP 2.0 新功能 …………………………………………………… 5
本章小结 ……………………………………………………………………… 5
习题 …………………………………………………………………………… 6

第2章　搭建开发和运行环境 …………………………………………………… 7

2.1　Java Web 开发和运行环境概述 ………………………………………… 7
2.2　项目1：安装 JDK ……………………………………………………… 8
2.3　项目2：安装 Tomcat …………………………………………………… 9
2.4　项目3：在 Tomcat 下开发 Web 应用 ………………………………… 10
2.5　项目4：安装和配置 Eclipse …………………………………………… 11
2.6　项目5：在 Eclipse 中开发 Web 应用 ………………………………… 17
本章小结 ……………………………………………………………………… 20
实验 …………………………………………………………………………… 20

第3章　静态网页开发技术 ……………………………………………………… 21

3.1　HTML …………………………………………………………………… 21
3.1.1　HTML 简介 ……………………………………………………… 21
3.1.2　HTML 常用标签 ………………………………………………… 22

		3.1.3	HTML 中的表格 ………………………………………… 27
		3.1.4	HTML 表单 …………………………………………… 29
		3.1.5	项目 1：用户注册页面的开发 ………………………… 33
		3.1.6	项目 2：图书管理系统的静态页面 …………………… 34
	3.2	JavaScript ………………………………………………………… 37
		3.2.1	JavaScript 简介 ……………………………………… 37
		3.2.2	JavaScript 中的事件 ………………………………… 37
		3.2.3	JavaScript 中的对象 ………………………………… 38
		3.2.4	将 JavaScript 代码加入 HTML 文件中 ……………… 40
		3.2.5	项目 3：使用 JavaScript 进行用户注册信息的客户端验证 …… 40
	3.3	CSS ……………………………………………………………… 43
		3.3.1	什么是 CSS ………………………………………… 43
		3.3.2	CSS 语法格式 ………………………………………… 45
		3.3.3	CSS 选择符 …………………………………………… 46
		3.3.4	CSS 设置方式 ………………………………………… 48
		3.3.5	项目 4：使用 CSS 美化用户注册页面 ………………… 49
	3.4	项目 5：加入 CSS 和 JavaScript 的图书管理系统 ……………… 52
		3.4.1	项目构思 ……………………………………………… 52
		3.4.2	项目设计 ……………………………………………… 52
		3.4.3	项目实施 ……………………………………………… 53
		3.4.4	项目运行 ……………………………………………… 55
本章小结 ………………………………………………………………………… 55
习题 ……………………………………………………………………………… 55
实验 ……………………………………………………………………………… 55

第 4 章 JSP 基本语法 ……………………………………………… 56

4.1	JSP 基本规范 …………………………………………………… 56
4.2	JSP 脚本元素 …………………………………………………… 57
	4.2.1 脚本段 ………………………………………………… 57
	4.2.2 声明 …………………………………………………… 58
	4.2.3 表达式 ………………………………………………… 60
	4.2.4 表达式语言 …………………………………………… 61
4.3	注释 …………………………………………………………… 61
4.4	指令元素 ……………………………………………………… 64
	4.4.1 page 指令 …………………………………………… 64
	4.4.2 include 指令 ………………………………………… 69
	4.4.3 taglib 指令 …………………………………………… 70
4.5	动作元素 ……………………………………………………… 70

4.5.1 <jsp:include>和<jsp:param> ··· 71
　　　4.5.2 项目1：<jsp:include>的使用 ··· 72
　　　4.5.3 <jsp:forward> ··· 73
　　　4.5.4 项目2：<jsp:forward>的使用 ·· 74
　本章小结 ··· 75
　实验 ··· 76

第 5 章　JSP 内置对象 ··· 77

　5.1 内置对象概述 ··· 77
　5.2 out 对象 ··· 78
　　　5.2.1 向浏览器输出数据的方法 ··· 78
　　　5.2.2 操作缓冲区的方法 ·· 79
　5.3 request 对象 ·· 80
　　　5.3.1 获取请求头部信息的方法 ··· 80
　　　5.3.2 获取请求参数信息的方法 ··· 82
　　　5.3.3 其他方法 ··· 82
　　　5.3.4 项目1：读取用户的注册信息 ·· 83
　5.4 response 对象 ·· 86
　　　5.4.1 与响应头信息相关的方法 ··· 86
　　　5.4.2 重定向方法 ·· 88
　　　5.4.3 设置响应内容类型的方法 ··· 89
　　　5.4.4 设置响应状态码的方法 ··· 91
　　　5.4.5 其他方法 ··· 94
　　　5.4.6 项目2：模拟用户登录功能 ··· 94
　5.5 session 对象 ·· 97
　　　5.5.1 工作原理 ··· 97
　　　5.5.2 常用方法 ··· 98
　　　5.5.3 项目3：使用 session 实现用户登录验证 ······················ 100
　　　5.5.4 项目4：使用 session 实现购物车 ································· 101
　　　5.5.5 Cookie 简介 ·· 106
　　　5.5.6 项目5：使用 Cookie 实现自动登录功能 ······················ 109
　5.6 application 对象 ··· 112
　　　5.6.1 常用方法 ··· 112
　　　5.6.2 项目6：使用 application 实现网页访问计数功能 ········· 112
　5.7 其他内置对象 ··· 113
　　　5.7.1 pageContext 对象 ··· 113
　　　5.7.2 config 对象 ··· 115
　　　5.7.3 page 对象 ··· 115

5.7.4　exception 对象 ································· 115
本章小结 ··· 115
实验 ··· 116

第 6 章　访问数据库 ····································· 117

6.1　项目 1：安装、配置和使用 MySQL ················· 117
6.2　JDBC 技术 ·· 126
　　6.2.1　JDBC 简介 ···································· 126
　　6.2.2　JDBC API ····································· 127
　　6.2.3　JDBC 访问数据库的步骤 ······················ 130
6.3　项目 2：连接数据库实现图书管理系统 ·············· 131
本章小结 ··· 139
习题 ··· 139
实验 ··· 139

第 7 章　使用 JavaBean 组件 ··························· 140

7.1　JavaBean 组件 ······································ 140
　　7.1.1　JavaBean 简介 ································ 140
　　7.1.2　创建 JavaBean ································ 141
　　7.1.3　部署 JavaBean ································ 143
7.2　在 JSP 中使用 JavaBean ····························· 144
　　7.2.1　在脚本元素中使用 JavaBean ·················· 144
　　7.2.2　<jsp:useBean> ································ 145
　　7.2.3　<jsp:setProperty> ··························· 146
　　7.2.4　<jsp:getProperty> ··························· 148
7.3　项目 1：连接数据库的 JavaBean ···················· 149
7.4　项目 2：使用 JavaBean 实现图书管理系统 ·········· 152
本章小结 ··· 159
习题 ··· 159
实验 ··· 159

第 8 章　Servlet 技术 ···································· 160

8.1　Servlet 介绍 ··· 160
　　8.1.1　Servlet 概述 ··································· 160
　　8.1.2　Servlet 的生命周期 ···························· 160
　　8.1.3　Servlet 与 JSP ································· 161
8.2　项目 1：简单 Servlet 的开发 ························· 161
8.3　Servlet 常用 API ···································· 165

| 8.3.1　HttpServlet 的常用方法 ·· 165
| 8.3.2　HttpServletRequest 的常用方法 ·· 165
| 8.3.3　HttpServletResponse 的常用方法 ·· 166
| 8.4　项目 2：模拟登录身份验证 ·· 166
| 8.5　Servlet 过滤器 ·· 170
| 8.5.1　Servlet 过滤器概述 ·· 170
| 8.5.2　Servlet 过滤器 API ·· 170
| 8.6　项目 3：不缓存页面的过滤器 ·· 171
| 8.7　项目 4：登录验证过滤器 ·· 175
| 8.8　Servlet 监听器 ·· 177
| 本章小结 ·· 178
| 习题 ·· 178
| 实验 ·· 178

第 9 章　JSP 的 Model1 和 Model2 ·· 179

   9.1　Model1 和 Model2 概述 ·· 179
       9.1.1　Model1：JSP＋JavaBean ·· 179
       9.1.2　Model2：JSP＋Servlet＋JavaBean ·· 180
   9.2　项目 1：基于 Model1 的四则运算器 ·· 181
   9.3　项目 2：基于 Model2 的四则运算器 ·· 184
   9.4　项目 3：基于 Model1 的用户注册和信息显示 ·· 187
   9.5　项目 4：基于 Model2 的用户注册和信息显示 ·· 193
   9.6　项目 5：基于 Model2 的图书管理系统 ·· 200
   本章小结 ·· 205
   习题 ·· 205
   实验 ·· 206

第 10 章　自定义标签 ·· 207

   10.1　自定义标签概述 ·· 207
       10.1.1　自定义标签的种类 ·· 207
       10.1.2　自定义标签的开发步骤 ·· 208
   10.2　项目 1：HelloTag 自定义标签 ·· 208
   10.3　项目 2：带有属性的自定义标签 ·· 214
   10.4　项目 3：带有标签体的自定义标签 ·· 217
   10.5　项目 4：迭代标签的开发 ·· 219
   10.6　项目 5：简单标签的开发 ·· 223
   10.7　标签文件 ·· 226
       10.7.1　项目 6：有属性无标签体的标签文件开发 ·· 226

10.7.2 项目 7：带有标签体的标签文件的开发 ……………………………………… 227

本章小结 ……………………………………………………………………………………… 229

习题 …………………………………………………………………………………………… 229

实验 …………………………………………………………………………………………… 229

第 11 章 表达式语言 230

11.1 EL 简介 ………………………………………………………………………………… 230
  11.1.1 EL 的概念 ………………………………………………………………………… 230
  11.1.2 EL 语法 …………………………………………………………………………… 230
  11.1.3 数据访问操作符 …………………………………………………………………… 232
  11.1.4 EL 保留字 ………………………………………………………………………… 233

11.2 EL 运算符 ……………………………………………………………………………… 234
  11.2.1 算术运算符 ………………………………………………………………………… 234
  11.2.2 逻辑运算符 ………………………………………………………………………… 234
  11.2.3 关系运算符 ………………………………………………………………………… 235
  11.2.4 空运算符 …………………………………………………………………………… 235
  11.2.5 三目运算符 ………………………………………………………………………… 235
  11.2.6 运算符优先级 ……………………………………………………………………… 236
  11.2.7 自动类型转换 ……………………………………………………………………… 236

11.3 EL 隐含对象 …………………………………………………………………………… 236
  11.3.1 项目 1：pageContext 对象的使用 ……………………………………………… 237
  11.3.2 项目 2：param 和 paramValues 对象的使用 …………………………………… 239
  11.3.3 项目 3：header 和 headerValues 对象的使用 ………………………………… 240
  11.3.4 项目 4：cookie 对象的使用 …………………………………………………… 242
  11.3.5 项目 5：initParam 对象的使用 ………………………………………………… 244
  11.3.6 项目 6：与范围有关的对象的使用 ……………………………………………… 245

本章小结 ……………………………………………………………………………………… 246

习题 …………………………………………………………………………………………… 247

第 12 章 标准标签库 248

12.1 JSTL 简介 ……………………………………………………………………………… 248
  12.1.1 JSTL 入门 ………………………………………………………………………… 248
  12.1.2 JSTL 安装和配置 ………………………………………………………………… 249
  12.1.3 JSTL 的分类 ……………………………………………………………………… 249

12.2 核心标签库 …………………………………………………………………………… 249
  12.2.1 通用标签 …………………………………………………………………………… 249
  12.2.2 条件标签 …………………………………………………………………………… 255
  12.2.3 循环迭代标签 ……………………………………………………………………… 258

		12.2.4	URL 相关标签	264
		12.2.5	项目 1：使用 JSTL 实现图书管理系统的视图层	269
	12.3	格式标签库		271
		12.3.1	国际化(I18N)标签	271
		12.3.2	日期处理标签	278
		12.3.3	数字处理标签	283
	12.4	函数标签库		285
	12.5	SQL 标签库		288
		12.5.1	<sql:setDataSource>标签	288
		12.5.2	<sql:query>标签	289
		12.5.3	<sql:update>标签	290
		12.5.4	<sql:param>和<sql:dateParam>标签	290
		12.5.5	<sql:transaction>标签	290
		12.5.6	项目 2：SQL 标签库的使用	291
	12.6	XML 标签库		295
本章小结				298
习题				298
实验				299

第 13 章　Java Web 开发常用功能　300

	13.1	文件上传		300
		13.1.1	jspSmartUpload 组件	300
		13.1.2	项目 1：采用 jspSmartUpload 组件上传文件	302
		13.1.3	commons-fileupload 组件	305
		13.1.4	项目 2：采用 commons-fileupload 组件上传文件	305
		13.1.5	Servlet 3.0 中的文件上传	308
		13.1.6	项目 3：使用 Servlet 3.0 上传文件	309
	13.2	分页处理		311
		13.2.1	项目 4：用户信息的分页显示	311
		13.2.2	几种用于分页的数据库查询语句	317
	13.3	JavaMail		317
		13.3.1	Email 的相关协议	318
		13.3.2	JavaMail API 简介	318
		13.3.3	项目 5：创建第一封电子邮件	320
		13.3.4	项目 6：创建 HTML 格式的邮件	322
		13.3.5	项目 7：创建带附件的邮件	323
		13.3.6	项目 8：在 JSP 页面中显示接收的邮件	326
		13.3.7	邮件的删除	328

13.4 树形菜单 ... 329
13.4.1 项目 9：采用菜单组件创建静态树形菜单 ... 329
13.4.2 项目 10：采用菜单组件创建动态树形菜单 ... 332
13.4.3 项目 11：隐藏和显示树形菜单 ... 335
本章小结 ... 337
实验 ... 337

第 14 章 项目实战 ... 338
14.1 项目构思 ... 338
14.2 项目设计 ... 338
14.2.1 选择开发模型 ... 338
14.2.2 数据库设计 ... 338
14.3 项目实施 ... 339
14.3.1 创建 Dynamic Web Project ... 339
14.3.2 通用功能实现 ... 339
14.3.3 普通用户功能实现 ... 350
14.3.4 管理员功能实现 ... 362
14.3.5 关键问题说明 ... 373
14.4 项目运行 ... 374
14.4.1 Web Project 的目录结构 ... 374
14.4.2 Web Project 的发布 ... 375
本章小结 ... 376
实验 ... 376

第 15 章 Java Web 开发框架 ... 377
15.1 Web 开发框架概述 ... 377
15.2 Spring 框架 ... 377
15.2.1 Spring 框架简介 ... 378
15.2.2 Spring 框架的配置 ... 380
15.2.3 Spring 的核心技术 ... 380
15.2.4 配置文件中 Bean 的装配 ... 382
15.2.5 使用 Annotation 注解装配 Bean ... 384
15.3 Spring MVC 框架 ... 385
15.3.1 Spring MVC 框架简介 ... 385
15.3.2 Spring MVC 框架的核心组件 ... 386
15.3.3 Spring MVC 框架的工作流程 ... 386
15.3.4 Spring MVC 框架的配置 ... 387
15.4 项目 1：简单的用户登录 ... 388

15.5 MyBatis 框架 ·· 392
    15.5.1 MyBatis 框架概述 ································· 392
    15.5.2 MyBatis 工作原理 ································· 392
    15.5.3 MyBatis 核心配置文件 ·························· 393
    15.5.4 MyBatis 映射文件 ································· 397
15.6 项目 2：使用 SSM 框架开发图书管理系统 ········· 399
本章小结 ··· 413
习题 ·· 414
实验 ·· 414

参考文献 ··· **415**

第 1 章 动态网页开发技术概述

【学习目标】

- 熟悉动态网页技术。
- 掌握 JSP 技术特点和运行原理。
- 了解 JSP 2.0 的新功能。

1.1 动态网页技术

HTML(超文本标记语言)是万维网(WWW,也称为 Web)编程的基础,用它所编写的网页属于静态网页,是指没有后台数据库、不含程序和不可交互的网页。时至今日,Internet 在人们的工作和生活中日渐重要,万维网已经不可能再将功能局限于静态信息发布平台,而应该被赋予更加丰富的内涵。今天的万维网可以提供个性化搜索功能,可以收发电子邮件,可以从事电子商务,可以实现信息交流和共享。为实现以上功能,必须使用更新的网页编程技术制作动态网页。所谓动态,指的并不是包含 Flash 动画的那种可以动的网页,而是可以根据访问者的不同需要,对访问者输入的信息提供不同响应的网页。这就意味着,在访问同一网址时,不同的访问者、不同的时间、不同的输入会得到不同的内容。动态网页技术具有如下 3 个特点。

(1) 交互性。网页会根据用户的要求和选择而动态改变和响应。

(2) 自动更新。无须手动操作,便会自动生成新的页面,可以极大节省工作量。

(3) 随机性。在不同的时间由不同的访问者访问同一网址时会产生不同的页面效果。

使用不同技术编写的动态网页需要保存在 Web 服务器中。当用户使用浏览器向 Web 服务器发出访问动态页面的请求时,Web 服务器将根据用户所访问页面的后缀名确定该页面所使用的网页编程技术,然后把该页面提交给相应的解释引擎;解释引擎执行位于页面的脚本代码以实现不同的功能;最后 Web 服务器把解释引擎的执行结果连同页面上的 HTML 内容以及各种客户端脚本一同返回给用户。虽然用户所接收到的页面与静态

HTML 页面并没有任何区别，但是页面内容实际上已经经过了服务器的处理，实现了动态交互。下面介绍几种常见的动态网页技术。

1.1.1 Servlet 技术

Servlet 技术是 Java Web 开发技术之一。Servlet 是由服务器端调用和执行的 Java 类，是小型的、与平台无关的 Java 类，被用来扩展服务器的性能。虽然 Servlet 可以对任何类型的请求产生响应，但通常只用来扩展 Web 服务器的应用程序。

Servlet 被编译成结构中立的字节码，由基于 Java 的 Web 服务器动态加载和执行。Servlet 通过容器实现的 request 和 response 实例与客户端交互。Servlet 的主要功能在于交互式地浏览和修改数据，生成动态 Web 内容。

1.1.2 JSP 技术

JSP 技术是 Java Web 开发技术之一，Servlet 技术是它的前身。JSP 是 Java Server Pages 的缩写，即基于 Java 的服务器端动态网页。JSP 是由原 Sun Microsystems 公司（现已被 Oracle 收购）倡导、多家公司共同参与建立的一种应用范围广泛的动态网页技术标准。JSP 在传统的 HTML 网页文件（*.htm，*.html）中插入 Java 程序段（Scriptlet）和 JSP 标签（Tag），从而形成 JSP 文件（*.jsp）。用 JSP 开发的 Web 应用是跨平台的，既能在 Linux 下运行，也能在其他操作系统上运行。

JSP 与 Servlet 一样，都是在服务器端执行的。通常返回给客户端的就是一个 HTML 文本，因此客户端只要有浏览器就能浏览。JSP 将网页逻辑与网页设计的显示分离，支持可重用的基于组件的设计，使基于 Web 的应用程序的开发变得迅速和容易。它的主要目的是将表示逻辑从 Servlet 中分离出来。Servlet 是 JSP 的技术基础，大型的 Web 应用程序的开发需要 Servlet 和 JSP 配合才能完成。JSP 具备了 Java 技术的简单易用、面向对象、平台无关性和安全可靠等所有特点。

1.1.3 ASP 和 ASP.NET 技术

ASP 是 Active Server Pages 的缩写，即动态服务器端网页，是代替 CGI 脚本程序的一种应用。ASP 的主要功能是将脚本语言、HTML、组件和 Web 数据库访问功能有机地结合在一起，形成一个能在服务器端运行的应用程序，该应用程序可根据来自浏览器端的请求生成相应的 HTML 文档并回送给浏览器。使用 ASP 能够创建以 HTML 网页作为用户界面，并能够与数据库进行交互的 Web 应用程序。ASP 页面的文件扩展名是.asp，通常用 VBScript 编写。

ASP.NET 是新一代的 ASP。它无法兼容 ASP，但可以引用 ASP。ASP.NET 页面需要编译，因此比 ASP 页面更快。ASP.NET 拥有更好的语言支持、大量的用户控件、基于 XML 的组件以及对用户认证的整合。ASP.NET 页面的扩展名是.aspx，通常用 Visual Basic 或 C♯ 编写。ASP.NET 中的用户控件可以通过不同的语言进行编写，包括 C++ 和 Java。当浏览器请求 ASP.NET 文件时，ASP.NET 引擎读取该文件，编译并执行文件中的脚本，然后以纯 HTML 向浏览器返回结果。

因为 ASP.NET 是基于通用语言的编译运行的程序,其实现完全依赖于虚拟机,所以它拥有跨平台性。ASP.NET 构建的应用程序可以运行在几乎全部的平台上。

1.1.4 PHP 技术

PHP 最初是 Personal Home Page 的缩写,现已正式更名为 PHP：Hypertext Preprocessor,即超文本预处理器。PHP 是一种通用开源脚本语言,它的语法吸收了 C 语言、Java 和 Perl 的特点,易于学习,使用广泛,主要适用于 Web 开发领域。PHP 是当今 Internet 上最流行的脚本语言之一,对各种数据库都有着很好的支持。用户只需要很少的编程知识就能使用 PHP 建立一个真正可交互的 Web 站点。与 ASP、JSP 一样,PHP 也可以结合 HTML 语言使用。它与 HTML 语言具有非常好的兼容性,使用者可以直接在脚本代码中加入 HTML 标签,或者在 HTML 标签中加入脚本代码,从而更好地实现页面控制,提供更加丰富的功能。

1.2 JSP 简介

1.2.1 JSP 的示例

【例 1-1】 hello.jsp

```
<%@ page language="java" contentType="text/html; charset=utf-8" %>
<%@ page import="java.util.Date" %>
<html>
<body>
<p>你好,现在的时间是:<%= new Date().toLocaleString() %></p>
</body>
</html>
```

这是一个非常简单的 JSP 文件,整个文件是 HTML 文档结构,但是其中加入了＜％＝……％＞部分。这段代码是用 Java 语言编写的,功能是显示当前时间。程序在浏览器中的输出如图 1-1 所示。

你好,现在的时间是:2020年12月22日 下午2:31:52

图 1-1　hello.jsp 的第一次输出

间隔一段时间,单击浏览器的"刷新"按钮,浏览器的输出如图 1-2 所示。

你好,现在的时间是:2020年12月22日 下午2:35:31

图 1-2　hello.jsp 的第二次输出

可以看到,两次访问的虽然是同一个网页,但得到的结果不相同,这就是所谓的动态网页。原因是在网页中插入了 Java 代码,每次访问网页时都要运行这段 Java 代码,两次执行得到了不同的结果(因为两次访问的时间不同)。

1.2.2 JSP 的运行原理

执行 JSP 程序首先需要一个 JSP 的运行环境,这就是 JSP 容器(也是 Servlet 容器),比较常用的 JSP 容器有 Tomcat、Resin 和 Websphere 等。当用户第一次请求某个 JSP 文件时,容器首先检查 JSP 文件的语法是否正确,然后将 JSP 文件转换成 Servlet 源文件,并调用 Java 工具类将 Servlet 源文件编译成字节码文件。接下来,容器加载转换后的 Servlet 类,实例化一个该类的对象处理客户端的请求。请求处理完成后,容器将 HTML 格式的响应信息发送给客户端,整个执行过程如图 1-3 所示。

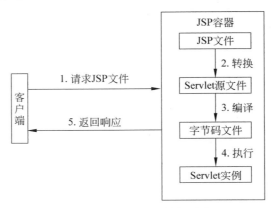

图 1-3　JSP 文件的执行过程

注意:在执行性能上,JSP 和 Servlet 的差别很小。因为 JSP 在第一次被访问后,编译过的 Servlet 将常驻服务器内存,当再次访问时,不用重新把 JSP 编译成 Servlet,所以,除了第一次的转换和编译会花费一些时间外,之后 JSP 和 Servlet 的执行速度就基本相同了。

1.2.3 JSP 的特点

1. 将内容的生成和显示分离

利用 JSP 技术,Web 页面开发人员可以使用 HTML 或 XML 标签设计和格式化最终页面,使用 JSP 标签或 Java 代码生成页面上的动态内容。在服务器端,JSP 容器解释 JSP 标签和 Java 代码,生成所请求的内容,并将结果以 HTML(或者 XML)页面的形式发送回浏览器。这样既有助于保护代码,又保证了任何基于 HTML 的 Web 浏览器的完全可用性。

2. 使用可重用的组件

绝大多数 JSP 页面依赖于可重用和跨平台的组件执行应用程序所要求的更为复杂的功能。开发人员能够共享这些执行通用操作的组件,或者让这些组件为更多的客户所使用。基于组件的方法加速了总体开发过程,并使各种组织可以在现有的技能和优化结果的基础上继续开发。

3. 采用标签简化页面开发

Web 网页开发人员不一定都是熟悉 Java 语言的程序员。JSP 技术能够将许多功能封装成自定义的标签,而这些功能是完全根据 XML 的标准制定的。标准的 JSP 标签能够访问和实例化 JavaBeans 组件,设置或者检索组件属性,下载 Applet,以及执行用其他方法更难于编码和耗时的功能。第三方开发人员和其他人员可以为常用功能创建自己的标签库,这使 Web 页面开发人员能用标签来执行特定的功能而不需要完全掌握 Java 语言。

4. 完善的存储管理和安全性

因为 JSP 页面内置的脚本语言是 Java,而且所有的 JSP 页面都要被转换成 Servlet,所以 JSP 页面就具有 Java 语言的所有好处,包括健壮的存储管理、安全性以及跨平台性。

5. 一次编写,处处运行

作为 Java 平台的一部分,JSP 技术拥有 Java 语言"一次编写,处处运行"的特点。这一点对企业用户尤其重要,当企业更换服务器平台时,之前所投入的成本和所开发的 JSP 应用程序并不受影响。

1.2.4　JSP 2.0 新功能

1. 引入表达式语言

表达式语言(EL)是一种数据访问语言,主要的功用在于简化 JSP 页面的语法,方便 Web 开发人员使用。使用 EL 可以方便地访问和处理应用程序数据,而无须使用 Scriptlet。EL 使 JSP 编程人员摆脱了 Java 语言,使用户即使不懂 Java 也可以轻松编写 JSP 程序。

2. 简单标签

在 JSP 1.2 时代已经有标签库,并且功能强大,但标签库的编程和调用都比较复杂。JSP 2.0 推出的简单标签(Simple Tag)解决了以上问题。JSP 2.0 提供一些较为简单的方法,让开发人员来撰写自定义标签。JSP 2.0 提供两种新的机制,Simple Tag 和 Tag File。Simple Tag 相对于 JSP 1.2 中的标签库,结构更简单,实现接口更少,可以轻松实现后台程序;Tag File 可以直接用 JSP 的语法来制作标签。

3. 使用 JSP fragment

JSP 2.0 中的一个主要功能是 JSP fragment,它的基本特点是使处理 JSP 的容器推迟评估 JSP 标签的属性。一般情况下,JSP 首先评估 JSP 标签的属性,然后在处理 JSP 标签时使用这些属性,而 JSP fragment 提供了动态的属性,也就是说,这些属性在 JSP 处理其标签体时可以被改变。可以简单地认为 JSP fragment 是一段可以重复使用的 JSP。一段 JSP fragment 可以被传递到另一个 JSP 中并被使用。JSP fragment 一般比较短小,功能简单而且重复使用率高。

⚓ 本章小结

动态网页技术包含 JSP、ASP(ASP.NET)和 PHP 等。JSP 的主要优点在于将内容的生成和显示分离;使用可重用的组件;采用标签简化页面开发;一次编写,处处运行。

习题

1. 动态网页技术有哪些？
2. JSP 的全称是什么？
3. 简单描述 JSP 的运行原理。

第 2 章 搭建开发和运行环境

【学习目标】
- 掌握 Java Web 开发和运行环境的搭建。
- 熟悉 Tomcat 的目录结构。
- 掌握如何在 Tomcat 下开发 Web 应用。
- 掌握如何利用集成开发环境 Eclipse 开发 Web 应用。

2.1 Java Web 开发和运行环境概述

1. JDK

JSP 程序、JavaBean 及 Servlet 的编译和运行都离不开 JDK 的支持,所以建立 Java Web 开发和运行环境首先需要安装 JDK。另外,基于 Java 的 Web 服务器和集成开发环境的运行也需要 JDK 的支持。

2. Web 服务器

由 JSP 的运行原理可知,JSP 的运行离不开 Web 服务器的支持。

WebLogic 是 BEA 公司(现已并入 Oracle 公司)出品的一个应用程序服务器,确切地说,是一个基于 Java EE 架构的中间件。WebLogic 是用于开发、集成、部署和管理大型分布式 Web 应用、网络应用和数据库应用的 Java 应用服务器。

WebSphere Application Server 是一种功能完善、开放的 Web 应用程序服务器,是 IBM 电子商务计划的核心部分。它基于 Java 的应用环境,支持 J2EE 规范,用于建立、部署和管理 Web 应用程序。

Tomcat 服务器是一个免费的开放源代码的 Web 应用服务器,属于轻量级应用服务器,普遍应用于中小型系统和并发访问用户不多的场合,是开发和调试 JSP 程序的首选。

3. 数据库服务器

Web 应用系统的开发离不开数据库的支持。在 Java 相关的开发领域中,常用的三种数据库服务器分别是 Oracle、DB2 和 MySQL。有时候也使用 Microsoft 公司的 SQL Server 数据库服务器。

Oracle 数据库是 Oracle 公司的产品,也是历史最悠久的数据库,系统可移植性好,使用方便,功能强,适用于各类大、中、小、微机环境。它是一种效率高、可靠性好、适应高吞吐量的数据库解决方案。世界 500 强企业中,80% 使用 Oracle 数据库作为公司的数据库服务器。

DB2 是 IBM 公司开发的一套关系数据库管理系统,它主要应用于大型应用系统,具有较好的可伸缩性,可支持从大型机到单用户环境的各种运行环境。DB2 提供了高层次的数据利用性、完整性、安全性、可恢复性以及由小到大多种规模应用程序的执行能力,具有与平台无关的基本功能和 SQL 命令。DB2 和 WebSphere Application Server 配合构成完整的企业级解决方案。

MySQL 是瑞典 MySQL AB 公司开发的一个关系数据库管理系统(RDBMS),属于 Oracle 公司。MySQL 是当前最流行的关系数据库管理系统,在 Web 应用方面,MySQL 是最好的 RDBMS 应用软件之一。由于 MySQL 体积小、速度快、成本低,尤其是具备开源的特点,一般中小型网站的开发都选择 MySQL 作为网站数据库。

4. 集成开发环境

Web 服务器和数据库服务器构成了发布平台,还需要选择合适的集成开发环境以提高编程效率。

MyEclipse 企业级工作平台(MyEclipse Enterprise Workbench)是在 Eclipse 基础之上,添加自己的插件开发而成的功能强大的企业级集成开发环境。MyEclipse 包括了完备的编码、调试、测试和发布功能,完整支持 HTML、Struts、JSP、CSS、JavaScript、Spring、SQL、Hibernate 等内容,但其正式版需要付费使用。

Eclipse 是著名的跨平台的集成开发环境,它是一个开放源代码的、基于 Java 的可扩展开发平台。Eclipse 灵活、易扩展,可以免费下载使用,是目前最为常用的 Java Web 开发环境。

本书推荐使用的开发和运行环境为 JDK、Tomcat、MySQL 和 Eclipse。下面分别介绍 JDK、Tomcat 和 Eclipse 的安装及使用,MySQL 的安装和使用将在本书第 6 章中介绍。

2.2　项目 1:安装 JDK

1. 项目构思

以 jdk-8u271 为例介绍 JDK 的安装。

2. 项目设计

jdk-8u271 的安装文件可以在本书配套资源的开发工具目录下找到,文件名为 jdk-8u271-windows-x64.exe,也可以从 Oracle 公司的网站上免费下载最新版本的 JDK,网址为 https://www.oracle.com/cn/java/technologies/javase-downloads.html。

3. 项目实施

① 执行 jdk-8u271-windows-x64.exe,在安装向导界面,单击"下一步"按钮。

② 选择安装内容及安装路径。为了运行方便有时需要改变安装路径,这时需要单击"更改"按钮。

③ 单击"下一步"按钮,正式开始执行安装程序。

④ 安装成功后,出现"已成功安装"的提示,单击"关闭"按钮结束安装。

4. 项目运行

由于 JDK 是在运行 Eclipse 和 Tomcat 以及 JSP 等文件时使用,因此这里不再赘述 JDK 编译和运行 Java 程序的过程。

2.3 项目 2：安装 Tomcat

1. 项目构思

以 apache-tomcat-9.0.40 为例介绍 Tomcat 的安装。这个版本的 Tomcat 能支持 Servlet 4.0 和 JSP 2.2。

2. 项目设计

apache-tomcat-9.0.40 的安装文件可以在本书配套资源的开发工具目录下找到,文件名为 apache-tomcat-9.0.40-windows-x64.zip,也可以从网站上免费下载最新版本的 Tomcat,网址为 https://tomcat.apache.org/download-90.cgi。

3. 项目实施

这个版本的 Tomcat 为绿色解压版,只需要将 apache-tomcat-9.0.40-windows-x64.zip 文件解压到任意的目录下即可。

解压完毕后,需要在计算机的"系统属性"→"高级"→"环境变量"→"系统变量"中新建变量 JAVA_HOME,其值设定为已经安装的 JDK 所在的目录。如果 JDK 采用的默认安装目录,则其值为 C:\Program Files\Java\jdk1.8.0_271。

启动和关闭 Tomcat 服务器的文件分别为 Tomcat 主目录下的 bin 目录下的 startup.bat 和 shutdown.bat。

4. 项目运行

Tomcat 成功启动后的窗口提示内容如图 2-1 所示。

成功启动 Tomcat 后,打开浏览器,输入 URL:"http://localhost:8080"或者"http://127.0.0.1:8080",则会看到如图 2-2 所示的页面。

注意：Tomcat 的默认端口号 8080 有时会与其他应用程序的端口号发生冲突,此时可以修改 Tomcat 的端口号为任意未被占用的端口号。修改 Tomcat 端口号的位置在 Tomcat 主目录下的 conf 目录下的 server.xml 文件中。

Java Web 开发技术教程(第三版)

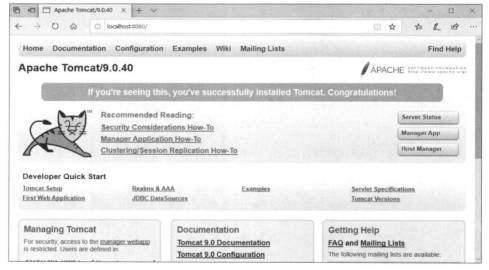

图 2-1　Tomcat 的成功启动窗口

图 2-2　测试 Tomcat 的页面

2.4　项目 3：在 Tomcat 下开发 Web 应用

1. 项目构思

在 Tomcat 下手工开发 Web 应用并访问。

2. 项目设计

Tomcat 安装完毕之后,安装目录下有若干目录。表 2-1 描述了这些目录中存放了哪些文件。

表 2-1　Tomcat9 的目录结构

目　录	描　述
\bin	存放启动和关闭 Tomcat 的可执行文件
\conf	存放 Tomcat 的配置文件，例如：server.xml 是 Tomcat 服务器配置文件，web.xml 是被所有 Web 应用共享的配置文件
\lib	存放库文件（*.jar）
\logs	存放日志文件
\temp	存放临时文件
\webapps	存放 Web 应用
\work	存放 JSP 转换后的 Servlet 文件

在 Tomcat 下开发 Web 应用，需要首先在 webapps 目录下建立一个新目录。webapps 目录是 Tomcat 存放 Web 应用的地方，它下面有若干个子目录。一般来说，每个目录对应着一个 Web 应用，这个目录存放关于这个应用的所有 JSP 文件、Servlet 和 JavaBeans 等内容。为了能有效地访问 Web 应用的程序，需要在 Web 应用的目录下建立 WEB-INF 目录，并在其下建立 web.xml 文件。

3. 项目实施

在 webapps 下建立 ch02 目录，并将例 1-1 中的 hello.jsp 复制到此目录下。在 ch02 目录下建立 WEB-INF 目录，并在 WEB-INF 目录下建立如下内容的 web.xml 文件：

```xml
<?xml version="1.0" encoding="UTF-8"?>
<web-app xmlns:xsi="http://www.w3.org/2001/XMLSchema-instance"
 xmlns="http://xmlns.jcp.org/xml/ns/javaee"
xsi:schemaLocation="http://xmlns.jcp.org/xml/ns/javaee http://xmlns.jcp.org/xml/ns/javaee/web-app_4_0.xsd" id="WebApp_ID" version="4.0">
  <welcome-file-list>
    <welcome-file>hello.jsp</welcome-file>
  </welcome-file-list>
</web-app>
```

4. 项目运行

启动 Tomcat，在浏览器的地址栏中输入 URL：http://localhost:8080/ch02/，运行结果同例 1-1，这里不再截图赘述。

2.5　项目 4：安装和配置 Eclipse

1. 项目构思

以 Eclipse4.18 为例介绍 Eclipse 的安装和配置。

2. 项目设计

Eclipse4.18 的安装文件可以在本书配套资源的开发工具目录下找到,文件名为 eclipse-jee-2020-12-R-win32-x86_64.zip,也可以从网站上免费下载最新版本的 Eclipse,网址为 http://www.eclipse.org/downloads/。

注意：读者在网站上下载 Eclipse 时,请选择 Eclipse IDE for Java EE Developers 进行下载。

3. 项目实施

Eclipse 为绿色解压版,只需要将 eclipse-jee-2020-12-R-win32-x86_64.zip 文件解压到任意的目录下即可。解压完毕后,运行 eclipse.exe 文件启动 Eclipse(如果无法启动,则检查是否设置了 JAVA_HOME 环境变量,详见 2.3 节),如图 2-3 所示。

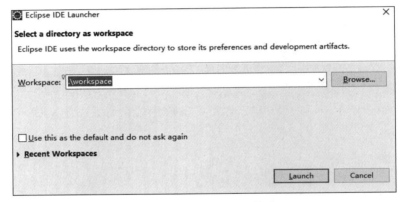

图 2-3　选择 Eclipse 工作区

在图 2-3 中,选择 Eclipse 的工作区,一般命名为 workspace,可以通过单击 Browse 按钮更换工作区。选定工作区后,单击 Launch 按钮,看到的是 Eclipse 的欢迎界面,如图 2-4 所示。

图 2-4　Eclipse 欢迎界面

通过欢迎界面，可以浏览 Eclipse 的特性概述、使用说明、一些实例和 Eclipse 的新版本。关闭欢迎界面，出现 Eclipse Java EE 透视图，如图 2-5 所示。

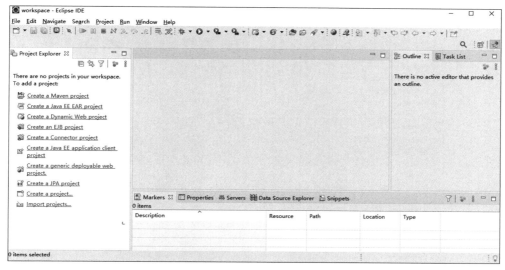

图 2-5　Eclipse Java EE 透视图

可以将 Tomcat 配置到作为集成开发环境的 Eclipse 中，以方便 Web 应用系统的部署、调试和访问。在图 2-5 上方的菜单栏中选择 Window→Preferences 命令，弹出的窗口如图 2-6 所示。

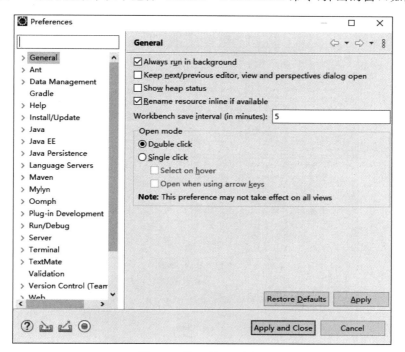

图 2-6　首选项配置界面

在图 2-6 中,展开左侧的 Server 菜单,选择 Runtime Environments,界面如图 2-7 所示。

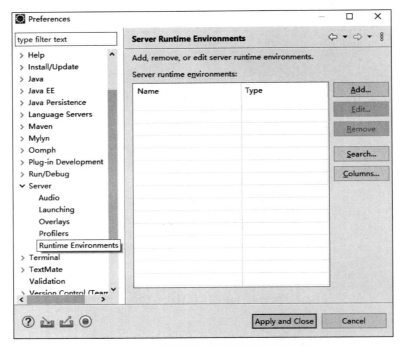

图 2-7　首选项-服务器运行环境配置界面

在图 2-7 中,单击 Add 按钮,弹出 New Server Runtime Environment 对话框,如图 2-8 所示。

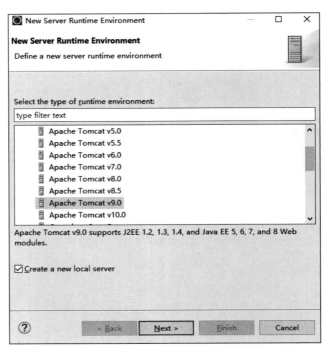

图 2-8　新建服务器运行环境界面(1)

在图 2-8 中选择 Apache Tomcat 的版本。本书中采用的是 Apache Tomcat v9.0，选择 Create a new local server 复选框，单击 Next 按钮，出现界面如图 2-9 所示。

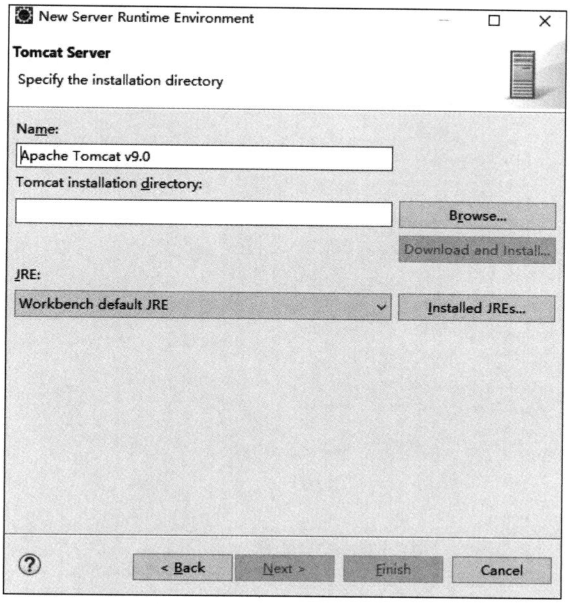

图 2-9　新建服务器运行环境界面（2）

在图 2-9 中，为所配置的 Tomcat 服务器命名，单击 Browse 按钮，在出现的界面中选择 Tomcat 的主目录，在下拉列表中选择 JRE，然后单击 Finish 按钮，完成服务器的配置。

Tomcat 服务器配置完成之后的界面如图 2-10 所示。

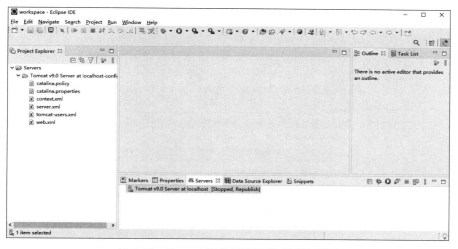

图 2-10　Tomcat 服务器配置完成后的界面

图 2-10 中，左侧 Project Explorer 中的 Servers 代表服务器，里面包含 Tomcat 服务器的相关配置文件。右下方的 Servers 视图中显示的是配置好的 Tomcat 服务器，可以在此处执

行启动或停止 Tomcat 服务器，部署或卸载 Web 应用系统等操作。

双击 Servers 视图中的 Tomcat 服务器，修改应用的部署位置并保存，如图 2-11 所示。

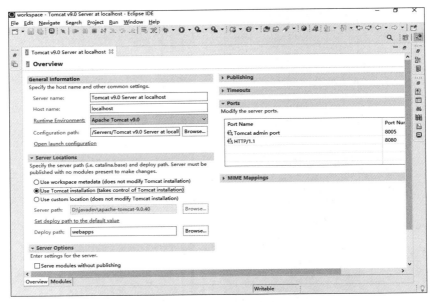

图 2-11　修改应用的部署位置

4. 项目运行

在 Servers 视图中，单击 ▶ 按钮启动 Tomcat 服务器，服务器启动之后，输出的日志就会显示在 Console 视图中，便于通过跟踪查看日志判断服务器是否正常启动或运行。单击 ■ 按钮可以关闭正在运行的 Tomcat 服务器，服务器关闭过程中的日志也会显示在 Console 视图中。

服务器正常启动后，单击工具栏中的 按钮，打开浏览器，在浏览器地址栏中输入 URL：http://localhost:8080，出现如图 2-12 所示的界面，表明 Tomcat 配置成功。

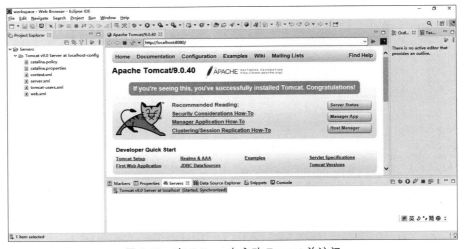

图 2-12　在 Eclipse 中启动 Tomcat 并访问

2.6 项目 5：在 Eclipse 中开发 Web 应用

1. 项目构思

使用 Eclipse 开发 Web 应用并部署和访问。

2. 项目设计

按照 Java EE 规范，一个典型的 Web 应用程序包含三个部分。

（1）公开目录。存放所有可以被用户访问的资源，包括 HTML 文件、JSP 文件、JPG 文件、CSS 文件、JSP 文件和 SWF 文件等。

（2）WEB-INF 目录。WEB-INF 目录是一个专用区域，容器不能把此目录中的内容提供给用户。WEB-INF 中包含一个 web.xml 目录、一个 classes 目录、一个 lib 目录以及其他内容。web.xml 是 Java EE Web 应用程序不可分割的一部分，也是非常重要的一部分。它在应用程序发布之后帮助管理 Web 应用程序的配置。

（3）classes 目录。classes 目录用于存储编译过的 Servlet 及 JavaBean。如果一个程序含有打包的 JAR 文件（例如 Struts 框架的类库 struts.jar，MySQL 数据库的 JDBC 驱动程序文件 mysql-connector-java-bin.jar 等），那么它们可以被复制到 lib 目录中。

3. 项目实施

选择 File→New→Dynamic Web Project 命令，可以启动创建 Dynamic Web Project 的向导，在 Project name 文本框中输入 hello，如图 2-13 所示。

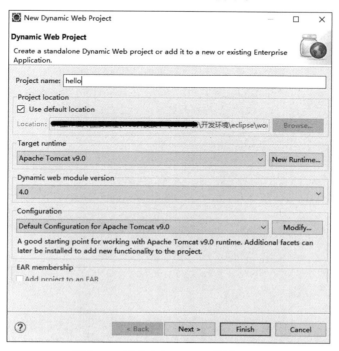

图 2-13　新建动态 Web 工程界面（1）

在图 2-13 中，单击 Next 按钮，配置 Web 工程中 Java 应用程序编译后的输出文件夹为 WebContent\WEB-INF\classes，如图 2-14 所示。

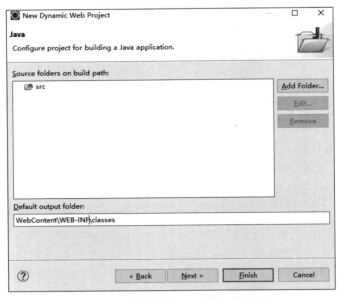

图 2-14　新建动态 Web 工程界面(2)

在图 2-14 中，单击 Next 按钮，配置 Web 工程发布后的目录名 Context root 以及所有可访问资源放置的目录 Content directory。Context root 一般与 Project name 保持一致，它是访问发布后的应用时所用的根路径，例如，输入 hello 后，将用地址 http://localhost:8080/hello 来访问这个项目。Content directory 为 WebContent(MyEclipse 下为 WebRoot)，如图 2-15 所示。

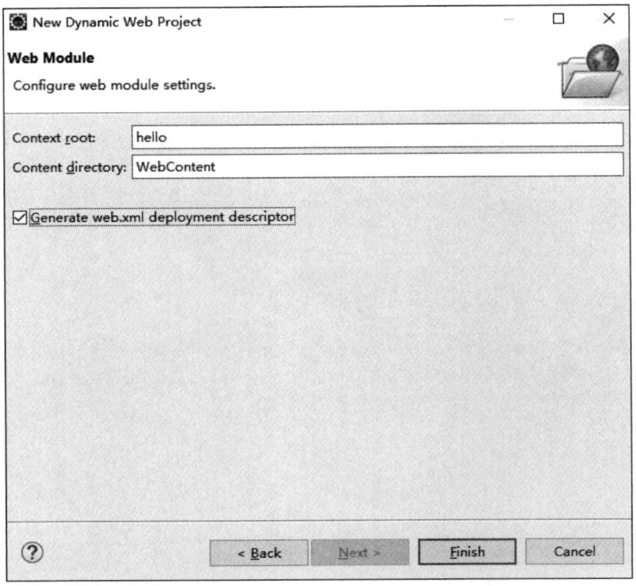

图 2-15　新建动态 Web 工程界面(3)

在图 2-15 中，单击 Finish 按钮，完成 Web 工程的创建。将例 1-1 的 hello.jsp 添加到 Web 工程 hello 的 WebContent 文件夹下，如图 2-16 所示。

图 2-16　Web 工程 hello

4. 项目运行

Web 工程 hello 创建好后，需要部署到 Tomcat 上。在 Servers 视图中，右击配置好的 Tomcat 服务器，选择 Add and Remove 命令，将 hello 发布到 Tomcat 服务器上，如图 2-17 所示。

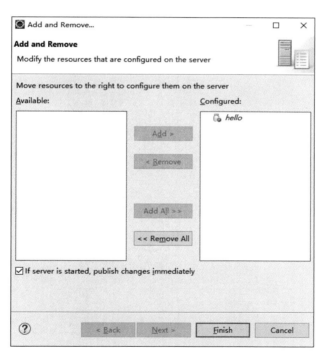

图 2-17　部署 Web 应用

在图 2-17 中单击 Finish 按钮，然后启动 Tomcat 服务器，打开浏览器，输入 URL："http://localhost:8080/hello/hello.jsp"访问 Web 应用，读者可自行实验。

本章小结

在搭建 Java Web 开发和运行环境时，首先需要安装 JDK，然后再安装 Web 服务器。常用的 Java EE 服务器有 Weblogic、WebSphere Application Server 等，这些应用服务器都带有 Web 服务器。如果学习使用 JSP 或项目中不使用 EJB(Enterprise Java Beans)，那么安装 Tomcat 就可以了，它支持 JSP 和 Servlet，但不支持 EJB。

目前使用最广泛的 Java Web 开发环境是 Eclipse，通过配置可以将它和 Tomcat 集成起来。

实验

1. 搭建 Java Web 开发和运行环境。
2. 在 Tomcat 下手工创建 Web 应用 myweb1，并熟悉 Tomcat9 的目录结构。
3. 使用 Eclipse 创建 Web 应用 myweb2，并访问。

第3章 静态网页开发技术

【学习目标】
- 熟练使用 HTML 编写静态网页。
- 掌握使用 JavaScript 进行客户端验证的方法。
- 熟悉 CSS 的使用。

3.1 HTML

3.1.1 HTML 简介

1. 超文本标记语言

超文本标记语言(hypertext markup language,HTML)不是一种编程语言,而是一种用来描述超文本文档的标记语言。用 HTML 编写的超文本文档称为 HTML 文档,它独立于操作系统平台。所谓超文本文档,是指在其中可以加入图片、声音、动画、视频等内容,并且可以利用超级链接非常方便地从一个文件跳转到网络上其他主机的另一个文件。

HTML 文档在普通文本上加上各种标签,使其达到预期的显示效果。当浏览器打开一个 HTML 文档时,会根据标签的含义显示 HTML 文档中的文本。标签由"<标签名字 属性>"表示,例如:

```
<p align="center">This is my first html file.</p>
```

2. HTML 标签的结构形态

1) <标签>元素</标签>

<标签>是标签的开始,</标签>表示标签的结束,标签的作用范围到</标签>为止。例如:<h2>demo</h2>的作用是将 demo 这段文本按<h2>标签规定的含义来显示,即以二号标题来显示。而<h2>和</h2>之外的文本不受这对标签的影响。

2) <标签 属性名="属性值">元素</标签>

标签的属性表示标签的一些附加信息,一个标签可以包含多个属性,各属性之间无先后次序,但需要用空格分开。例如:在<body background="back.gif" text="red">中,background属性用来表示HTML文档的背景图片,text属性用来表示文本的颜色。

3) <标签/>

单独出现的标签既是开始标签,又是结束标签,也称为空标签。例如:<img src="ball.gif" height="15" width="22"/>。

3. HTML 文档结构

HTML 文档分为文档头和文档体两部分。文档头对文档进行了一些必要的定义,文档体中才是要显示的各种文档信息。

```
<html>
    <head>头部信息,例如标题等</head>
    <body>正文部分</body>
</html>
```

其中<html>在最外层,表示这对标签间的内容是 HTML 文档。一些 HTML 文档经常省略<html>标签,因为.html或.htm文件被Web浏览器默认为是HTML文档。<head>之间包括文档的头部信息,如文档的标题等,若不需头部信息则可省略此标签。<body>标签一般不省略,表示正文内容的开始。下面是一个简单的超文本文档的源代码:

```
<html>
    <head>
        <title>一个简单的 HTML 示例</title>    ⎫ 文档头
    </head>
    <body>
        <center>
        <h3>欢迎光临</h3>
        <br>
        <hr>
        <font size="2">                        ⎬ 文档体
            这是我的主页,欢迎大家访问!
        </font>
        </center>
    </body>
</html>
```

3.1.2 HTML 常用标签

1. <html>标签

<html>标签用来通知浏览器该文件是 html 文件。<html></html>标签任意删去

一个或全部,都不会影响显示效果。在<html>和</html>标签的前后任意加一些字符是错误的。

【例 3-1】 html.html

```
<html>
<head>
    <title>html 标签示例</title>
</head>
<body>这是一个 HTML 文档</body>
</html>
```

2. <body>标签

1) text 属性(设定文字颜色)

【例 3-2】 body_text.html

```
<html>
<head>
    <title>body 标签 text 属性示例</title>
</head>
<body text="red">文本是红色的</body>
</html>
```

2) bgcolor 属性(设定背景色)

【例 3-3】 body_bgcolor.html

```
<html>
<head>
    <title>body 标签 bgcolor 属性示例</title>
</head>
<body bgcolor="#00AA33"></body>
</html>
```

在 HTML 中,颜色可以用"♯RRGGBB"形式的十六进制数表示,也可以用下列单词预定义色彩:Black(黑色)、Olive(橄榄色)、Teal(黑绿色)、Red(红色)、Blue(蓝色)、Maroon(栗色)、Navy(藏蓝色)、Gray(灰色)、Lime(草绿色)、Fuchsia(紫红色)、White(白色)、Green(绿色)、Purple(紫色)、Silver(银灰色)、Yellow(黄色)、Aqua(海蓝色)。

注意:一般推荐使用样式替代<body>标签的 text 属性和 bgcolor 属性。

3. <h*n*>标签

一般文章都有标题、副标题、章和节等结构,HTML 中也提供了相应的标题标签<h*n*>,其中 *n* 为标题的等级,*n* 越小,标题字号就越大。HTML 总共提供六个等级的标题,以下列出所有等级的标题:

  <h1>…</h1>   第一级标题

<h2>…</h2>　　　　　第二级标题
<h3>…</h3>　　　　　第三级标题
<h4>…</h4>　　　　　第四级标题
<h5>…</h5>　　　　　第五级标题
<h6>…</h6>　　　　　第六级标题

【例 3-4】　hn.html

```
<html>
<head>
    <title>标题标签示例</title>
</head>
<body>
    <p>这是一个演示标题的网页</p>
    <h1>这是一级标题</h1>
    <h2>这是二级标题</h2>
    <h3>这是三级标题</h3>
    <h4>这是四级标题</h4>
    <h5>这是五级标题</h5>
    <h6>这是六级标题</h6>
</body>
</html>
```

例 3-4 的显示结果如图 3-1 所示。

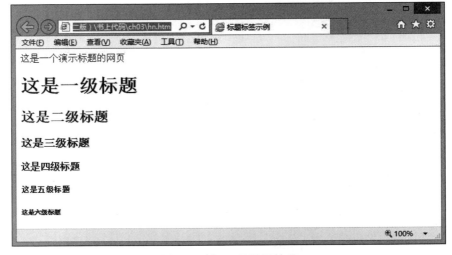

图 3-1　例 3-4 的显示结果

**4．<p>标签和
标签**

1）<p>标签

为了使文档排列整齐、清晰，文字段落之间常使用<p>标签。<p>意味着段落的开始，</p>意味着段落的结束。即使忘记了使用结束标签</p>，大多数浏览器也会正确地显示文档内容，但不要形成这种习惯。

<p>标签有一个属性 align，它用来设置段落中文本的对齐方式。对齐方式一般有 center(居中)、left(居左)、right(居右)三种。

【例 3-5】 p.html

```
<html>
    <head><title>p 标签示例</title></head>
    <body>
        <p align="right">这是第一段,居右显示。</p>
        <p align="center">这是第二段,居中显示。</p>
    </body>
</html>
```

2）
标签

标签的作用是换行，它是一个单标签。

【例 3-6】 br.html

```
<html>
    <head><title>br 标签示例</title></head>
    <body>
        这是第一行<br>
        这是第二行
    </body>
</html>
```

3）
与<p>的区别

强迫跳到下一行。

<p>产生一行空白。

可强迫换行却不多跳一行，<p>则会换行而且多跳一行。

【例 3-7】 br_p.html

```
<html>
    <head>
        <title>br 标签与 p 标签的区别</title>
    </head>
    <body>
        人生无根蒂,飘如陌上尘。以 p 标签结束<p>
        分散逐风转,此已非常身。以 br 标签结束<br>
        落地为兄弟,何必骨肉亲!以 br 标签结束<br>
        得欢当作乐,斗酒聚比邻。以 p 标签结束<p>
        盛年不重来,一日难再晨。多个 p 标签并没有产生多个空行的效果<p><p><p><p>
        及时当勉励,多个 br 标签可以产生多个空行的效果<br><br><br><br><br>
```

```
    岁月不待人。
  </body>
</html>
```

例 3-7 的显示结果如图 3-2 所示。

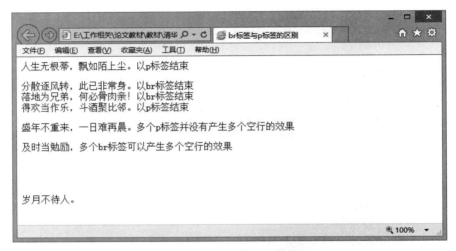

图 3-2　例 3-7 的显示结果

5．＜font＞标签

＜font＞标签用来设置文本的字体。通过指定它的 size 属性就能设置字号大小，而 size 属性的有效值范围为 1～7，其中默认值为 3。可以在 size 属性值之前加上"＋""－"字符，来指定相对于字号初始值的增量或减量。color 属性用于设置文字颜色，color 属性的值可以是一个十六进制数，也可以是颜色名称的英文单词。face 属性用于设置文本的字体，face 的属性值可以是本机上的任一字体类型。例如：

```
<font size="2" face="华文彩云" color="#008000">这一行用的是绿色、大小是 2 的华文彩云字体</font>
```

注意：一般推荐使用样式替代＜font＞标签。

6．＜a＞标签

超文本中的链接是其最重要的特性之一，利用它可以从一个页面跳转到其他页面。一个链接的基本格式如下：

```
<a href="URL">文本</a>
```

标签＜a＞表示一个链接的开始，＜/a＞表示链接的结束；属性 href 定义了这个链接所指的地方；通过单击"文本"可以到达指定的文件。例如：

```
<a href="http://www.taobao.com">淘宝网</a>
```

浏览器读到这个标签时,会用蓝色显示文本"淘宝网"。单击这行文本,页面会跳转到URL为http://www.taobao.com的页面。

在所有浏览器中,链接的默认外观是:未被访问的链接带有下画线而且是蓝色的,已被访问的链接带有下画线而且是紫色的,活动链接带有下画线而且是红色的。

<a>标签有一个target属性,用于规定在何处打开被链接文档。如果target属性的值为"_blank",表示在新窗口中打开被链接文档;target属性的默认值为"_self",表示在相同的框架中打开被链接文档。

3.1.3 HTML 中的表格

表格是HTML中最重要的标志之一。表格就是由行和列构成的栅格,这些行和列构成一个个单元格,每个单元格可以放置文本或图形等。表格最基本的作用就是让复杂的数据变得更有条理,让人容易看懂。在网页中,还可以用表格来进行图形的拼接和页面元素的定位等巧妙的应用。

一个表格由<table>标签开始,以</table>标签结束,表格的内容由<tr>、<th>和<td>标签定义。<tr>标签定义表格的行,表格有多少行就有多少个<tr>标签;<td>标签定义表格的单元格,有多少个单元格就有多少个<td>标签;<th>标签和<td>标签相似,它主要用来定义表格的表头,用它定义的单元格内容会居中加粗显示。

```
<table>…</table>定义表格
<tr>…</tr>定义表行
<th>…</th>定义表头
<td>…</td>定义单元格(表格的具体数据)
```

【例 3-8】 simpletable.html

```
<table border width="50%">
  <tr><th>第一讲</th><th>第二讲</th><th>第三讲</th></tr>
  <tr><td>HTML 概念</td><td>HTML 元素</td><td>HTML 属性</td></tr>
</table>
```

例 3-8 的显示结果如图 3-3 所示。

第一讲	第二讲	第三讲
HTML概念	HTML元素	HTML属性

图 3-3 例 3-8 的显示结果

1. 设置表格的大小

一般情况下,表格的总长度和总宽度是根据各行和各列的总和自动调整的。如果要直接固定表格的大小,可以使用下列方式:

```
<table width="w" height="h">
```

width 和 height 属性分别指定表格的固定宽度和高度，w 和 h 可以用像素来表示，也可以用百分比(与整个屏幕相比的大小比例)来表示。

这是一个长为 300 像素，高为 100 像素的表格。

```
<table border width="300" height="100">
```

这是一个宽为屏幕 50%，高为屏幕 10%的表格。

```
<table border width="50%" height="10%">
```

2. 设置表格的边框

边框是用 border 属性来体现的，它设置表格的边框线宽度。将 border 设成不同的值，有不同的效果。

【例 3-9】 border.html

```
<table border="5" width="50%">
  <tr><th>第一讲</th><th>第二讲</th><th>第三讲</th></tr>
  <tr><td>HTML 概念</td><td>HTML 元素</td><td>HTML 属性</td></tr>
</table>
```

例 3-9 的显示结果如图 3-4 所示。

【例 3-10】 border0.html

```
<table border="0" width="50%">
  <tr><th>第一讲</th><th>第二讲</th><th>第三讲</th></tr>
  <tr><td>HTML 概念</td><td>HTML 元素</td><td>HTML 属性</td></tr>
</table>
```

例 3-10 的显示结果如图 3-5 所示。

第一讲	第二讲	第三讲
HTML概念	HTML元素	HTML属性

图 3-4　例 3-9 的显示结果

第一讲	第二讲	第三讲
HTML概念	HTML元素	HTML属性

图 3-5　例 3-10 的显示结果

3. 跨多行列的单元格

要创建跨多行、多列的单元格，只需在<th>或<td>中加入 rowspan 或 colspan 属性。这两个属性的值，表明了单元格要跨越的行的个数或列的个数。

1) 跨多列的单元格

```
colspan=#(水平合并单元格)
```

【例 3-11】　colspan.html

```
<table border width="50%">
  <tr><th colspan="3">值班人员 </th>
  <tr><th>星期一</th><th>星期二</th> <th>星期三</th></tr>
  <tr><td>王强</td><td>张伟</td><td>赵平</td></tr>
</table>
```

例 3-11 的显示结果如图 3-6 所示。

2）跨多行的单元格

```
rowspan=#(竖直合并单元格)
```

【例 3-12】　rowspan.html

```
<table border width="50%">
  <tr><th rowspan="2">值班人员</th><th>星期一</th><th>星期二</th><th>星期三
</th></tr>
  <tr><td>李强</td><td>张明</td><td>王平</td></tr>
</table>
```

例 3-12 的显示结果如图 3-7 所示。

值班人员		
星期一	星期二	星期三
王强	张伟	赵平

图 3-6　例 3-11 的显示结果

值班人员	星期一	星期二	星期三
	李强	张明	王平

图 3-7　例 3-12 的显示结果

3.1.4　HTML 表单

HTML 表单用于收集不同类型的用户输入。用户在页面内填写好信息后，可以通过单击“提交”按钮将数据提交到服务器。表单是实现动态交互的基础。

常用的表单元素如表 3-1 所示。

表 3-1　表单元素列表

元素类型	元素描述	元素类型	元素描述
text	单行文本框	textarea	多行文本框
password	密码框	select	下拉列表
radio	单选按钮	submit	提交按钮
checkbox	复选框	reset	重置按钮

1. 单行文本框

【功能】　内容本身比较短，只有一行，需要用户的输入。

【示例】

```
<input type = "text" name = "username" size = "20">
```

网页中的表现形式如图 3-8 所示。

【说明】
(1) size 属性设置文本框的显示长度,默认值为 20。
(2) value 属性设置文本框的初始值。
(3) 如果不希望文本框的内容被编辑,可以使用 readonly 属性。

2. 密码框

【功能】 输入的内容看不到,但是可以被发送到服务器。

【示例】

```
<input type="password" name="pw" size="20">
```

网页中的表现形式如图 3-9 所示。

图 3-8　单行文本框 　　　　　　　　图 3-9　密码框

3. 单选按钮

【功能】 给出多种选择,可以从中选择一项。

【示例】

```
<p> <input type = "radio" name = "career" value = "工人" checked>工人</p>
<p> <input type = "radio" name = "career " value = "农民">农民</p>
<p> <input type = "radio" name = "career " value = "军人">军人</p>
<p> <input type = "radio" name = "career " value = "学生">学生</p>
```

网页中的表现形式如图 3-10 所示。

【说明】
(1) checked 属性表明该选项默认被选中。
(2) 为实现选项之间的单选效果,需要每个选项的 name 属性保持一致。

图 3-10　单选按钮

4. 复选框

【功能】 给出多种选择,可以从中选择多项。

【示例】

```
<p>请选择你的爱好:</p>
<p><input type = "checkbox" name = "hobbies" value = "音乐">音乐
```

```
<input type = "checkbox" name = "hobbies" value = "旅游">旅游
<input type = "checkbox" name = "hobbies" value = "读书">读书</p>
```

网页中的表现形式如图 3-11 所示。

【说明】

为实现在服务器端一次性读取所有选中的选项,每个选项的 name 属性需要保持一致。

5. 多行文本框

【功能】 能够进行多行文本输入。

【示例】

```
<p>请输入你的留言:</p>
<p><textarea name="message" rows="5" cols="30"></textarea></p>
```

网页中的表现形式如图 3-12 所示。

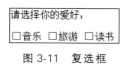

图 3-11 复选框

图 3-12 多行文本框

【说明】

(1) rows 属性表明文本框的行数,cols 属性表明文本框的列数。

(2) 文本框的初始内容需要写在标签体中,而不是使用 value 属性设定。

6. 下拉列表

【功能】 给出多种选择,可以从中选择一项,也可以支持选择多项。

【示例】

```
<p><select size="1" name="mysite">
<option value="163" selected>网易</option>
<option value="sohu">搜狐</option>
<option value="sina">新浪</option>
</select></p>
```

网页中的表现形式如图 3-13 所示。

【说明】

图 3-13 下拉列表

(1) 为实现下拉列表的多项选择,可以为＜select＞标签设置 multiple 属性。

(2) 支持多项选择时,size 属性的值需要设置为大于 1。

(3)＜option＞标签的 selected 属性表明该选项默认被选中。

7. "提交"按钮

【功能】 完成表单的提交。

【示例】

```
<input type="submit" value="提交" name="b1">
```

网页中的表现形式如图 3-14 所示。

图 3-14 "提交"按钮

【说明】

(1) type="submit"是"提交"按钮的标识;value 是"提交"按钮的值,同时也是按钮上面显示的内容;name 是"提交"按钮的名字,可以根据这个名字获取"提交"按钮的值。

(2) 每个表单都应该至少有一个"提交"按钮用来完成提交动作,也可以使用多个"提交"按钮来完成不同的提交动作。

(3) 多个"提交"按钮可以使用相同的名字,但是值不一样;也可使用不同的名字,根据名字区分不同的提交按钮。

8. "重置"按钮

【功能】 把表单元素的信息恢复到原始状态。

【示例】

```
<input type="reset" value="重置" name="b2">
```

网页中的表现形式如图 3-15 所示。

图 3-15 "重置"按钮

【说明】

(1) "重置"按钮的作用是恢复页面信息。

(2) 并不是所有页面都需要"重置"按钮。

9. 表单

【功能】 一个包含表单元素的区域。

【示例】

```
<form method = "post" action = "deal.jsp">
</form>
```

【说明】

(1) method="post",表明表单的提交方式是 post。一般而言,表单的提交方式有两种: get 和 post,默认是以 get 方式提交。

(2) action="deal.jsp",表明表单元素的信息是提交给服务器上的 deal.jsp 文件来处理。

(3) 表单所提交的信息是位于<form>开始标志和</form>结束标志之内的表单元素的信息,所有的表单元素都应该在<form>和</form>之内。

（4）一个页面可以有多个表单，表单之间不可以嵌套或者重叠。

3.1.5 项目1：用户注册页面的开发

1. 项目构思

使用表格和表单标签开发一个 HTML 页面，实现用户注册功能。注册信息包括姓名、密码、性别、职业、电话号码、电子邮箱、兴趣爱好和自我简介。

2. 项目设计

注册信息所使用的表单元素如表 3-2 所示。

表 3-2　注册信息及表单元素类型对应表

注册信息	表单元素类型	注册信息	表单元素类型
姓名	单行文本框	电子邮箱	单行文本框
密码	密码框	兴趣爱好	复选框
性别	"单选"按钮	自我简介	多行文本框
职业	下拉列表框	注册按钮	"提交"按钮
电话号码	单行文本框		

3. 项目实现

```
文件名：reg.html
<html>
<head>
<title>用户注册页面</title>
</head>
<body>
<h2 align="center">用户注册</h2>
<form method="post">
<table align="center" border="1" width="35%">
   <tr><th width="30%">姓名</th><td><input type="text" name="name"></td></tr>
   <tr><th>密码</th><td><input type="password" name="pw"></td></tr>
   <tr><th>确认密码</th><td><input type="password" name="pw2"></td></tr>
   <tr><th>性别</th><td><input type="radio" name="gender" value="男" checked>男
         <input type="radio" name="gender" value="女">女</td></tr>
   <tr><th>职业</th>
      <td><select size="1" name="career">
         <option value="教育工作者">教育工作者</option>
         <option value="公司职员" selected>公司职员</option>
         <option value="自由职业者">自由职业者</option>
         <option value="其他">其他</option>
```

```html
            </select></td></tr>
        <tr><th>电话号码</th><td><input type="text" name="telephone"></td></tr>
        <tr><th>电子邮箱</th><td><input type="text" name="email" size="30"></td></tr>
        <tr><th>兴趣爱好</th><td>
            <input type="checkbox" name="fav" value="体育">体育
            <input type="checkbox" name="fav" value="看书">看书
            <input type="checkbox" name="fav" value="旅游">旅游
            <input type="checkbox" name="fav" value="美食">美食
        </td></tr>
        <tr><th>自我简介</th>
        <td><textarea name="intro" rows="5" cols="30"></textarea></td></tr>
        <tr><td colspan="2" align="center"><input type="submit" value="注册"></td></tr>
    </table>
    </form>
    </body>
</html>
```

4. 项目运行

reg.html 的显示结果如图 3-16 所示。

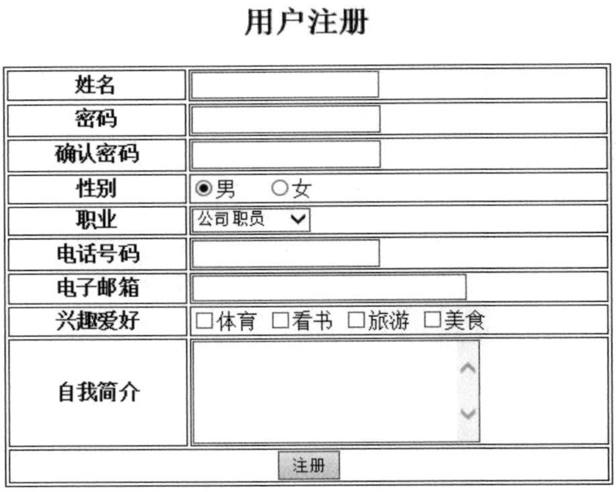

图 3-16　reg.html 的显示结果

3.1.6　项目 2：图书管理系统的静态页面

1. 项目构思

开发一个简单的图书管理系统，实现对图书信息的浏览、添加、修改和删除。本项目负责实现图书管理系统的静态页面，其他功能在后续章节依次实现。用户进入 index.html 页面获取所有图书的信息。在这个页面中有添加、修改和删除图书信息的链接,其中"添加图书信息"链接到 add.html,"修改"链接到 edit.html,删除功能不需要链接到页面。

2. 项目设计

index.html 使用表格列出图书的书名、作者、出版社和价格信息,表格上方有一个添加图书信息的链接。

add.html 显示表单元素,提供书名、作者、出版社和价格信息的输入文本框和"提交"按钮。

edit.html 使用表单元素显示选中图书的书名、作者、出版社和价格信息,同时提供修改按钮。

3. 项目实现

```
文件名:index.html
<html>
<head><title>图书管理系统</title></head>
<body>
<h2 align="center">图书管理系统</h2>
<p align="center"><a href="add.html">添加图书信息</a><p>
<table align="center" width="50%" border="1">
    <tr><th>书名</th><th>作者</th><th>出版社</th><th>价格</th><th>管理</th>
</tr>
    <tr><td>XML 详解</td><td>王红丽</td><td>吉林大学出版社</td><td>34</td>
        <td><a href='edit.html'>修改</a> <a href='#'>删除</a></td></tr>
    <tr><td>JSP 技术大全</td><td>张勇</td><td>清华大学出版社</td><td>45</td>
        <td><a href='edit.html'>修改</a> <a href='#'>删除</a></td></tr>
    <tr><td>Java 编程快速入门</td><td>赵坤</td><td>东软电子出版社</td><td>39
</td>
        <td><a href='edit.html'>修改</a> <a href='#'>删除</a></td></tr>
</table>
</body>
</html>


文件名:add.html
<html>
<head>
<title>添加图书信息</title>
</head>
<body>
<h2 align="center">添加图书信息</h2>
<form>
<table align="center" width="30%" border="1">
    <tr><th width="30%">书名:</th>
        <td><input type="text" name="bookname"></td></tr>
    <tr><th>作者:</th>
```

```html
            <td><input type="text" name="author"></td></tr>
    <tr><th>出版社:</th>
            <td><input type="text" name="press"></td></tr>
    <tr><th>价格:</th>
            <td><input type="text" name="price"></td></tr>
    <tr><th colspan="2">
      <input type="submit" value="添加">
      <input type="reset" value="重置"></th></tr>
</table>
</form>
</body>
</html>
```

文件名:edit.html
```html
<html>
<head>
<title>修改图书信息</title>
</head>
<body>
<h2 align="center">修改图书信息</h2>
<form>
<table align="center" width="30%" border="1">
    <tr><th width="30%">书名:</th>
            <td><input type="text" name="bookname" value="XML 详解"></td></tr>
    <tr><th>作者:</th>
            <td><input type="text" name="author" value="王红丽"></td></tr>
    <tr><th>出版社:</th>
            <td><input type="text" name="press" value="吉林大学出版社"></td></tr>
    <tr><th>价格:</th>
            <td><input type="text" name="price" value="34"></td></tr>
    <tr><th colspan="2">
      <input type="submit" value="修改">
      <input type="reset" value="重置"></th></tr>
</table>
</form>
</body>
</html>
```

4. 项目运行

index.html 的显示结果如图 3-17 所示。
add.html 的显示结果如图 3-18 所示。
edit.html 的显示结果如图 3-19 所示。

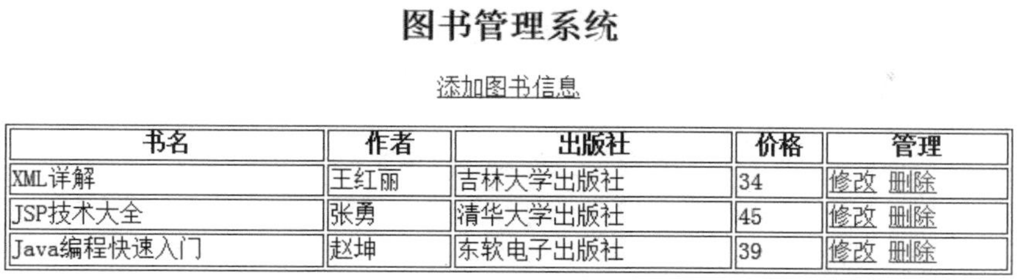

图书管理系统

添加图书信息

书名	作者	出版社	价格	管理
XML详解	王红丽	吉林大学出版社	34	修改 删除
JSP技术大全	张勇	清华大学出版社	45	修改 删除
Java编程快速入门	赵坤	东软电子出版社	39	修改 删除

图 3-17　index.html 的显示结果

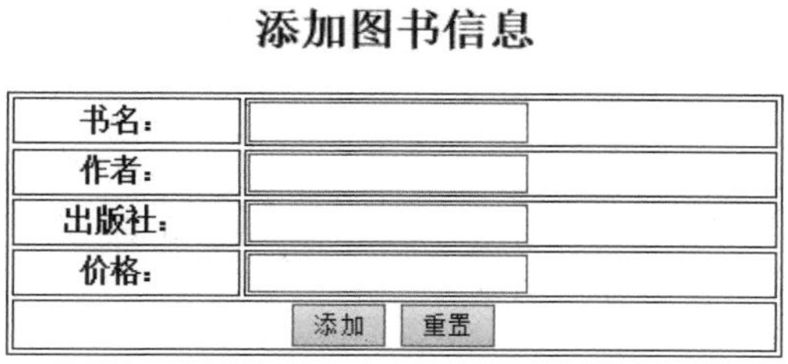

图 3-18　add.html 的显示结果

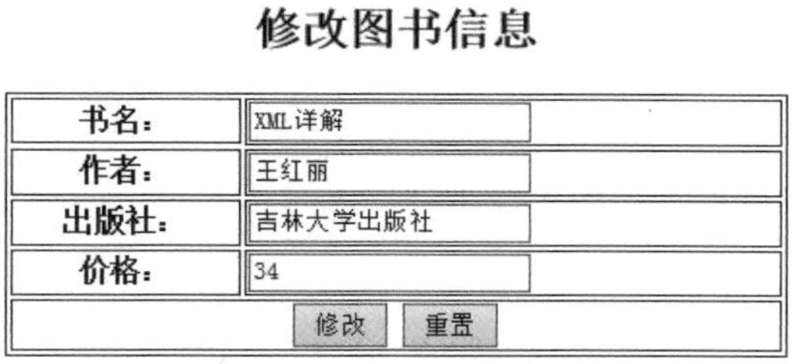

图 3-19　edit.html 的显示结果

3.2　JavaScript

3.2.1　JavaScript 简介

JavaScript 是一种动态的、弱类型的、基于对象和事件驱动的脚本语言。它的解释器被称为 JavaScript 引擎，是浏览器的一部分。JavaScript 广泛用于 Web 应用开发，常用来为网页添加各式各样的动态功能，为用户提供更流畅美观的浏览效果。通常情况下，JavaScript 脚本是通过嵌入在 HTML 中来实现自身功能的。

3.2.2　JavaScript 中的事件

事件是 JavaScript 应用的"心脏"，当客户端与浏览器中的 Web 页面进行某些类型的交互时，事件就发生了。事件是指某个对象发出的消息，标志着某个特定行为的发生或某个特定的条件成立。事件可能是由用户在某些内容上的单击、鼠标经过某个特定元素或按下键盘上的某些按键触发的。事件还可能是 Web 浏览器中发生的事情，例如某个 Web 页面加载完成或者用户改变窗口大小等。JavaScript 的常用事件主要有如下几个。

（1）单击事件 onClick。当元素被鼠标点击时，产生 onClick 事件。Web 页面元素的 onClick 属性指定事件的处理代码。

（2）改变事件 onChange。当 text 或 textarea 元素输入的内容改变时引发该事件，当 select 下拉列表选项改变时也会引发该事件。

（3）选中事件 onSelect。当 text 或 textarea 元素中的内容被加亮后，引发该事件。

（4）聚焦事件 onFocus。当用户单击 text、textarea 和 select 元素时，引发该事件，此时元素获得焦点。

对事件进行处理的代码称为事件处理程序。JavaScript 中的事件处理程序通常由函数实现，其基本格式如下：

```
function 函数名(参数 1,参数 2,…)
{
    函数执行部分;
    函数返回部分;
}
```

3.2.3 JavaScript 中的对象

JavaScript 语言是基于对象的（object-based），而不是面向对象的（object-oriented）。JavaScript 没有提供抽象、继承、重载等有关面向对象的许多功能，而是把其他语句所创建的复杂对象统一起来，形成一个强大的对象系统。但是，JavaScript 语言仍然具有面向对象的基本特征，可以根据需要创建自己的对象，扩大 JavaScript 的应用范围。

1. JavaScript 支持的对象

（1）浏览器环境中提供的对象，反映当前加载的 Web 页面及其内容以及浏览器当前会话的信息，如常用的 window、document、history、location 对象等。

（2）JavaScript 的内置对象，是若干与当前窗口或加载的文件无关的对象，如 String、Date、Math 等。

（3）用户自己定义的对象。

2. String 对象

在 JavaScript 中，一个字符串就是一个 String 对象。String 对象包含描述字符串的属性和各种处理字符串的方法，例如字符串的长度、搜索字符串、提取子串等。

1）String 对象的创建

创建一个字符串对象有两种方式：

```
str1="hello";
str2=new String("hello");
```

2）String 对象的属性

String 对象有一个属性 length，表示字符串的长度。例如：

```
myStr="Hello, JavaScript World";
length=myStr.length;
```

3) String 对象的常用方法

（1）charAt(pos)：返回指定位置 pos 上的字符。

（2）indexOf(subStr)：返回某个指定的字符串 subStr 在字符串中首次出现的位置。

（3）substring(start, end)：返回介于下标 start 和 end 之间的子串。

3. document 对象

document 对象反映 HTML 文档的特性，它包含了与文档元素（elements）一起工作的对象，将这些元素封装起来供编程人员使用。

1) document 对象的常用属性

（1）forms：form 对象数组，每一个元素对应于文档中的一个 HTML 表单标签。

（2）links：link 对象数组，每一个元素对应于文档中的一个 HTML 超级链接标签。

2) document 对象的常用方法

（1）document.write()：用于将文本信息直接输出到浏览器窗口。

（2）document.getElementById()：通过 HTML 标签的 id 属性获得一个 HTML 元素对象。

（3）document.getElementsByName()：通过 HTML 标签的 name 属性获得一些 HTML 元素对象，返回的是具有相同 name 属性的 HTML 元素对象数组。

4. window 对象

window 对象就是窗口对象，处于文档对象模型的最顶层，代表当前浏览器窗口，是 document、location 及 history 对象的父对象。

1) window 对象的常用属性

（1）closed：判断窗口是否关闭，返回布尔值。

（2）document：见上文第 3 点的介绍。

（3）history：主要用于记录浏览器的访问历史，提供浏览网页的前进与后退功能。

（4）location：用于获取当前浏览器中 URL 地址栏内的相关数据。

2) window 对象的常用方法

（1）alert(message)：显示带有警告信息 message 的窗口，并有"确定"按钮。

（2）confirm(message)：显示带有确认信息 message 的窗口，有"确定"和"取消"按钮。

（3）prompt(message, defaultValue)：显示提示对话框，带有提示消息 message 和默认值 defaultValue。

（4）focus()：使本窗口获得焦点。

（5）open(url, [name], [feature])：打开一个新窗口，显示 URL 指定的页面。name 指定窗口的名称，feature 指定窗口的特性或外观，包括窗口的高度、宽度、是否有菜单条和滚动条、窗口大小是否可改变等。

（6）close()：关闭当前窗口。

3.2.4 将 JavaScript 代码加入 HTML 文件中

使用＜script＞…＜/script＞标签将 JavaScript 代码加入到 HTML 中。格式如下：

```
<script language="JavaScript">
Javascript 代码;…
</script>
```

其中,language 属性指定脚本语言的类型。

在实际开发过程中,由于很多页面可能包含相同的 JavaScript 代码,为了提高代码的可重用性,可以将一些常用功能代码写在一个单独的 JavaScript 源文件中（扩展名为.js）,在页面中使用＜script＞…＜/script＞标签引入该文件,格式如下：

```
<script type="text/javascript" src="url"></script>
```

其中,src 属性指定引入的 JavaScript 源文件的 URL 地址。

3.2.5 项目3：使用 JavaScript 进行用户注册信息的客户端验证

1. 项目构思

为本章项目 1 的用户注册信息提供客户端验证,验证姓名和密码是否为空,密码长度是否符合要求,输入的确认密码与密码是否一致,电话号码和电子邮箱是否为空及格式是否正确。

2. 项目设计

（1）为 form 标签添加属性 name="form1" onSubmit="return check()"。

（2）定义 JavaScript 函数 check()验证表单的信息。

3. 项目实施

```
文件名:reg_js.html(省略的内容同 reg.html)
<html>
<head>
<title>加入验证的用户注册页面</title>
<script language="javascript">
function check(){
    if(form1.name.value==""){
        alert("姓名不能为空!");
        form1.name.focus();
        return false;
    }
    if(form1.pw.value==""){
        alert("密码不能为空!");
        form1.pw.focus();
```

```
            return false;
        }
        if (form1.pw.value.length< 6) {
            alert("密码太短,长度不能小于 6!");
            form1.pw.focus();
            return false;
        }
        if(form1.pw.value!=form1.pw2.value) {
            alert("密码与确认密码不一致!");
            form1.pw.focus();
            return false;
        }
        if(form1.telephone.value=="") {
            alert("电话号码不能为空");
            form1.telephone.focus();
            return false;
        }
        for(i=0;i<form1.telephone.value.length;i++) {
            if(form1.telephone.value.charAt(i)<'0' ||
                form1.telephone.value.charAt(i)>'9') {
                alert("电话号码格式不正确!");
                form1.telephone.focus();
                return false;
            }
        }
        if(form1.email.value=="") {
            alert("电子邮箱不能为空");
            form1.email.focus();
            return false;
        }
        if((form1.email.value.indexOf('@',0)==-1) ||
            (form1.email.value.indexOf('.',0)==-1)) {
            alert("电子邮箱格式不正确!");
            form1.email.focus();
            return false;
        }
        return true;
}
</script>
</head>
<body>
<center>
<h2>用户注册</h2>
```

```
<form method="post" name="form1" onSubmit="return check()">
    ...
</form>
</center>
</body>
</html>
```

4. 项目运行

当用户没有填写姓名并单击"注册"按钮提交表单时,出现的提示信息如图 3-20 所示。

图 3-20　姓名验证失败

当用户输入的密码长度小于 6 并提交表单时,出现的提示信息如图 3-21 所示。

图 3-21　密码验证失败

当用户输入的电话号码包含非数字并提交表单时,出现的提示信息如图 3-22 所示。

图 3-22　电话号码验证失败

当用户输入的电子邮箱不包含@符号或"."并提交表单时,出现的提示信息如图 3-23 所示。

图 3-23　电子邮箱验证失败

3.3　CSS

3.3.1　什么是 CSS

CSS(Cascading Style Sheets)即层叠样式表单,简称样式表。CSS 是一种为网站添加布局效果的出色工具,它可以为网页设计者节省大量时间,使设计者可以采用统一的方式设计网站。

CSS 是一组样式,样式中的属性在 HTML 元素中依次出现,并显示在浏览器中。样式可以定义在 HTML 文档中,也可以定义在外部文件中。CSS 可以用来精确地控制页面上每一个元素的字体样式、背景、排列方式、区域尺寸、边框等。使用 CSS 能够简化网页的格式代码,加快下载显示的速度,可以利用外部链接样式同时定义多个页面,极大减少了重复劳动的工作量。总的来说,HTML 是一种标记语言,而 CSS 是这种标记的一种重要扩展,可以进一步美化页面。

CSS 的主要优点包括:

(1) 通过单个样式表控制多个文档的布局。
(2) 更精确的布局控制。
(3) 为不同的媒体类型采取不同的布局。

下面请看两个实例。

【例 3-13】 html1.html,一个完全使用 HTML 书写的页面。

```
<html>
<head>
</head>
<body>
    <p><font size="200%" color="red">This is a paragraph 1</font></p>
    <a href="#"><font color="green">This is a link 1</font></a>
    <p><font size="200%" color="red">This is a paragraph 2</font></p>
    <a href="#"><font color="green">This is a link 2</font></a>
    <p><font size="200%" color="red">This is a paragraph 3</font></p>
    <a href="#"><font color="green">This is a link 3</font></a>
</body>
</html>
```

下面是一个使用 HTML+CSS 书写的页面,它显示的效果和上面的 HTML 文件是一样的。虽然例子很小,但已经可以看出,使用 HTML+CSS 书写的页面比纯粹使用 HTML 书写的页面结构更清晰,也更加简洁。

【例 3-14】 html1_css.html,一个使用 HTML+CSS 书写的页面。

```
<html>
<head>
    <style type="text/css">
    a {color:green}
    p {font-size:200%;color:red}
    </style>
</head>
<body>
    <p>This is a paragraph 1</p>
    <a href="#">This is link 1</a>
    <p>This is a paragraph 2</p>
    <a href="#">This is link 2</a>
```

```
    <p>This is a paragraph 3</p>
    <a href="#">This is link 3</a>
</body>
</html>
```

3.3.2　CSS 语法格式

CSS 语法由选择符、属性和值三部分构成,格式如下:

```
选择符 {属性:值}
```

选择符通常是用户希望定义的 HTML 元素或标签,属性是用户希望改变的外观,每个属性都有一个值。属性和值用冒号隔开,并由花括号包围,这样就组成了一个完整的样式声明,例如:

```
a {color:green}
```

上面这个样式的作用是将 HTML 文档中 a 标签内的文字颜色定义为绿色。在上面示例中,a 是选择符,而包括在花括号内的部分是声明。声明依次由属性和值两部分构成,color 为属性,green 为值。

在编写 CSS 样式的过程中,需要注意以下问题:

(1) 当属性的值由多个单词组成时,必须在值上加引号,例如:

```
h1 {font-family: "Courier New"}
```

(2) 如果需要对一个选择符指定多个属性,使用分号隔开各属性。

```
p {font-size:15;color:red}
```

(3) 样式中的注释:

```
/*注释内容*/
```

注释不能嵌套。

(4) 样式的继承:所有嵌套在某个 HTML 标签中的标签都会自动继承外层标签设置的样式规则。

对例 3-14 稍作修改,加入了样式 body {font-size:30}。标签 a 和标签 p 都继承了外层标签 body 设置的样式,但由于标签 p 自己的样式中有 font-size 属性,所以标签 p 中的字体大小仍然为 40px,而标签 a 字体的大小就是从标签 body 继承的 30px。

【例 3-15】　html1_extend.html,继承了外层标签的样式。

```
<html>
<head>
```

```
    <style type="text/css">
    body {font-size:30px}
    a {color:green}
    p {font-size:40px;color:red}
    </style>
</head>
<body>
    <p>This is a paragraph 1</p>
    <a href="#">This is link 1</a>
    <p>This is a paragraph 2</p>
    <a href="#">This is link 2</a>
    <p>This is a paragraph 3</p>
    <a href="#">This is link 3</a>
</body>
</html>
```

3.3.3　CSS 选择符

CSS 选择符主要包括以下三种：HTML 选择符、CLASS 选择符、ID 选择符。它们的优先级是 ID 选择符＞CLASS 选择符＞HTML 选择符。

1. HTML 选择符

HTML 选择符就是以 HTML 标签作为选择符的情况。例如：

```
p {font-size:15;color:red}
h1 {text-align:center;color:red}
```

其作用域为 HTML 页面中所有符合条件的 HTML 标签。

包含选择符是指用空格隔开的两个或多个单一选择符组成的字符串。例如：

```
div p {color:red;font-size:12}    /* 为 div 标签中的 p 标签定义样式 */
```

包含选择符主要用来为某些具有包含关系的元素单独定义样式。例如元素 1 里包含元素 2，使用包含选择符定义的样式就只能对元素 1 里的元素 2 起作用，而对单独的元素 1 和元素 2 不起作用。这种方式允许用户根据文档的上下文关系确定某个标签的样式。

【例 3-16】　contain.html，CSS 中包含的选择符。

```
<html>
<head>
    <style type="text/css">
    a {font-size:12px}
    table a {font-size:18px;color:#FF0000}
    </style>
</head>
<body>
```

```
    <a href="http://www.tup.tsinghua.edu.cn">清华大学出版社</a>
    <br><br>
    <table border="1">
    <tr><td><a href="http://www.tup.tsinghua.edu.cn">清华大学出版社</a></td>
</tr>
    </table>
    <br>
    <table border="1">
    <tr><td>清华大学出版社</td></tr>
    </table>
</body>
</html>
```

包含选择符的优先级要比单一选择符定义的样式规则的优先级要高。例 3-16 中，表格中的超链接的文本大小为 18px。

2. CLASS 选择符

在 HTML 标签的 class 属性中使用的选择符就是 CLASS 选择符，以符号"."定义。CLASS 选择符包含两种：关联 CLASS 选择符和独立 CLASS 选择符。

1) 关联 CLASS 选择符

关联 CLASS 选择符可以为同一个元素（HTML 标签）定义不同的样式。下面例子中就通过关联 CLASS 选择符为 <p> 定义了不同的样式。

```
<p class="red">这是红灯的样式</p>
<p class="yellow">这是黄灯的样式</p>
<p class="green">这是绿灯的样式</p>
```

```
<style type="text/css">
    p.red {color:red}
    p.yellow {color:yellow}
    p.green {color:green}
</style>
```

2) 独立 CLASS 选择符

独立 CLASS 选择符可以为多个不同的元素（HTML 标签）定义相同的样式，例如：

```
<p class="title">居中的蓝色段落</p>
<h1 class="title">居中的蓝色标题</h1>
```

```
<style type="text/css">
    .title {text-align:center;color:blue}
</style>
```

CLASS 选择符也可被用作包含选择符，例如：

```
<table class="mytable">
    <tr><td>第一个表格</td></tr>
</table>
<table>
    <tr><td>第二个表格</td></tr>
</table>
```

```
<style type="text/css">
table.mytable td {
    border:1px solid #00FF00;
    color:#FFCC99;
}
</style>
```

在上面这个例子中,因为第一个表格 class 属性的值为"mytable",所以有宽度为 1px 的绿色实线边框,单元格内的文字为橙色。第二个表格则不受这个样式的影响。

3. ID 选择符

ID 属性用来定义某一特定的 HTML 标签,一个网页文件只能有一个标签使用某一 ID 属性值。ID 选择符用来设置具有 ID 属性的 HTML 标签的样式。ID 选择符以符号"#"来定义。例如:

```
<div id="header">
    欢迎来到清华大学出版社
</div>
```

```
<style type="text/css">
    # header {text-align: center; color: blue}
</style>
```

因为 ID 选择符只能为单个的 HTML 标签设置样式,所以具有一定的局限性,但 ID 属性在 JavaScript 中得到广泛的应用。

4. 伪元素选择符

伪元素选择符是指为一个 HTML 元素的各种状态和部分内容定义样式的一种方式。例如,使用伪元素选择符为超链接标签<a>的正常状态、访问过的状态、选中的状态、光标移到超链接上的文本状态定义样式。段落的首字母和首行也可以用伪元素选择符来定义样式。伪元素选择符定义的格式如下:

```
选择符:伪元素 {属性:值}
```

例如:

```
a:hover {color:blue}
```

如果鼠标移动到超链接上悬停,那么超链接将显示为蓝色。

以下是超链接标签<a>的 4 种伪元素的含义:

a:link 表示超链接的正常状态。

a:hover 表示鼠标移动到超链接上的状态。

a:active 表示超链接选中的状态。

a:visited 表示访问过的超链接的状态。

CSS 伪元素选择符可以与 CLASS 选择符配合使用,例如:

```
a.red:visited {color: #00FF00}
```

3.3.4 CSS 设置方式

样式信息的定义可以有多种方式。样式信息可以定义在单个的 HTML 元素中,也可以定义在 HTML 页面的头元素中,或定义在一个外部的 CSS 文件中。为 HTML 文档设置 CSS,有 3 种方法可供选择,如表 3-3 所示。

表 3-3 3 种设置 CSS 的方式

设置方式	举例	特点
内联样式	<body> <h1 style="font-family：黑体;font-size：12pt;color：blue"> 　　在这里使用了 h1 标记 </h1> </body>	灵活,简单方便
嵌入样式	<head> <style type="text/css"> h1 {font-family：黑体;font-size：12pt;color：blue} </style> </head> <body> <h1>在这里使用了 h1 标记</h1> </body>	一个样式可以在一个页面多次应用
外部样式	<head> <link rel="stylesheet" href="h1.css" type="text/css"> </head> <body><h1>在这里使用了 h1 标记</h1></body> h1.css 　　h1 {font-family：黑体;font-size：12pt;color：blue}	需要有一个外部的样式表文件(.css),可以为多个网页共同引用,既提高了代码的可重用性,又可以做到页面风格的统一

一般而言,所有的样式会根据下面的规则层叠于一个新的虚拟样式表中。下面 4 种样式的优先级依次升高,内联样式拥有最高的优先权。

(1) 浏览器默认设置。
(2) 外部样式。
(3) 嵌入样式。
(4) 内联样式。

3.3.5 项目 4：使用 CSS 美化用户注册页面

1. 项目构思

使用 CSS 样式美化本章项目 1 中的用户注册页面。

2. 项目设计

为项目 1 中的 reg.html 编写样式文件 reg.css,在此文件中规定页面各元素的字体信息以及表格和按钮的显示风格等信息。

将 reg.html 重写为 reg_css.html,在 reg_css.html 中使用如下代码引入 reg.css 文件。

```
<link rel="stylesheet" href="reg.css" type="text/css">
```

3. 项目实施

文件名:reg_css.html

```html
<html>
<head>
    <title>用户注册页面</title>
    <link rel="stylesheet" href="reg.css" type="text/css">
</head>
<body>
<h2 class="title">用户注册</h2>
<form method="post">
<table class="default" align="center">
    <tr><td class="item">姓名</td><td><input type="text" name="name"></td></tr>
    <tr><td class="item">密码</td><td><input type="password" name="pw"></td></tr>
    <tr><td class="item">确认密码</td><td><input type="password" name="pw2"></td></tr>
    <tr><td class="item">性别</td>
        <td><input type="radio" name="gender" value="男" checked>男
        <input type="radio" name="gender" value="女">女</td></tr>
    <tr><td class="item">职业</td>
        <td><select size="1" name="career">
            <option value="教育工作者">教育工作者</option>
            <option value="公司职员" selected>公司职员</option>
            <option value="自由职业者">自由职业者</option>
            <option value="其他">其他</option>
        </select></td></tr>
    <tr><td class="item">电话号码</td><td><input type="text" name="telephone"></td></tr>
    <tr><td class="item">电子邮箱</td><td>
        <input type="text" name="email" size="30"></td></tr>
    <tr><td class="item">兴趣爱好</td><td>
        <input type="checkbox" name="fav" value="体育">体育
        <input type="checkbox" name="fav" value="看书">看书
        <input type="checkbox" name="fav" value="旅游">旅游
        <input type="checkbox" name="fav" value="美食">美食
    </td></tr>
    <tr><td class="item">自我简介</td>
        <td><textarea name="intro" rows="5" cols="30"></textarea></td></tr>
    <tr><td colspan="2" align="center">
        <input type="submit" value="注册" class="btn"></td></tr>
</table>
```

```
</form>
</body>
</html>
```

文件名：reg.css
```css
body, table, td, input, select, textarea {
    font-family:Tahoma, Verdana, Arial, Helvetica, sans-serif;
    font-size:12px;
}
h2.title {
    font-family:微软雅黑;
    font-weight:bold;
    text-align:center;
    color:#0000FF;
}
table.default {
    border:1px solid #FFFFFF;
    border-collapse:collapse;
    width:35%;
}
table.default td.item {
    font-weight:bold;
    color:#333333;
    text-align:right;
    vertical-align:top;
    padding:10pt;
}
table.default td {
    padding:2px 5px 2px 5px; /*上、右、下、左的内边距*/
    height:26px;
    border:1px solid #FFFFFF;
    background-color:#F0F0F0;
}
.btn {
    font-size:9pt;
    color:#003399;
    border:1px solid #93BEE2;
    background-color:#E8F4FF;
    cursor:hand;
    width:60px;
    height:22px;
}
```

4. 项目运行

reg_css.html 的显示结果如图 3-24 所示。

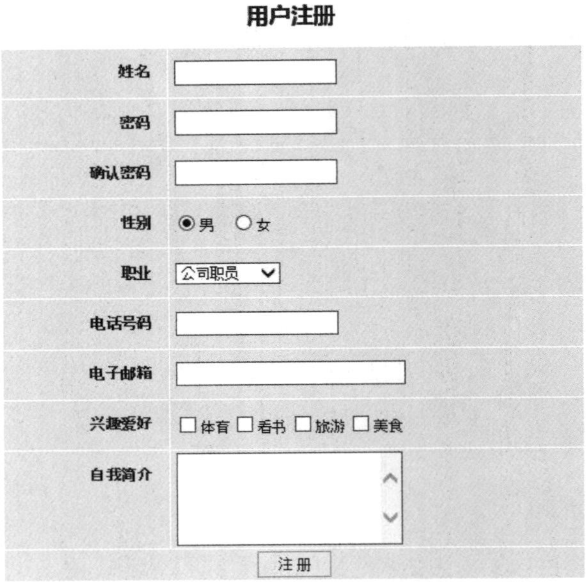

图 3-24 reg_css.html 的显示结果

3.4 项目 5：加入 CSS 和 JavaScript 的图书管理系统

3.4.1 项目构思

为了美化页面和统一页面风格，为本章项目 2 中图书管理系统的各个页面引入样式文件 book.css；为了保证输入信息的正确性，为添加图书信息的页面 add.html 和修改图书信息的页面 edit.html 引入 JavaScript 文件 book.js 对表单控件进行验证；为防止图书信息的误删除，为图书列表页面 index.html 的"删除"超级链接添加删除提示窗口。

3.4.2 项目设计

（1）book.css 规定页面的背景和各元素字体等信息。在图书管理系统的各个页面中使用如下命令引入 book.css 文件。

```
<link rel="stylesheet" href="book.css" type="text/css">
```

（2）book.js 验证表单控件的输入不能为空，并对必要的数值信息进行验证。在页面中使用如下命令来引入 book.js 文件。

```
<script type="text/javascript" src="book.js"></script>
```

（3）为 index.html 页面的"删除"超级链接添加如下属性：

```
onclick="return confirm('确定要删除吗？')"
```

3.4.3 项目实施

```
文件名：book.css
body{
    background:#FFFFFF;
    margin:15;
}
body, table, td, input{
    font-family:Tahoma, Verdana, Arial, Helvetica, sans-serif;
    font-size:14px;
}
h2{
    color:#000FFF;
    font-family:仿宋;
    font-weight:bold;
    font-size:20px;
    text-align:center;
}
a{
    font-family:微软雅黑;
    text-decoration: none;
}
a:link, a:visited {
    color:#0044DD;
    text-decoration:none;
}
a:hover, a:active {
    color:#FF5500;
    text-decoration:underline;
} table{
    border:1px solid #FFFFFF;
    border-collapse:collapse;
}
table th{
    color:#2467FA;
    background:#DADADA;
    font-family:仿宋;
    font-size:16px;
    border:1px solid #FFFFFF;
}
table td{
```

```css
    background:#F1F1F1;
    text-align:center;
    border:1px solid #FFFFFF;
}
```

文件名:book.js

```javascript
function isNum(num) {
    for (i = 0; i < num.length; i++) {
        c = num.charAt(i);
        if (c != '.' && (c > '9' || c < '0'))
            return false;
    }
    return true;
}
function check() {
    if (document.form1.bookname.value == "") {
        window.alert("书名不能为空!");
        document.form1.bookname.focus();
        return false;
    }
    if (document.form1.author.value == "") {
        window.alert("作者不能为空!");
        document.form1.author.focus();
        return false;
    }
    if (document.form1.press.value == "") {
        window.alert("出版社不能为空!");
        document.form1.press.focus();
        return false;
    }
    if (document.form1.price.value == "") {
        window.alert("价格不能为空");
        document.form1.price.focus();
        return false;
    }
    if (!isNum(document.form1.price.value)) {
        window.alert("价格必须为数值!");
        document.form1.price.focus();
        return false;
    }
    return true;
}
```

为使得 JavaScript 验证代码起作用,需要更改项目 2 的 add.html 和 edit.hml 中的 <form> 标签为如下形式:

```
<form name="form1" onSubmit="return check()">
```

3.4.4 项目运行

读者可以自行实验。

本章小结

HTML 指的是超文本标记语言。它不是一种编程语言,而是一种用来描述超文本文档的标记语言。JSP 就是在 HTML 语言中嵌入 Java 脚本。

JavaScript 是一种动态的、弱类型的、基于对象和事件驱动的脚本语言。它的解释器被称为 JavaScript 引擎,是浏览器的一部分。JavaScript 广泛用于 Web 应用开发,常用来为网页添加各式各样的动态功能,为用户提供更流畅美观的浏览效果。

层叠样式表单(样式表,CSS)是一组样式,样式中的属性在 HTML 元素中依次出现,并显示在浏览器中。CSS 可以用来精确地控制 HTML 页面里每一个元素的字体样式、背景、排列方式、区域尺寸、边框等,进一步美化页面。

习题

1. 什么是 CSS？使用 CSS 有哪些优点？
2. CSS 有哪几种选择符？各举一例。
3. CSS 的设置方式有哪几种？

实验

使用 HTML 编写如图 3-25 所示页面,使用 JavaScript 进行输入信息的验证,使用 CSS 对页面进行美化。

图 3-25　信息统计表

第 4 章 JSP 基本语法

【学习目标】

- 熟练使用 JSP 语法(脚本段、声明、表达式、注释)。
- 熟练使用 JSP 指令(page 指令和 include 指令)。
- 熟练使用 JSP 标准动作(include 动作和 forward 动作)。

4.1 JSP 基本规范

1. 页面构成

JSP 页面中包含了模板元素和 JSP 元素。模板元素指的是不需要经过 JSP 容器特殊处理、直接发送到客户端的所有非 JSP 元素的其他内容,例如 HTML、JavaScript 和 CSS 等。JSP 元素是指由 JSP 引擎直接处理的部分,这一部分必须符合 JSP 语法,否则会导致编译错误。JSP 元素主要包括以下几种类型。

(1) 脚本元素:声明、脚本段、表达式。
(2) 注释:HTML 注释、Java 注释、JSP 隐藏注释。
(3) 指令元素:page、include、taglib 等。
(4) 动作元素:jsp:include、jsp:forward、jsp:useBean 等。

在传统的 HTML 页面文件中加入 Java 程序片段和 JSP 标签就构成了一个 JSP 页面。JSP 页面中的 Java 程序片段以<%和%>作为开始和结束标记。

2. 命名规范

JSP 页面文件的扩展名为.jsp,文件命名必须为合法标识符,大小写敏感。这些 JSP 页面可以由客户端直接请求,也可以被其他 JSP 页面或 Servlet 包含或重定向。

4.2 JSP 脚本元素

在 JSP 1.2 的规范中,脚本元素使用得最为频繁,因为它们能很方便、灵活地生成页面中的动态内容,特别是脚本段。JSP 2.0 中保留了 JSP 旧版本的三个基于语言的脚本元素类型:脚本段、声明和表达式。另外还引入了新的脚本元素:表达式语言(EL)。

4.2.1 脚本段

脚本段以<%开始,以%>结束,中间包括一段合法的 Java 代码。在脚本段中可以定义变量、调用方法,进行各种表达式运算,且每行语句后面要加入分号。

脚本段的语法如下:

```
<% 合法的 Java 代码; %>
```

每个 JSP 页面都可以包含任意数量的脚本段。这些脚本段在请求处理时在服务器端按顺序执行,是否产生输出由脚本段中的代码决定。

脚本段内定义的变量只在当前的页面内有效,属于页面内的局部变量。当前用户对该变量的操作不会影响到其他的用户。

【例 4-1】 scriplet.jsp,脚本段的使用。

```jsp
<%@ page contentType="text/html;charset=utf-8" import="java.util.*"%>
<html>
<head><title>脚本段示例</title></head>
<body>
<h2>
<%
    String name="王红";
    if(Calendar.getInstance().get(Calendar.AM_PM)==Calendar.AM){
        out.println(name+",上午好!");          //使用 out 对象输出
    }else{
        out.println(name+",下午好!");
    }
    int i=0;
    out.println("<br>i 的值是"+i);
    out.println("<br>下面修改局部变量 i 的值");
    i++;
    out.println("<br>修改后 i 的值是"+i);
%>
</h2>
</body>
</html>
```

注意：第 4 章的程序放在 Web 应用 ch04 中，并且以后每章的程序都放置到对应的 Web 应用中。

在浏览器地址栏中输入 URL："http://localhost:8080/ch04/element/scriplet.jsp"，得到的运行结果如图 4-1 所示。

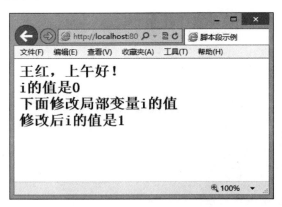

图 4-1 脚本段的使用

由于脚本段中定义的变量 i 是页面内的局部变量，因此每次请求该页面都会显示同样的结果。

4.2.2 声明

在 JSP 页面中，声明是一段 Java 代码，它用来定义 JSP 文件转换后的 Servlet 文件中类的属性和方法。声明后的变量和方法可以在 JSP 页面的任何地方使用，且仅在当前 JSP 页面内有效。声明不会产生任何输出内容。

声明的语法格式如下：

```
<%! 声明 1; 声明 2; …%>
```

声明的变量是页面内的全局变量。任何一个用户对 JSP 页面的全局变量操作的结果都会影响到其他用户。变量声明后就可以使用，例如：

```
<%! String name = "王红"; %>
<% out.println("你好,"+name+"!"); %>
```

声明的方法在整个 JSP 页面内有效，但是该方法内定义的变量只在该方法内有效。例如：

```
<%! public String sayHello(String who){
        return "你好,"+who+"!";
    }
%>
```

例 4-2 中声明了方法 sayHello(),也声明了字符串变量 who 和整型变量 i,并在随后的代码中使用了声明的变量和方法。

【例 4-2】 declaration.jsp,声明的使用。

```jsp
<%@ page contentType="text/html;charset=utf-8" %>
<html>
<head><title>声明的使用</title></head>
<body>
<%-- 声明变量--%>
<%! long i=0;%>
<%! String name="王红";%>
<%-- 声明方法--%>
<%! public String sayHello(String who){
        return "你好,"+who+"!";
    }
%>
<h2 align="center">
<%
    i++;
    out.println(sayHello(name));
    out.println("<br>");
    out.println("您是本站的第"+i+"位访客。");
%>
</h2>
</body>
</html>
```

在浏览器地址栏中输入 URL:"http://localhost:8080/ch04/element/declaration.jsp",得到的运行结果如图 4-2 所示。

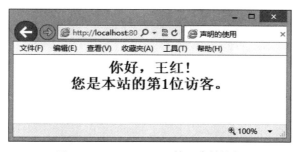

图 4-2　declaration.jsp 第 1 次被访问

由于声明定义的变量 i 是页面内的全局变量,当多次请求该 JSP 页面时,每次 i 的值都会加 1。图 4-3 是该页面被第 4 次请求时显示的结果。

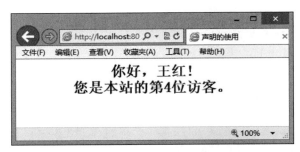

图 4-3 declaration.jsp 第 4 次被访问

4.2.3 表达式

表达式以＜％＝开始，以％＞结束，中间为一个合法的 Java 表达式。表达式在 JSP 页面被请求时计算，所得的结果转换成 String 类型的字符串后与其他模板数据组合在一起，按先后顺序依次输出到浏览器。

表达式的语法格式如下：

```
<%=符合 Java 语法的表达式(结尾不带分号)%>
```

例如：

```
<%=1+2+3%>
<%=sayHello("王红")%>
```

注意：表达式的开始符号＜％＝之间没有任何空格，不能写成＜　％　＝，读者可以思考一下原因。另外，表达式不是完整的 Java 语句，所以表达式的后面不能使用分号。

【**例 4-3**】 expression.jsp，表达式的使用。

```
<%@ page contentType="text/html;charset=utf-8" %>
<html>
<head><title>表达式的使用</title></head>
<body>
<%! long i=0;%>
<%! String name="王红";%>
<%! public String sayHello(String who){
        return "你好,"+who+"!";
    }
%>
<%
    i++;
%>
<%-- 表达式的使用--%>
<h2 align="center">
```

```
        <%=sayHello(name) %><br>
        您是本站的第<%=i %>位访客。
</h2>
</body>
</html>
```

expression.jsp 的运行结果同 declaration.jsp。

4.2.4 表达式语言

表达式语言(EL)是 JSP 2.0 的新特性。使用表达式语言可以简化 JSP 页面的开发,使代码更加简洁,还可以方便地访问不同类型的数据。在 JSP 的模板元素、动作元素以及标准标签库中都可以使用 EL 表达式。EL 表达式的语法格式如下:

```
${expr}
```

关于表达式语言的内容详见第 11 章。

4.3 注释

注释可以增强 JSP 文件的可读性,使文件易于维护,也可以用于去掉代码段,方便程序员调试代码。JSP 中的注释可分为 HTML 注释、Java 注释、JSP 注释 3 种。

1. HTML 注释

HTML 注释的开始标签和结束标签分别是 <!--和-->,例如:

```
<!-- 这里是 HTML 注释 -->
```

注释内容不会显示在浏览器中,但 JSP 引擎会把注释内容返回给客户端,因此用户通过浏览器查看 JSP 生成的 HTML 页面源代码时,能够看到 HTML 注释。

2. Java 注释

由于 JSP 中的脚本段是基于 Java 语言的,因此,在 JSP 中同样可以使用 Java 注释。Java 注释在 JSP 转换后的 Servlet 源文件中会保留下来,但是在浏览器客户端是看不到的。

Java 注释的语法如下:

```
单行注释://
多行注释:/*    */
```

3. JSP 注释

JSP 注释通常是给开发人员测试或屏蔽代码段使用的,这种注释的开始标签和结束标签分别是<%--和--%>。JSP 注释不仅在浏览器客户端看不到,甚至在 JSP 转换后的 Servlet 源文件中也不会看到。

【例 4-4】 comment.jsp，注释的使用。

```jsp
<%@ page contentType="text/html;charset=utf-8" %>
<html>
  <head><title>注释的使用</title></head>
  <body>
  <h2>
  <ol>
  <li>HTML 注释</li>
  <!--这里是 HTML 格式的注释,表达式的值是<%=1+2+3 %> -->
  <li>Java 注释</li>
  <%
    //这里是 Java 语言的单行注释,下面是多行注释
    /*
        String a="asb";
        String b="dfb";
    */
    String s1="此信息会显示在 Servlet 中";
  %>
  <li>JSP 注释</li>
  <%--这里是开发人员专用的 JSP 注释--%>
  <%--
    String s2="此信息不会显示在页面源代码和 Servlet 中";
  --%>
  </ol>
  </h2>
  </body>
</html>
```

在浏览器地址中输入 URL："http://localhost:8080/ch04/comment.jsp"，得到的运行结果如图 4-4 所示。

图 4-4　comment.jsp 的运行结果

第 4 章　JSP 基本语法　　63

通过选择浏览器的"查看"→"源"菜单项,可以看到 comments.jsp 运行后输出的 HTML 页面的源代码。该代码中仅包含 HTML 注释,其中的表达式被编译运行,如图 4-5 所示。

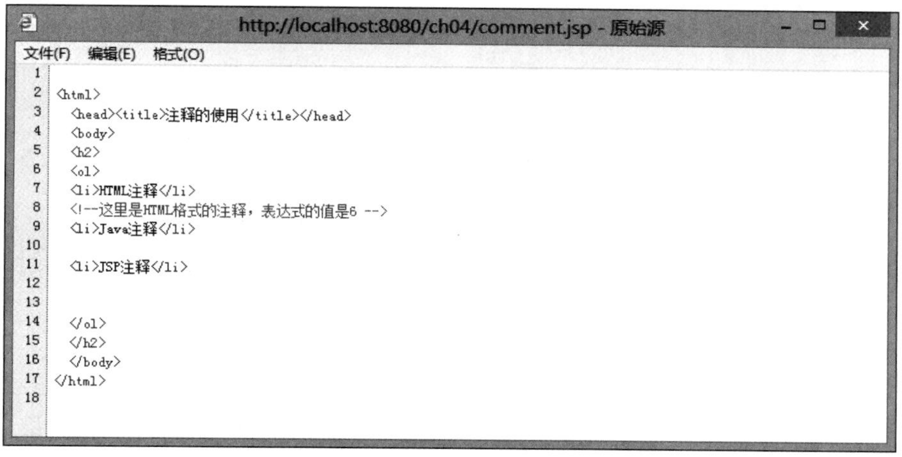

图 4-5　comment.jsp 输出的页面源代码

在 comment.jsp 转换后的 Servlet 源文件 comment_jsp.java 中,可以看到 HTML 注释和 Java 注释。例 4-5 是 comment_jsp.java 代码的一部分。

【例 4-5】　comment_jsp.java,Servlet 代码片段。

```
...
        out.write("\r\n");
        out.write("<html>\r\n");
        out.write("  <head><title>注释的使用</title></head>\r\n");
        out.write("  <body>\r\n");
        out.write("  <h2>\r\n");
        out.write("  <ol>\r\n");
        out.write("  <li>HTML 注释</li>\r\n");
        out.write("  <!--这里是 HTML 格式的注释,表达式的值是");
        out.print(1+2+3 );
        out.write(" -→\r\n");
        out.write("  <li>Java 注释</li> \r\n");
        out.write("    ");

        //这里是 Java 语言的单行注释,下面是多行注释
        /*
            String a="asb";
            String b="dfb";
        */
        String s1="此信息会显示在 Servlet 中";

        out.write("\r\n");
```

```
             out.write("    <li>JSP 注释</li>\r\n");
             out.write("    ");
             out.write("\r\n");
             out.write("    ");
             out.write("\r\n");
             out.write("  </ol>\r\n");
             out.write("  </h2>\r\n");
             out.write("  </body>\r\n");
             out.write("</html>\r\n");
...
```

4.4 指令元素

指令元素主要用于在 JSP 转换为 Servlet 时提供整个 JSP 页面的相关信息,指令不会产生任何输出。JSP 1.2 的规范中主要包括 3 种指令元素:page 指令、include 指令和 taglib 指令。JSP 2.0 中新增了标签文件(Tag File)功能,标签文件还有自己的指令可以使用,包括 tag 指令、attribute 指令和 variable 指令,将在第 10 章中介绍。

指令通常以<%@标签开始,以%>标签结束,语法格式如下:

```
<%@ 指令名 属性 1="值 1" 属性 2="值 2"…%>
```

下面分别介绍 JSP 1.2 中的 3 种指令元素。

4.4.1 page 指令

page 指令即页面指令,用来定义整个 JSP 页面的属性和相关功能。page 指令对整个页面有效,与其书写位置无关,但为了便于程序代码的阅读,习惯上将 page 指令放在文件的开始位置。page 指令有很多属性,通过这些属性的设置可以影响到当前的 JSP 页面。

page 指令的属性包括 language、contentType、pageEncoding、info、import、session、errorPage、isErrorPage、buffer、autoFlush 和 isELIgnored 等。

下面是 page 指令主要属性的用法。

1. language 属性

language 属性用于指定在脚本元素中使用的脚本语言,默认值是 java。在 JSP 2.0 规范中,该属性的值只能是 java,以后的版本可能会支持其他语言,所以一般情况下,没有必要指定这个属性。

2. contentType 属性

contentType 属性用于指定 JSP 页面输出内容的类型和字符编码方式。属性值中内容类型部分可以为 text/html(纯文本的 HTML 页面)、text/plain(纯文本文档)、application/msword(Word 文档)、application/x-msexcel(Excel 文档)等,默认值为 text/html。属性值

中编码方式部分的值可以为 GB2312、GBK 或 UTF-8 等。语法格式如下：

```
<%@ page contentType="内容的类型;charset=编码方式的值" %>
```

如果希望 JSP 文件输出 HTML 页面，并在返回结果中使用中文字符，可在页面中做如下设定：

```
<%@ page contentType="text/html; charset=utf-8"%>
```

【例 4-6】 page_contentType.jsp，page 指令 contentType 属性的使用

```
<%@ page contentType="application/msword;charset=utf-8" %>
这部分信息将在 Word 文档中被看到！
能看到换行吗？
```

在浏览器地址栏中输入 URL："http://localhost:8080/ch04/directive/page_contentType.jsp"，运行结果如图 4-6 所示。单击"打开"按钮，运行结果如图 4-7 所示。

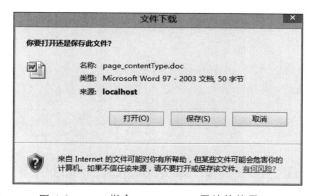

图 4-6　page 指令 contentType 属性的使用(1)

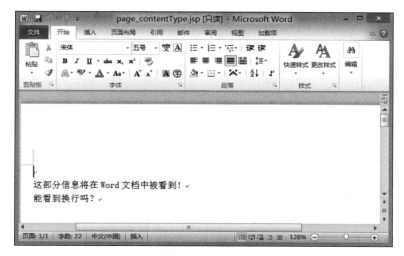

图 4-7　page 指令 contentType 属性的使用(2)

3. pageEncoding 属性

pageEncoding 属性用来指定 JSP 页面的字符编码。如果设置了这个属性，则 JSP 页面的字符编码方式采用这个属性的值；如果没有设置这个属性，则 JSP 页面的字符编码方式采用 contentType 中设置的编码方式；如果两个都没有设置，则使用默认值。默认值为西欧字符编码 ISO-8859-1，该编码方式不支持中文。如果 JSP 页面包含中文信息，则需要将属性值设置为 GB2312、GBK 或 UTF-8。

【例 4-7】 page_pageEncoding.jsp，page 指令 pageEncoding 属性的使用。

```
<%@ page pageEncoding="utf-8" %>
<html>
<head><title>page 指令 pageEncoding 属性的使用</title>
</head>
<body>
<h1>
这里显示的是中文,如果 pageEncoding 的属性值为不支持中文的编码,此处会出现乱码。
</h1>
</body>
</html>
```

在浏览器地址栏中输入 URL："http://localhost:8080/ch04/directive/page_pageEncoding.jsp"，得到的运行结果如图 4-8 所示。

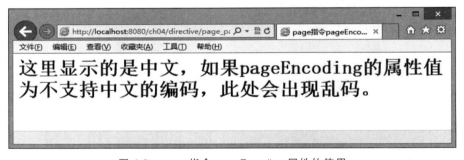

图 4-8　page 指令 pageEncoding 属性的使用

4. info 属性

info 属性用来指定页面的描述信息，属性值可以是任意字符串，例如当前页面的作者、版本、版权或其他有关的页面信息。在 JSP 页面中可以使用 getServletInfo()方法获取 info 属性的属性值。使用 info 属性的格式如下：

```
<%@ page info="这是通过 info 属性定义的页面描述信息" %>
```

5. import 属性

import 属性用来为 JSP 页面导入在脚本元素中用到的 Java 类，使用方法如下：

```
<%@ page import="java.io.*", "java.util.*" %>
```

也可以在一个 page 指令中多次使用 import 属性来导入 Java 类,例如:

```
<%@ page import="java.io.*" import="java.util.*" %>
```

当然也可以使用多个 page 指令来导入多个 Java 类,例如:

```
<%@ page import="java.io.*" %>
<%@ page import="java.util.*" %>
```

在 JSP 页面中,有些 Java 类是默认导入的,这些类不需要声明导入就可以使用。默认导入的 Java 类是:java.lang.*,javax.servlet.*,javax.servlet.jsp.* 和 javax.servlet.http.*。

6. session 属性

session 属性用来指定当前页面的内置对象 session 是否可用。该属性默认值为 true,表示 session 对象可用;属性值设置为 false 时,表示当前页面不支持 session 对象。

7. errorPage 属性

该属性用来指定当前页面在运行过程中发生异常时,转向哪里进行异常处理。errorPage 属性的属性值通常是一个 URL,用来指定异常处理页面。例如,为当前页面指定异常处理页面为 dealError.jsp,格式如下:

```
<%@ page errorPage="dealError.jsp" %>
```

8. isErrorPage 属性

isErrorPage 属性用来指定当前 JSP 页面是不是异常处理页面。当 isErrorPage 属性值设置为 true 时,才可以在该页面使用 exception 对象的相关方法来获取 JSP 页面的出错原因等信息,该属性的默认值为 false。例如,指定 dealError.jsp 是用于处理异常的页面,则在 dealError.jsp 页面中需要加上如下语句:

```
<%@ page isErrorPage="true" %>
```

例 4-8 完成的功能是一个 JSP 页面在运行过程中发生异常时,通过另外一个异常处理页面获取错误信息。本例涉及两个文件:第一个文件是出错页面 page_errorPage.jsp;第二个文件是错误处理页面 page_isErrorPage.jsp,该文件能通过 exception 对象获取异常信息。

【**例 4-8**】 page 指令 errorPage 属性和 isErrorPage 属性的使用。

```
文件名:page_errorPage.jsp
<%@ page contentType="text/html;charset=utf-8" %>
<%@ page errorPage="page_isErrorPage.jsp" %>
<html>
<head>page 指令 errorPage 属性的使用</head>
```

```
<body>
<h1>这个页面的运行会发生异常,将转去 page_isErrorPage.jsp 页面</h1>
<%
    int a=30;
    int b=0;
    a=a/b;
%>
</body>
</html>

文件名:page_isErrorPage.jsp
<%@ page contentType="text/html;charset=utf-8" %>
<%@ page isErrorPage="true"%>
<html>
<head><title>page 指令 isErrorPage 属性的使用</title></head>
<body>
<h1>这是一个异常处理页面</h1>
<h2>当 page_errorPage.jsp 页面发生异常时,可看到本页面内容</h2>
<b>错误描述:</b><%= exception.toString() %><p>
<b>详细出错原因:</b>
<pre>
<%
    exception.printStackTrace(new java.io.PrintWriter(out));
%>
</pre>
</body>
</html>
```

在浏览器地址栏中输入 URL:"http://localhost:8080/ch04/directive/page_errorPage.jsp",页面转到了异常处理页面 page_isErrorPage.jsp,并获取了 page_errorPage.jsp 页面的异常信息,运行结果如图 4-9 所示。

9. buffer 属性

buffer 属性用来设置 JSP 内置对象 out(类型为 JspWriter)的缓冲区大小或不使用缓冲区。

若 buffer 属性取值为 none,表示不使用缓冲区。若 buffer 属性指定为数值,单位只能是 KB(千字节)。buffer 属性的默认值是 8KB,使用举例如下:

```
<%@ page buffer="16kb" %>
<%@ page buffer="none" %>
```

注意:使用 buffer 属性指定的数值只是缓冲区的最小值,JSP 容器选择的缓冲区大小可能比指定的值大。

图 4-9　page 指令 errorPage 属性和 isErrorPage 属性的使用

10. autoFlush 属性

autoFlush 属性用来指定当 out 对象的缓冲区被填满时,缓冲区是否自动刷新。

autoFlush 属性的值为布尔类型,默认值是 true,表示当缓冲区已满时,自动将其中的内容输出到客户端。如果 autoFlush 属性取值 false,当缓冲区已满时,就会抛出一个缓存溢出异常。

注意：当 buffer 的值是 none 时,autoFlush 的值必须为 true,不能设置成 false。

11. isELIgnored 属性

isELIgnored 属性用来指定在 JSP 页面中是执行还是忽略 EL 表达式,属性的值为布尔类型。如果这个属性设置为 true,例如：

```
<%@ page isELIgnored= "true" %>
```

则表示容器将忽略 EL 表达式。

注意：isELIgnored 属性的默认值依赖于 web.xml 的版本。如果使用 Servlet 4.0 版本的格式,它的默认值为 false,即容器将执行 EL 表达式。

4.4.2　include 指令

include 指令的作用是在 JSP 页面中静态包含一个文件,被包含的文件必须和当前 JSP 页面处于同一个 Web 应用中。

所谓静态包含,就是当前的 JSP 页面和所包含的文件合并成一个新的 JSP 页面,JSP 引擎再将这个新的 JSP 页面转换成 Servlet 文件。

include 指令的语法格式如下:

```
<%@ include file="relativeURL" %>
```

在实际应用中,往往需要规定一个网站的所有页面使用统一的页头和页脚内容。如果将这些统一的内容定义在文件中(如:head.html 或 foot.html),其他页面就可以使用 include 指令包含该文件了。

4.4.3 taglib 指令

taglib 指令的作用是在 JSP 页面中引入所使用的标签库。这个指令还可以给标签库指定一个前缀,当 JSP 页面中用到该标签库中的标签时,就使用这个前缀来标识该标签库。

在页面中利用 taglib 指令可以方便地使用标签库中定义的任意标签,以达到简化页面代码的目的。JSP 的自定义标签库和标准标签库的相关内容会在后续章节作详细介绍,这里先了解一下 taglib 指令的基本使用方法。语法格式如下:

```
<%@ taglib uri="标签库的uri地址" prefix="前缀名" %>
```

或

```
<%@ taglib tagdir="标签文件的目录" prefix="前缀名" %>
```

在 JSP 页面中使用标签库中的标签时,一般格式为<前缀名:标签名>,标签名为标签库中定义的标签的具体名称。

4.5 动作元素

在 JSP 中提供了一系列使用 XML 语法定义的动作元素,这些动作元素用来实现一些通用功能,例如请求转发、页面包含、JavaBean 对象的创建和使用等。与指令元素不同的是,动作元素是在请求处理阶段,按照在页面中出现的顺序被执行的,能够影响输出流和修改对象。

动作元素可以是 JSP 规范中定义的标准动作,也可以是自定义动作。在 JSP 规范中定义的标准动作,使用时的前缀为 jsp,例如<jsp:include>标签就是一个标准动作元素,表示在一个 JSP 页面中包含另一个资源。自定义动作的定义和使用在后续章节中介绍。

动作元素的使用格式如下:

```
<prefix:tagName attr1="v1"…attrn="vn"/>
```

或

```
<prefix:tagName attr1="v1"…attrn="vn">
     body
</prefix:tagName>
```

注意：JSP 的动作元素是大小写敏感的。

JSP 2.0 规范中，一共定义了 20 种标准动作元素，可分为如下几类。

(1) JSP 1.2 中原有的 6 种：＜jsp:include＞、＜jsp:forward＞、＜jsp:param＞、＜jsp:plugin＞、＜jsp:params＞、＜jsp:fallback＞；

(2) 与 JavaBean 相关的 3 种：＜jsp:useBean＞、＜jsp:setProperty＞、＜jsp:getProperty＞；

(3) 用于 JSP 文档(使用 XML 语法格式描述的 JSP 页面)的 6 种：＜jsp:root＞、＜jsp:declaration＞、＜jsp:scriptlet＞、＜jsp:expression＞、＜jsp:text＞、＜jsp:output＞；

(4) 用于动态产生 XML 元素的 3 种：＜jsp:element＞、＜jsp:attribute＞、＜jsp:body＞；

(5) 用于标签文件的两种：＜jsp:invoke＞和＜jsp:doBody＞。

下面介绍几个常用的 JSP 动作元素的具体用法。

4.5.1 ＜jsp:include＞和＜jsp:param＞

＜jsp:include＞动作元素用于在当前页面中动态包含其他资源,该元素的使用格式如下：

```
<jsp:include page="被包含资源的路径" flush="true|false" />
```

或者向被包含的资源传递参数：

```
<jsp:include page="被包含资源的路径" flush ="true|false">
  {<jsp:param name="name" value="value" />}*
</jsp:include>
```

其中,page 属性指定被包含资源的相对路径。flush 属性表示读入被包含内容之前是否清空缓冲区,属性值为 boolean 类型,默认值为 false。

＜jsp:param＞子动作用于向被包含的资源传递参数,其中,name 属性指定参数的名称,value 属性指定参数的值。在＜jsp:include＞元素本体内可以重复定义多个＜jsp:param＞元素来传递多个参数。

＜jsp:param＞子动作除了用于＜jsp:include＞元素中,还经常用在＜jsp:forward＞和＜jsp:params＞元素中以指定参数。

在 JSP 页面中有两种不同的包含方式：静态包含(编译时包含)和动态包含(运行时包含)。静态包含是指当 JSP 引擎把 JSP 页面转换成 Servlet 文件时,把被包含文件的内容直接合并到 JSP 页面中。其优点是性能好。include 指令实现的是静态包含。

动态包含是指当 JSP 引擎把 JSP 页面转换成 Servlet 文件时,不把被包含文件与原 JSP 页面合并一个新的 JSP 页面,而是告诉 Java 解释器：这个文件在 JSP 运行时(Servlet 文件的 class 字节码文件被加载执行时)才包含进来。其优点是可以向被包含文件传递参数,缺点是性能稍差。include 动作元素实现的是动态包含。

4.5.2 项目1：<jsp:include>的使用

1. 项目构思

在 include.jsp 页面中动态包含 box.jsp 页面，并给 box.jsp 页面传递参数 color、title 和 content。

2. 项目设计

(1) include.jsp 页面使用<jsp:include>动态包含 box.jsp 页面，并使用<jsp:param>传递参数 color、title 和 content。

(2) box.jsp 页面为不完整的 JSP 代码片段，页面中使用 request.getParameter() 获取参数 color、title 和 content 的值。

3. 项目实施

```jsp
文件名:include.jsp
<%@ page contentType="text/html;charset=utf-8" %>
<html>
<head><title>include 动作的使用</title></head>
<body>
<h1>include 动作的使用</h1>
<jsp:include page="box.jsp">
<jsp:param name="color" value="#00FF00"/>
<jsp:param name="title" value="This is the title" />
<jsp:param name="content" value="This is the content"/>
</jsp:include>
</body>
</html>
```

```jsp
文件名:box.jsp
<%
    String color = request.getParameter("color");
    String title = request.getParameter("title");
    String content = request.getParameter("content");
%>
<table border="1" width="50%">
<tr bgcolor="<%=color %>">
    <td><%=title %></td>
</tr>
<tr>
    <td><%=content %></td>
</tr>
</table>
```

4. 项目运行

在浏览器地址栏中输入 URL:"http://localhost:8080/ch04/action/include/box.jsp",得到的运行结果如图 4-10 所示。

图 4-10 直接访问 box.jsp 的运行结果

在浏览器地址栏中输入 URL:"http://localhost:8080/ch04/action/include/include.jsp",得到的运行结果如图 4-11 所示。

图 4-11 include.jsp 的运行结果

4.5.3 <jsp:forward>

<jsp:forward>动作元素用于运行时在服务器端结束当前页面的执行,并从当前页面跳转到指定的页面。跳转的目标页面可以是静态 HTML 页面、JSP 页面或 Java Servlet 类。

<jsp:forward>动作是在服务器端完成的,浏览器地址栏的内容并不会改变。

<jsp:forward>动作只包含一个 page 属性,用于指定目标页面的 URL。动作体中可以使用<jsp:param>元素来指定参数列表。

<jsp:forward>的语法如下:

```
<jsp:forward page="目标页面的 URL" />
```

或

```
<jsp:forward page="目标页面的 URL">
    {<jsp:param name="name" value="value" />}*
</jsp:forward>
```

4.5.4 项目 2：<jsp:forward>的使用

1. 项目构思

用户在 input.jsp 页面输入年龄后，提交到 forward.jsp 页面。forward.jsp 页面根据输入的年龄值设置跳转到 next.jsp 页面时传递的参数内容，next.jsp 页面接收从 forward.jsp 页面传递过来的参数并显示，同时还要显示用户在 input.jsp 页面输入的年龄信息。

2. 项目设计

（1）input.jsp 页面包含一个 form 表单，表单中包含单行输入文本控件 age，表单的提交地址为 forward.jsp。

（2）forward.jsp 页面使用 request.getParameter()获取参数 age 的值，根据 age 的值是否大于等于 18 岁，决定跳转到 next.jsp 页面时传递的参数 access。forward.jsp 页面使用<jsp:forward>跳转到 next.jsp 页面，并使用<jsp:param>传递参数。

（3）next.jsp 页面使用 request.getParameter()获取参数 age 和 access 的值并显示。

3. 项目实施

```
文件名:input.jsp
<%@ page pageEncoding="utf-8" %>
<form action="forward.jsp">
年龄:<input type="text" name="age" />
<input type="submit" value="提交" />
</form>

文件名:forward.jsp
<%@ page pageEncoding="utf-8" %>
<%
    String age = request.getParameter("age");
    String access = null;
    if(Integer.parseInt(age)>=18){
        access = "OK";
    }else{
        access ="NO";
    }
%>
<jsp:forward page="next.jsp">
    <jsp:param value="<%=access %>" name="access" />
</jsp:forward>

文件名:next.jsp
<%@ page pageEncoding="utf-8" %>
您的年龄是:<%=request.getParameter("age") %>岁
```

```
<br>
您的访问权限是:<%=request.getParameter("access") %>!
```

4. 项目运行

在浏览器地址栏中输入 URL:"http://localhost:8080/ch04/action/forward/input.jsp",得到的运行结果如图 4-12 所示。

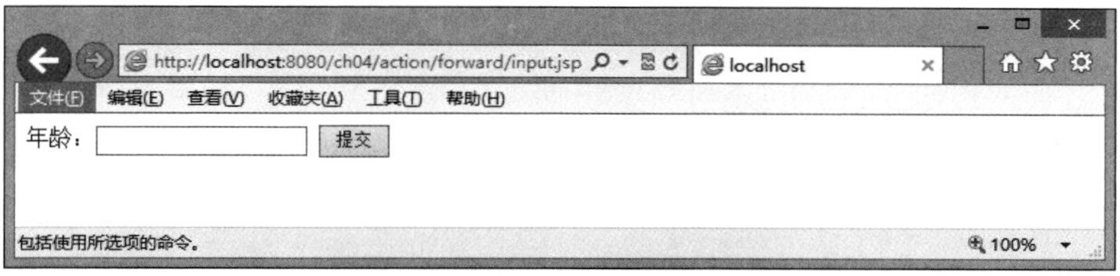

图 4-12　input.jsp 的运行结果

在图 4-12 中输入年龄 22,单击"提交"按钮后的结果如图 4-13 所示。

图 4-13　next.jsp 的运行结果(1)

在图 4-12 中输入年龄 14,单击"提交"按钮后的结果如图 4-14 所示。

图 4-14　next.jsp 的运行结果(2)

本章小结

JSP 的脚本元素包括脚本段、声明和表达式,在 JSP 2.0 中还包括表达式语言。

JSP 的指令元素通常以<%@符号开始,以%>符号结束。其中,page 指令用来定义整个 JSP 页面的属性和相关功能,include 指令用来在 JSP 页面中静态包含一个文件,taglib 指令用于在 JSP 页面中引入所使用的标签库。

<jsp:include>动作元素用于在当前页面中动态包含其他资源。<jsp:forward>动作元素用于运行时在服务器端结束当前页面的执行,并从当前页面跳转到指定的页面。

实验

1. 文件名称：index.jsp

```
<%@ page contentType="text/html;charset=utf-8" %>
<%@ include file="title.html" %>
您好,欢迎您的到来!
```

文件名称：title.html

```
<%@ page contentType="text/html;charset=utf-8" %>
<a href="index.jsp">回到首页</a>
<a href="news.jsp">校园新闻</a>
<a href="forum.jsp">师生论坛</a>
<br>
```

(1) 说明 index.jsp 文件中<%@ include%>指令的作用。
(2) 说明 title.html 文件中<%@page %>指令的作用。
(3) 访问 index.jsp 页面,写出该页面的输出结果。
2. 编写一个异常处理页面,要求显示详细的出错信息。

第 5 章 JSP 内置对象

【学习目标】

- 熟练掌握 JSP 的 9 种内置对象及其常用方法。
- 熟练使用 request 内置对象获取用户请求信息。
- 熟练使用 session 内置对象实现购物车功能。
- 熟练使用 application 内置对象实现网站计数器功能。
- 了解 Cookie 的概念和用处，能使用 Cookie 对象实现自动登录功能。

5.1 内置对象概述

JSP 提供了一些由容器实现和管理的内置对象，它们在 JSP 页面中可以直接使用，不需要实例化。在 JSP 中一共提供了 9 种内置对象：out、request、response、session、application、pageContext、config、page、exception。这些内置对象的类型如表 5-1 所示。

表 5-1 JSP 内置对象

对象名	类　　型	对 象 说 明
out	javax.servlet.jsp.JspWriter	HTML 标准输出
request	javax.servlet.http.HttpServletRequest	封装请求信息
response	javax.servlet.http.HttpServletResponse	封装响应信息
session	javax.servlet.http.HttpSession	封装会话信息
application	javax.servlet.ServletContext	封装应用信息
pageContext	javax.servlet.jsp.PageContext	封装当前 JSP 页面的上下文信息
exception	java.lang.Throwable	封装异常处理信息
config	javax.servlet.ServletConfig	封装 JSP 页面的 Servlet 配置信息
page	java.lang.Object	如同 Java 中的 this

5.2 out 对象

out 对象的主要作用是向浏览器输出数据信息，也可以通过 out 对象操作缓冲区。out 对象对应的实现类为 javax.servlet.jsp.JspWriter。

当 JSP 容器将 JSP 页面转换成 Servlet 时，所有的模板元素会使用 out.write()方法来输出。但是，在 JSP 页面的 Java 脚本段中输出模板元素或数据时，一般会使用 out.print()或 out.println()方法。

out 对象的方法主要分为两大类：向浏览器输出数据的方法和操作缓冲区的方法。

5.2.1 向浏览器输出数据的方法

out 对象向浏览器输出数据的方法如下。

(1) public abstract void print()：显示各种类型的数据，该方法需要一个参数，参数类型可以是整型、浮点型、字符型、对象类型等。

(2) public abstract void println()：分行显示各种类型的数据。该方法可以有一个参数，参数类型可以是整型、浮点型、字符型、对象类型等，方法无参数时，输出一个换行符。

(3) public abstract void newline()：输出一个换行符。

注意：

(1) out.print(expression)等价于＜％＝ expression ％＞。

(2) out.println()或 out.newLine()的换行效果是出现在页面源代码中，而不是页面中。页面的换行仍要使用＜br＞标签。

下面通过例子来进一步掌握 out 对象向浏览器输出数据的常用方法。

【例 5-1】 table.jsp，使用 out 对象输出行变色表格。

```
<%@ page contentType="text/html;charset=utf-8" %>
<html>
    <head>
        <title>使用 out 对象输出行变色表格</title>
    </head>
    <body>
    <table width="50%" align="center">
    <%
        int i=0;
        while(i<10){
            i++;
            if(i%2==0) {
                out.println("<tr bgcolor=\"#00FF00\">");
            }else{
                out.println("<tr bgcolor=\"#0055FF\">");
            }
```

```
            out.println("<td>当前行数:"+i+"</td>");
            out.println("</tr>");
        }
    %>
    </table>
    </body>
</html>
```

在浏览器地址栏中输入 URL：http://localhost:8080/ch05/out/table.jsp，得到的运行结果如图 5-1 所示。

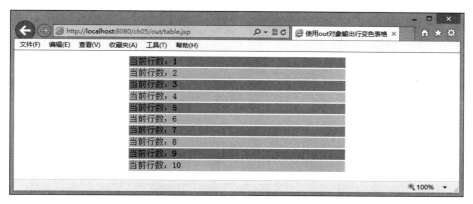

图 5-1 使用 out 对象输出行变色表格

5.2.2 操作缓冲区的方法

out 对象操作缓冲区的方法如下。

（1）public abstract void clear()：清空缓冲区中的内容，如果缓冲区中的数据已经被刷新到客户端，则会引发 IO 异常。

（2）public abstract void clearBuffer()：清空缓冲区中的内容，即使缓冲区中的数据已经被刷新到客户端，也不会引发 IO 异常。

（3）public abstract void flush()：刷新缓冲区中的数据到客户端。

（4）public abstract void close()：刷新缓冲区，并关闭输出流。

（5）public int getBuffersize()：返回缓冲区的大小，单位为字节。

（6）public abstractint getRemaining()：返回缓冲区剩余空间的大小，单位为字节。

（7）public boolean isAutoFlush()：返回 autoFlush 的取值。

下面通过例子来进一步掌握 out 对象操作缓冲区的常用方法。

【例 5-2】 out.jsp，使用 out 对象输出数据并操作缓冲区。

```
<%@ page contentType="text/html;charset=utf-8" buffer="2kb" autoFlush="false"%>
<%
    out.println("你好!");
```

```jsp
        out.clear();
%>
<html>
<head><title>使用 out 对象输出数据并操作缓冲区</title></head>
<body>
<%
    out.println("再次说你好!"+"<br>");
    out.println("out 对象的缓冲区大小为:"+out.getBufferSize()+"字节<br>");
    out.println("缓冲区剩余大小为:"+out.getRemaining()+"字节<br>");
    out.flush();
    for(int i=0;i<2000;i++){
        out.print("A");
    }
    out.println("<br>"+out.isAutoFlush());
%>
</body>
</html>
```

在浏览器地址栏中输入 URL:"http://localhost:8080/ch05/out/out.jsp",得到的运行结果如图 5-2 所示。

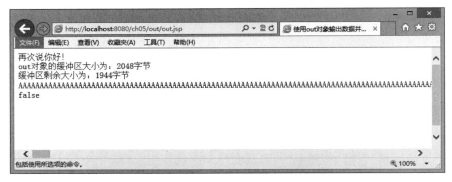

图 5-2 使用 out 对象输出数据并操作缓冲区

5.3 request 对象

request 对象封装了浏览器的请求信息,通过 request 对象的各种方法可以获取客户端以及用户提交的各项请求信息。请求信息包括请求的头部信息、请求方式、请求的参数名称和参数值等。此外,request 对象还提供了获取 cookie 和 session 等对象的方法。request 对象对应的接口为 javax.servlet.http.HttpServletRequest。

5.3.1 获取请求头部信息的方法

request 对象获取请求头部信息的方法如下:

(1) String getHeader(String name)：返回指定头部名称的字符串类型的信息值。
(2) Enumeration<String> getHeaderNames()：返回所有头部信息的名称。
(3) Enumeration<String> getHeaders(String name)：返回指定头部名称的所有信息值。
(4) int getIntHeader(String name)：返回指定头部名称的整型信息值。
(5) long getDateHeader(String name)：返回指定头部名称的代表日期对象的长整型信息值。

下面通过例子来进一步掌握 request 对象获取请求头部信息的常用方法。

【例 5-3】 header.jsp，使用 request 对象获取并显示全部请求头部信息。

```
<%@ page contentType="text/html;charset=utf-8" import="java.util.*"%>
<html>
<head>
<title>使用 request 对象获取并显示全部请求头部信息</title>
</head>
<body>
<h1>客户端发送的 HTTP 请求头包含如下信息:</h1>
<%
    Enumeration<String> headers = request.getHeaderNames();
    while (headers.hasMoreElements()) {
        String headerName = headers.nextElement();
        String headerValue = request.getHeader(headerName);
%>
        <b><%= headerName %></b>:<%= headerValue %><br>
<%
    }
%>
</body>
</html>
```

在浏览器地址栏中输入 URL："http://localhost:8080/ch05/request/header.jsp"，得到的运行结果如图 5-3 所示。

图 5-3 使用 request 对象获取全部请求头部信息

5.3.2 获取请求参数信息的方法

request 对象获取请求参数的方法如下：

（1）String getParameter(String name)：获取请求参数 name 的值，并以字符串形式返回，如果参数 name 不存在则返回 null。

例如，获取名为 name 的参数值：

```
String name=request.getParameter("name");
```

（2）String[] getParameterValues(String name)：获取请求参数 name 的所有参数值，返回字符串数组，如果参数 name 不存在则返回 null。

例如，获取名为 mybox 的复选框的所有取值：

```
String[] mybox=request.getParameterValues("mybox");
if(mybox!=null) {
    for(int i=0;i<mybox.length;i++)
        out.println(mybox[i]+ " ");
}
```

（3）Enumeration<String> getParameterNames()：获取请求中所有参数的名称。

例如：

```
String value=null;
Enumeration names=request.getParameterNames();
while(names.hasMoreElements() ){
    value=names.nextElement();
    out.println(name+"="+request.getParameter(name));
    out.println("<br>");
}
```

（4）Map<String，String[]> getParameterMap()：以 Map 类型返回请求的所有参数，其中参数名作为 Map 的 key。Map 的 value 是这个参数名对应的所有参数值的字符串数组。

5.3.3 其他方法

request 对象的其他常用方法如下：

（1）Object getAttribute(String name)：返回指定名称的属性值，如果指定的属性不存在，则返回 null。

（2）void setAttribute(String name，Object o)：在请求对象中存储名称为 name、值为 o 的属性。

（3）void removeAttribute(String name)：删除指定名称的属性。

（4）String getContextPath()：返回请求 URI 中表示请求上下文的部分。

（5）Cookie[] getCookies()：以数组形式返回客户端发送的所有 Cookie 对象。

（6）String getMethod()：获取 HTTP 请求的方式，例如 GET、POST 或 PUT。

（7）HttpSession getSession()：获取 Session 对象。

（8）void setCharacterEncoding(String encoding)：设置请求体的字符编码方式，用来解决传递非英文字符所出现的乱码问题。

注意：Tomcat 服务器默认按照 ISO-8859-1 进行 URL 编码，因此，对于以 GET 方式提交的请求参数，仅使用 setCharacterEncoding()方法设置请求体的编码方式是无效的。常见的解决方法是在 tomcat 的 server.xml 下的＜connector port＝"8080"…＞标签中增加 useBodyEncodingForURI＝"true"。

5.3.4 项目 1：读取用户的注册信息

1. 项目构思

使用 request 对象的相关方法实现在 reg.jsp 页面获取并显示 3.1.5 节项目 1 中用户在 reg.html 页面填写的注册信息。

2. 项目设计

（1）注册页面 reg.html 使用的是 3.1.5 节项目 1 中的 reg.html，更改＜form＞标签如下：

```
<form method="post" action="reg.jsp">
```

（2）reg.jsp 页面使用 request 对象的 getParameter()方法和 getParameterValues()方法获取用户注册的全部信息，同时使用 request 对象的 setCharacterEncoding(String encoding)方法来处理表单提交的中文乱码问题。

注意：支持中文的编码方式有 GBK、GB2312、UTF-8 等。选择编码方式时，需要与提交用户信息的表单页的编码方式保持一致。

3. 项目实施

```
文件名:reg.html
<html>
<head>
<meta http-equiv="content-type" content="text/html;charset=utf-8">
<title>用户注册页面</title>
</head>
<body>
<h2 align="center">用户注册</h2>
<form method="post" action="reg.jsp">
<table align="center" border="1" width="50%">
    <tr><th width="30%">姓名</th><td><input type="text" name="name"></td>
</tr>
```

```
            <tr><th>密码</th><td><input type="password" name="pw"></td></tr>
            <tr><th>确认密码</th><td><input type="password" name="pw2"></td></tr>
            <tr><th>性别</th><td><input type="radio" name="gender" value="男" checked>男
                <input type="radio" name="gender" value="女">女</td></tr>
            <tr><th>职业</th>
                <td><select size="1" name="career">
                    <option value="教育工作者">教育工作者</option>
                    <option value="公司职员" selected>公司职员</option>
                    <option value="自由职业者">自由职业者</option>
                    <option value="其他">其他</option>
                </select></td></tr>
            <tr><th>电话号码</th><td><input type="text" name="telephone"></td></tr>
            <tr><th>电子邮箱</th><td><input type="text" name="email" size="30"></td></tr>
            <tr><th>兴趣爱好</th><td>
                <input type="checkbox" name="fav" value="体育">体育
                <input type="checkbox" name="fav" value="看书">看书
                <input type="checkbox" name="fav" value="旅游">旅游
                <input type="checkbox" name="fav" value="美食">美食
            </td></tr>
            <tr><th>自我简介</th>
                <td><textarea name="intro" rows="5" cols="30"></textarea></td></tr>
            <tr><td colspan="2" align="center"><input type="submit" value="注册">
            </td></tr>
        </table>
    </form>
</body>
</html>
```

文件名：reg.jsp
```
<%@ page pageEncoding="utf-8"%>
<%
    request.setCharacterEncoding("utf-8");
%>
您的姓名是：<%=request.getParameter("name")%><br>
您的密码是：<%=request.getParameter("pw")%><br>
您的职业是：<%=request.getParameter("career")%><br>
您的电话号码：<%=request.getParameter("telephone")%><br>
您的电子邮箱：<%=request.getParameter("email")%><br>
<%
    String[] fav = request.getParameterValues("fav");
    if(fav!=null){
        out.print("您的兴趣爱好有:");
```

```
        for(String f:fav)
        {
            out.print(f);
        }
        out.println("<br>");
    }
%>
您的自我简介:<%=request.getParameter("intro")%>
```

4. 项目运行

在浏览器地址栏中输入 URL:"http://localhost:8080/ch05/request/reg.html",得到的运行结果如图 5-4 所示。

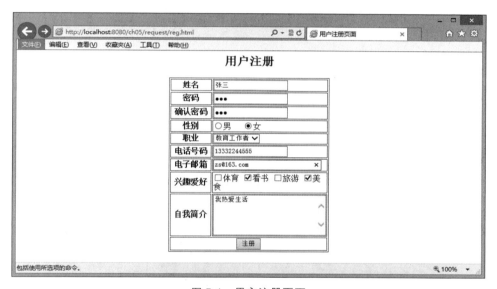

图 5-4　用户注册页面

单击"注册"按钮后,表单信息提交到 reg.jsp 页面,结果如图 5-5 所示。

图 5-5　使用 request 对象读取并显示用户注册信息

5.4 response 对象

response 对象与 request 对象相对应,代表服务器对客户端的响应。response 对象对应的接口为 javax.servlet.http.HttpServletResponse。

当客户端访问服务器的 JSP 页面时,会发送一个 HTTP 请求。服务器收到该请求后,会建立一个 response 对象,这个对象封装服务器端处理请求时生成的响应信息,请求处理完成后,服务器将其返回给客户端。response 对象返回给客户端的信息包括响应头信息、响应的本体(HTML 内容)以及服务端的状态码等。

5.4.1 与响应头信息相关的方法

response 对象与响应头信息相关的方法如下:

(1) void addDateHeader(String name, long date):通过指定的名字和值,新增 date 类型的响应头信息。

(2) void addHeader(String name, String value):通过指定的名字和值,新增 String 类型的响应头信息。

(3) void addIntHeader(String name, int value):通过指定的名字和值,新增 int 类型的响应头信息。

(4) void setDateHeader(String name, long date):通过指定的名字和值,设置 date 类型的响应头信息。

(5) void setHeader(String name, String value):通过指定的名字和值,设置 String 类型的响应头信息。

(6) void setIntHeader(String name, int value):通过指定的名字和值,设置 int 类型的响应头信息。

(7) String getHeader(String name):返回指定头部名称的字符串类型的响应头信息,如果 name 指定的响应头信息未被设置,则返回 null。

(8) Collection<String> getHeaderNames():返回所有响应头部名称的集合。

(9) Collection<String> getHeaders(String name):返回指定头部名称的所有响应头信息的集合。

浏览器通常会将刚刚浏览过的网页内容保存在缓存中,当再次请求同一个页面时,浏览器会直接从缓存中取出缓存的内容进行显示。使用 response 对象的 setHeader()方法可以设置浏览器不缓存页面,语句如下:

```
response.setHeader("Cache-Control", "no-cache");
```

除此之外,response 对象的 setHeader()方法还可以设置页面的自动刷新频率。例如,每隔 60s 重新加载本页面的语句如下:

```
response.setIntHeader("Refresh", 60);
```

例如,实现浏览器 3s 后加载新页面 http://www.tup.tsinghua.edu.cn 的语句如下:

```
response.setHeader("Refresh", "3;url=http://www.tup.tsinghua.edu.cn");
```

下面通过例子进一步掌握 response 对象设置响应头信息的方法。

【例 5-4】 使用 response 对象实现页面刷新。

```
文件名:setHeader.jsp
<%@ page contentType="text/html;charset=utf-8" %>
<%@ page import="java.util.Date" %>
<html>
<head>
<title>使用 response 对象实现页面刷新</title>
</head>
<body>
当前时间为:
<%
    out.println(new Date().toLocaleString());
%>
<br>
3 秒以后,自动刷新到 setHeader1.jsp 页面。
<%
    response.setHeader("Refresh","3;url=setHeader1.jsp");
%>
</body>
</html>
```

```
文件名:setHeader1.jsp
<%@ page contentType="text/html;charset=utf-8"%>
<%@ page import="java.util.Date" %>
<html>
<head>
<title>setHeader1.jsp 页面</title>
</head>
<body>
这里是页面 setHeader1.jsp 的内容
<br>
当前时间为:
<%
    out.println(new Date().toLocaleString());
%>
</body>
</html>
```

在浏览器地址栏中输入 URL:"http://localhost:8080/ch05/response/setHeader.jsp",

3s 后会自动刷新到页面 http://localhost:8080/ch05/response/setHeader1.jsp，运行结果如图 5-6 和图 5-7 所示。

图 5-6　setHeader.jsp 页面

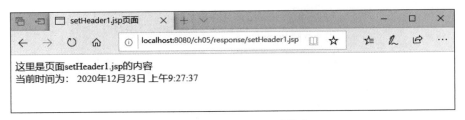

图 5-7　setHeader1.jsp 页面

5.4.2　重定向方法

response 对象与重定向相关的方法如下：

（1）void sendRedirect(String url)：将页面重新定向到 URL 指定的地址。这个方法必须在响应被提交之前调用，否则会抛出异常。

（2）String encodeRedirectURL(String url)：对指定的重定向地址进行编码（将会话 ID 加入到重定向地址中），如果不需要编码，则直接返回这个 URL。如果希望会话跟踪能够在所有浏览器中正常运行，则提供给 sendRedirect 方法的 URL 需要事先通过这个方法进行编码。

注意：使用 response 对象的 sendRedirect(String url)方法可以实现浏览器重定向，这与动作元素＜jsp:forward＞（详见 4.5.3 节）在服务端的页面跳转不同。该方法需要先将一个临时响应返回给客户端浏览器，然后由浏览器重新发送对指定 URL 的请求，这个 URL 所指定的资源可以来自其他服务器。

下面通过例子进一步掌握 response 对象的重定向方法的使用。

【例 5-5】　使用 response 对象实现页面重定向。

```
文件名:sendRedirect.jsp
<%@ page contentType="text/html;charset=utf-8" %>
<html>
<head><title>页面重定向</title></head>
<body>
<h1>
```

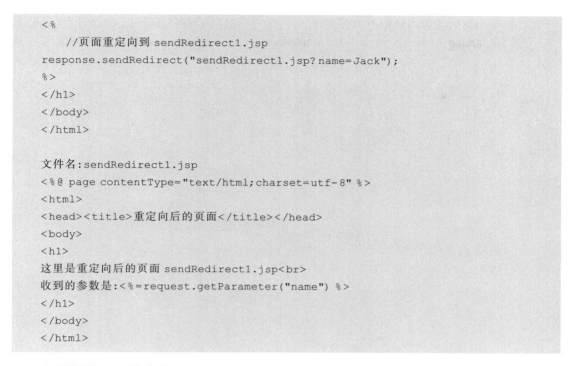

在浏览器地址栏中输入 URL："http://localhost:8080/ch05/response/sendRedirect.jsp"，运行结果如图 5-8 所示。

图 5-8　sendRedirect1.jsp 页面

5.4.3　设置响应内容类型的方法

response 对象设置响应内容类型的方法如下：

void setContentType(String type)：设置响应的内容类型，指定的类型中可以包括字符编码，例如 text/html;charset=utf-8。

响应的内容类型可以设置为 text/html（标准 HTML 文件）、text/plain（纯文本文件）、application/x-msexcel（Excel 文件）、application/msword（Word 文件）等。此种设置方法的作用与设置 JSP 页面 page 指令的 contentType 属性效果相同。

注意：如果响应已经提交，则此方法将不起作用。另外，为了使得所设置的响应字符编码起作用，设置语句必须放在 response.getWriter() 语句之前。

下面通过例子进一步掌握 response 对象如何设置响应的内容类型。

【例 5-6】 setContentType.jsp,使用 response 对象动态改变返回浏览器的数据内容类型及编码方式。

```
<%@ page contentType="text/html;charset=utf-8" %>
<html>
    <head><title>使用 response 对象设置响应的内容类型</title></head>
    <body>
        <% response.setContentType("application/msword;charset=utf-8");%>
        <h2>当前页面将以 Word 文档的形式打开</h2>
    </body>
</html>
```

在浏览器地址栏中输入 URL:"http://localhost:8080/ch05/response/setContentType.jsp",运行结果如图 5-9 所示。在图 5-9 中选择"打开"命令,结果如图 5-10 所示。

图 5-9　setContentType.jsp 的运行结果(1)

图 5-10　setContentType.jsp 的运行结果(2)

5.4.4 设置响应状态码的方法

response 对象设置响应状态码的主要方法如下:

(1) void sendError(int sc):用指定的状态码向客户端发送一个错误响应,同时清空缓冲区。

(2) void sendError(int sc,String msg):用指定的状态码和消息向客户端发送一个错误响应,同时清空缓冲区。

(3) void setStatus(int sc):设置响应的状态码。

例 5-7 是一个状态选择器,在 setStatus.jsp 页面通过单击不同的链接,跳转到不同的状态码页面,显示不同的信息。

【例 5-7】 使用 response 对象设置响应的状态码。

```
文件名:setStatus.jsp
<%@ page contentType="text/html;charset=utf-8" %>
<html>
<head>
<title>使用 response 对象设置响应的状态码</title>
</head>
<body>
<h2>状态选择器</h2>
<ul>
<li><a href="status200.jsp">OK 状态</a></li>
<li><a href="status404.jsp">请求的资源不存在</a></li>
<li><a href="status408.jsp">请求超时</a></li>
<li><a href="status500.jsp">内部服务器错误</a></li>
</ul>
</body>
</html>


文件名:status200.jsp
<%@ page contentType="text/html; charset=utf-8" %>
<html>
<head>
<title>状态 OK 的网页</title>
</head>
<body>
<h1>状态 OK 的网页</h1>
<%
    //sc_ok=200
    response.setStatus(200);
%>
欢迎、欢迎!
</body>
</html>
```

文件名:status404.jsp
```jsp
<%@ page contentType="text/html;charset=utf-8" %>
<html>
<head>
<title>资源未找到的网页</title>
</head>
<body>
<h1>资源未找到的网页</h1>
<%
    //SC_NOT_FOUND=404
    response.setStatus(404);
%>
</body>
</html>
```

文件名:status408.jsp
```jsp
<%@ page contentType="text/html;charset=utf-8" %>
<html>
<head>
<title>请求超时的网页</title>
</head>
<body>
<h1>请求超时的网页</h1>
<%
    //sc_REQUEST_TIMEOUT=408
    response.setStatus(408);
%>
</body>
</html>
```

文件名:status500.jsp
```jsp
<%@ page contentType="text/html;charset=utf-8" %>
<html>
<head>
<title>内部服务器错误的网页</title>
</head>
<body>
<h1>内部服务器错误的网页</h1>
<%
    //SC_INTERNAL_SERVER_ERROR=500
    response.setStatus(500);
%>
</body>
</html>
```

在浏览器地址栏中输入 URL:"http://localhost:8080/ch05/response/setStatus.jsp", 得到的结果如图 5-11 所示。单击不同的超级链接,得到的结果如图 5-12~图 5-15 所示。

图 5-11 状态选择器页面

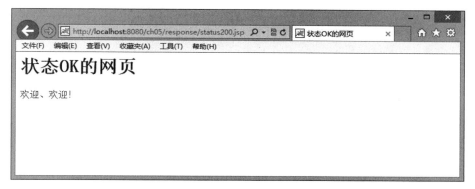

图 5-12 在图 5-11 中单击"OK 状态"超级链接后的页面

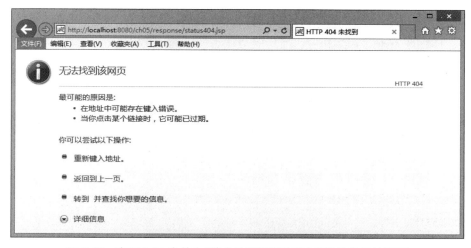

图 5-13 在图 5-11 中单击"请求的资源不存在"超级链接后的页面

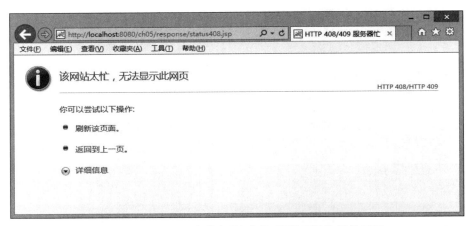

图 5-14　在图 5-11 中单击"请求超时"超级链接后的页面

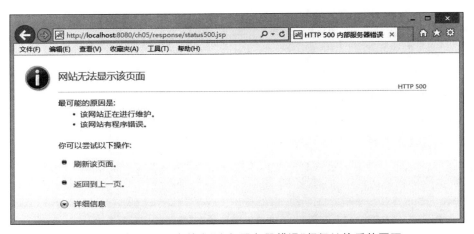

图 5-15　在图 5-11 中单击"内部服务器错误"超级链接后的页面

5.4.5　其他方法

（1）void addCookie(Cookie cookie)：在响应中添加指定的 Cookie 对象。可以多次调用该方法向响应中添加多个 Cookie 对象。

（2）String encodeURL(String url)：当浏览器不支持 Cookie 时，该方法将会话 ID 加入到参数表示的 URL 的后面并返回。如果浏览器支持 Cookie，则该方法直接返回参数表示的 URL。

5.4.6　项目 2：模拟用户登录功能

1. 项目构思

使用 response 对象模拟用户登录后的跳转功能。

2. 项目设计

（1）login.html 为用户登录的表单页面。

（2）login.jsp 为登录处理页面，用来验证用户登录是否成功。对于成功登录的用户，使用 response.sendRedirect() 方法重定向到 success.jsp 页面；对于登录失败的用户，使用 response.setHeader() 方法在指定时间内转移到 login.html 页面。

（3）success.jsp 为登录成功后所转向的页面。

3. 项目实施

文件名：login.html
```
<html>
<head>
<title>模拟用户登录</title>
<meta http-equiv="content-type" content="text/html;charset=utf-8">
</head>
<body>
<div align="center">
<h1>用户登录</h1>
<form action="login.jsp" method="post">
    用户名：<input type="text" name="name"><br>
    密码：<input type="password" name="pw"><br>
    <input type="submit" value="登录">
    <input type="reset" value="重置">
</form>
</div>
</body>
</html>
```

文件名：login.jsp
```
<%@ page contentType="text/html;charset=utf-8"%>
<html>
<head><title>登录处理</title></head>
<body>
<%
    request.setCharacterEncoding("utf-8");
    String name=request.getParameter("name");
    String pw=request.getParameter("pw");
    if(name!=null && pw!=null && name.equals("admin") && pw.equals("123")){
        response.sendRedirect("success.jsp?name="+name);
    }else{
        out.println("<h3>用户名或密码错误,5 秒后返回<a href=\"login.html\">登录页面</a>!</h3>");
        response.setHeader("Refresh","5;url=login.html");
    }
%>
</body>
```

```
</html>

文件名:success.jsp
<%@ page contentType="text/html;charset=utf-8"%>
<html>
<head><title>登录成功</title></head>
<body>
<%
    String name=request.getParameter("name");
    out.println("<h3>欢迎"+name+",登录成功!</h3>");
%>
</body>
</html>
```

4. 项目运行

在浏览器地址栏中输入 URL:"http://localhost:8080/ch05/response/login/login.html",运行结果如图 5-16 所示。

图 5-16 登录页面

在图 5-16 中输入用户名(admin)和密码(123),单击"登录"按钮后,出现的页面如图 5-17 所示。如果输入其他的登录信息,出现的页面如图 5-18 所示。

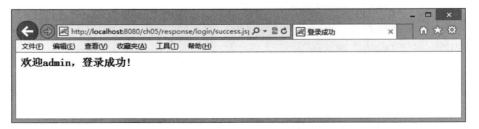

图 5-17 登录成功页面

思考:login.jsp 页面在判断用户成功登录后,重定向到 success.jsp 页面时,为什么需要传递 name 参数?采用何种方式可以实现跳转到 success.jsp 时,不需要传递 name 参数?

图 5-18 登录失败页面

5.5 session 对象

session 对象在会话范围内记录每个客户端的访问状态，以便于跟踪每个客户端的操作。存储在会话对象中的数据信息，可以在浏览器后续发出的请求资源中共享。session 对象对应的接口为：javax.servlet.http.HttpSession。

在 JSP 页面中可以直接使用 session 对象，也可以通过 pageContext.getSession()方法或 request.getSession()方法重新获取。

session 对象实现的常见功能有保存用户的登录信息，实现登录验证和购物车等。

5.5.1 工作原理

HTTP 协议是一种无状态协议。客户端建立与服务器的连接并发送一个请求，服务器收到请求后进行处理，将响应返回给客户端后，连接就被关闭了。服务器不会保留连接的有关信息，因此，当客户端进行下一次连接时，服务器已没有以前的连接信息，就无法判断这一次连接和以前的连接是否属于同一客户端。为了解决这个问题，必须使用会话来记录有关连接的信息。

客户端从打开浏览器连接到服务器，到关闭浏览器离开这个服务器的过程称作一次会话。在一次会话的过程中，客户端可能会对服务器上的若干页面反复连接、反复刷新或不断地提交信息。服务器应当通过某种方式知道这些操作属于同一个客户端，因而需要 session 对象和 Cookie 对象。

当客户端首次访问服务器的 JSP 页面时，服务器会为该客户端分配一个 session 对象，同时为该 session 对象指定一个唯一的 ID。这个 ID 被存储在 Cookie 对象中，随着响应对象返回给客户端，使得客户端与服务器的 session 对象建立一一对应关系。

当客户端继续请求服务器上的其他资源时，存储着 session ID 的 Cookie 对象会随着请求对象一起发送到服务器，此时服务器通过 session ID 找到客户端所对应的 session 对象。客户端的 session ID 一直有效，直到客户端浏览器关闭、超时或调用 session 的 invalidate()方法使其失效为止。

session ID 失效，表示客户端与服务器的会话结束。客户端再次连接服务器时，会为其重新分配 session 对象。

5.5.2 常用方法

session 对象主要用于属性操作和会话管理，常用方法如下：

（1）void setAttribute(String name, Object value)：在 session 对象中存储指定名字的属性和值。如果指定的属性名已经存在，则更改这个属性的值。

（2）Object getAttribute(String name)：读取 session 对象中指定名字的属性的值。如果指定的属性名不存在，则返回 null。

（3）void removeAttribute(String name)：删除 session 对象中指定名字的属性。如果指定的属性名不存在，则什么都不做。

（4）Enumeration＜String＞ getAttributeNames()：获取 session 对象中所有属性的名字。

（5）String getId()：获取 session 对象 ID。

（6）boolean isNew()：判断是否为新的会话。

（7）void setMaxInactiveInterval(int interval)：设置 session 对象的最大持续时间，单位是秒。零或负数表明 session 对象永不失效；session 对象的默认最大持续时间是 1800s。

（8）int getMaxInactiveInterval()：获取 session 对象的最大持续时间。

（9）void invalidate()：使 session 对象失效。

（10）long getCreationTime()：获取 session 对象的创建时间，返回值为自 1970 年 1 月 1 日以来的毫秒数。

（11）long getLastAccessedTime()：获取 session 对象对应的客户端的最后一次请求的时间，返回值为自 1970 年 1 月 1 日以来的毫秒数。

动态网站应用中常用的用户登录和退出登录是典型的会话控制。当退出登录时，使用 session 对象的 invalidate() 方法可以立即使当前会话失效，会话中存储的所有对象将不能访问。

有时，用户可能会忘记退出登录，这时，往往需要指定会话的最大持续时间，达到这个时间长度，会话就被终止。使用服务器管理工具可以设定所有会话的最大可持续时间，也可以直接使用 session 对象的 setMaxInactiveInterval() 方法来设定当前会话的最大可持续时间。

下面通过例子来进一步掌握 session 对象的常用方法。

【例 5-8】 session.jsp，演示 session 对象的常用方法。

```
<%@ page contentType="text/html;charset=utf-8" import="java.util.*"%>
<html>
<head><title>演示 session 对象的常用方法</title></head>
<body>
会话 ID：<%= session.getId() %><br>
是否新会话：<%= session.isNew() %><br>
设置和获取属性：
<% session.setAttribute("用户名","管理员");%>
```

```
用户名=<%=session.getAttribute("用户名")%><br>
会话持续时间(s):<%= session.getMaxInactiveInterval()%><br>
<% session.setMaxInactiveInterval(300);%>
修改后的会话持续时间(s):<%= session.getMaxInactiveInterval()%><br>
<%
    Date creationTime = new Date(session.getCreationTime());
    Date accessedTime = new Date(session.getLastAccessedTime());
%>
会话创建时间:<%= creationTime.toLocaleString() %><br>
最后一次访问时间:<%= accessedTime.toLocaleString() %>
<%
    //session.invalidate();
%>
</body>
</html>
```

在浏览器地址栏中输入 URL:"http://localhost:8080/ch05/session/session.jsp",得到的运行结果如图 5-19 所示。

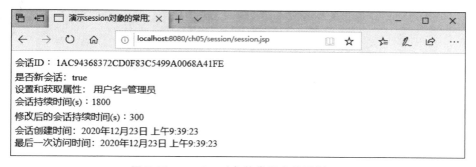

图 5-19　session 对象的常用方法示例(1)

1 分钟后再次刷新页面,运行结果如图 5-20 所示。

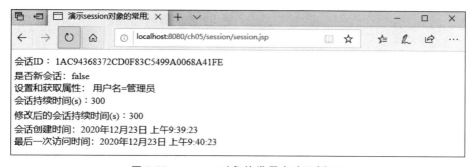

图 5-20　session 对象的常用方法示例(2)

如果在代码中将 session.invalidate()方法的注释去掉,则每次刷新页面都会产生一个新的 session 对象,读者可以自行实验。

5.5.3　项目 3：使用 session 实现用户登录验证

1. 项目构思

使用 session 对象实现用户的登录验证功能。对于没有登录的用户，不允许其访问网站页面。

2. 项目设计

（1）保留 5.4.6 节项目 2 的 login.html 页面。

（2）改写 5.4.6 节项目 2 的 login.jsp 页面。对于成功登录的用户，将其用户名保存在 session 对象中，然后转向 success.jsp 页面。

（3）改写 5.4.6 节项目 2 的 success.jsp 页面，判断用户是否登录过。如果没有登录，则转向登录页面；如果是登录用户，则显示欢迎信息。

3. 项目实施

```
文件名：login.html(同 5.4.6 节项目 2 中的 login.html,以下略。)
```

```jsp
文件名：login.jsp
<%@ page contentType="text/html;charset=utf-8"%>
<html>
<head><title>登录处理</title></head>
<body>
<%
    request.setCharacterEncoding("utf-8");
    String name=request.getParameter("name");
    String pw=request.getParameter("pw");
    if(name!=null && pw!=null && name.equals("admin") && pw.equals("123")){
        session.setAttribute("loginUserName", name);
        response.sendRedirect("success.jsp");
    }else{
        out.println("<h3>用户名或密码错误，5 秒后返回<a href=\"login.html\">登录页面</a>!</h3>");
        response.setHeader("Refresh","5;url=login.html");
    }
%>
</body>
</html>
```

```jsp
文件名：success.jsp
<%@ page contentType="text/html;charset=utf-8"%>
<html>
<head><title>登录成功</title></head>
<body>
```

```
<%
    String name=(String)session.getAttribute("loginUserName");
    if(name == null){
        out.println("<h3>请先登录再访问,5秒后返回<a href=\"login.html\">登录页面</a>!</h3>");
        response.setHeader("Refresh","5;url=login.html");
    }else{
        out.println("<h3>欢迎"+name+",登录成功!</h3>");
    }
%>
</body>
</html>
```

4. 项目运行

在浏览器地址栏中输入 URL："http://localhost:8080/ch05/session/login/success.jsp"，得到的运行结果如图 5-21 所示。

图 5-21　未登录时直接访问 success.jsp 页面的运行结果图

5.5.4　项目 4：使用 session 实现购物车

1. 项目构思

使用 session 对象保存用户的登录信息以及用户的购物信息，使得用户在不同的页面购买商品后，仍能读取并显示之前所购买的商品信息。

2. 项目设计

（1）保留 5.5.3 节项目 3 中的 login.html 和 login.jsp 页面。

（2）改写 5.5.3 节项目 3 中的 success.jsp 页面，提供欢迎信息、购物链接、查看购物车链接和退出登录链接。

（3）fruit.jsp 为水果购物页面，用户可以选择水果进行购买。drink.jsp 为饮品购物页面，用户可以选择饮品进行购买。

（4）buy.jsp 为添加到购物车页面，它将用户选购的商品加入购物车，并转向 shop.jsp 页面。

（5）cart.jsp 为购物车页面，能读取并显示用户的所有购买信息。

（6）check.jsp 为验证用户登录信息的页面。success.jsp、fruit.jsp、drink.jsp、buy.jsp 和 shop.jsp 页面包含 check.jsp，保证只有登录用户才可以访问。

（7）logout.jsp 为用户退出登录的页面。

3. 项目实施

文件名：login.html(同 5.4.6 节项目 2 中的 login.html,以下略。)
文件名：login.jsp(同 5.4.6 节项目 2 中的 login.jsp,以下略。)

文件名：head.jsp
```jsp
<%@ page contentType="text/html;charset=utf-8"%>
<div align="center">
<a href="fruit.jsp">水果店</a>
<a href="drink.jsp">饮品店</a>
<a href="cart.jsp">购物车</a>
<a href="logout.jsp">退出登录</a>
<hr/>
</div>
```

文件名：check.jsp
```jsp
<%@ page contentType="text/html;charset=utf-8"%>
<%
    String name=(String)session.getAttribute("loginUserName");
    if(name == null){
        out.println("<h3>请先登录再访问,5 秒后返回<a href=\"login.html\">登录页面</a>!</h3>");
        response.setHeader("Refresh","5;url=login.html");
        return;
    }
%>
```

文件名：success.jsp
```jsp
<%@ page contentType="text/html;charset=utf-8"%>
<%@ include file="check.jsp" %>
<html>
<head><title>登录成功</title></head>
<body>
<%@ include file="head.jsp" %>
<%
    out.println("<h3>欢迎"+name+",登录成功!</h3>");
%>
</body>
</html>
```

文件名:fruit.jsp
```jsp
<%@ page contentType="text/html;charset=utf-8"%>
<%@ include file="check.jsp" %>
<html>
<head>
        <title>水果店</title>
</head>
<body>
<%@ include file="head.jsp" %>
<div align="center">
<%=name %>,欢迎您选购水果!
<form action="buy.jsp" method="post">
<select name="goods">
    <option value="梨">梨</option>
    <option value="苹果">苹果</option>
    <option value="香蕉">香蕉</option>
    <option value="橘子">橘子</option>
</select>
<input type="submit" value="加入购物车" />
</form>
</div>
</body>
</html>
```

文件名:drink.jsp
```jsp
<%@ page contentType="text/html;charset=utf-8"%>
<%@ include file="check.jsp" %>
<html>
<head>
        <title>饮品店</title>
</head>
<body>
<%@ include file="head.jsp" %>
<div align="center">
<%=name %>,欢迎您选购饮品!
<form action="buy.jsp" method="post">
<select name="goods">
    <option value="啤酒">啤酒</option>
    <option value="可乐">可乐</option>
    <option value="牛奶">牛奶</option>
    <option value="咖啡">咖啡</option>
</select>
```

```
<input type="submit" value="加入购物车" />
</form>
</div>
</body>
</html>
```

文件名:buy.jsp

```jsp
<%@ page pageEncoding="utf-8" import="java.util.*" %>
<%@ include file="check.jsp" %>
<%
    request.setCharacterEncoding("utf-8");
    String goods =  request.getParameter("goods");
    if(goods == null){
        response.sendRedirect("success.jsp");
    }else{
        ArrayList<String> carts = (ArrayList<String>)session.getAttribute("carts");
        if(carts == null){
            carts = new ArrayList<String>();
        }
        carts.add(goods);
        session.setAttribute("carts", carts);
        response.sendRedirect("cart.jsp");
    }
%>
```

文件名:cart.jsp

```jsp
<%@ page import="java.util.*" pageEncoding="utf-8"%>
<%@ include file="check.jsp" %>
<html>
<head><title>购物车</title></head>
<body>
<%@ include file="head.jsp" %>
<div align="center">
<%
    ArrayList<String> carts = (ArrayList<String>)session.getAttribute("carts");
    if(carts ==  null){
        out.println(name+"的购物车为空!");
    }else{
        out.println(name+"的购物车中包括:");
        for(String c:carts){
            out.print(c+" ");
```

```
            }
        out.println();
    }
%>
</div>
</body>
</html>

文件名：logout.jsp
<%@ page contentType="text/html;charset=utf-8"%>
<%
    session.invalidate();
    out.println("正在退出,5秒后返回<a href=\"login.html\">登录页面</a>!</h3>");
    response.setHeader("Refresh","5;url=login.html");
%>
```

4. 项目运行

在浏览器地址栏中输入 URL："http://localhost:8080/ch05/session/shopping/login.html"，运行结果如图 5-16 所示。登录成功后进入 success.jsp 页面，如图 5-22 所示。

图 5-22　登录成功后的欢迎页面

在图 5-22 中单击"水果店"链接进入 fruit.jsp 页面，如图 5-23 所示；单击"饮品店"链接进入 drink.jsp 页面，如图 5-24 所示。

图 5-23　购买水果页面

在购买水果或饮品页面，选择商品加入购物车后，进入 cart.jsp 页面，如图 5-25 所示。

图 5-24 购买饮品页面

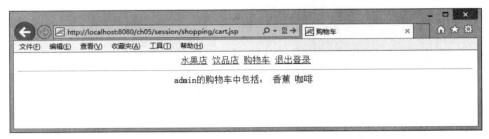

图 5-25 购物车页面

如果用户未经登录,就访问 success.jsp、fruit.jsp、drink.jsp、buy.jsp 或 shop.jsp 页面,会要求用户先登录再访问,如图 5-26 所示。此时,check.jsp 页面在起作用。

图 5-26 登录验证失败后的页面

5.5.5 Cookie 简介

Cookie 通常用于在浏览器端保存会话过程中的一些信息,如登录用户信息、会话 ID 等。它不属于 JSP 的内置对象。

Cookie 为用户提供以下几种个性化服务:

(1) Cookie 可以实现让站点跟踪特定访问者的访问次数、最后访问的时间以及访问者进入站点的路径。

(2) Cookie 能够帮助站点统计用户个人资料以实现各种各样的个性化服务。

(3) Cookie 在同一站点内可以实现自动登录功能,使用户不需要输入用户名和密码就可以进入曾经浏览的站点。

Cookie 对象是 Web 服务器保存在用户硬盘上的一段文本,信息的片段以"名/值"对的形式存储。当浏览器访问 Web 服务器时,相应的 Cookie 会自动发送到服务器端。

Cookie 的写入要结合 response 对象来实现,主要步骤如下:

(1) 创建 Cookie 对象。Cookie 对象创建时需要指定名称和值。Cookie 对象的名称只能使用可打印的 ASCII 字符,不能包含逗号、空格、分号,并且不能以"＄"开头。Cookie 创建后,值可以更改但名称不可以再改变。

(2) 设定 Cookie 对象的属性。在将 Cookie 发送到浏览器端保存之前,需要指定 Cookie 的有效期。有效期一过,Cookie 会从客户端删除。

(3) 调用 response.addCookie(Cookie c) 方法将其写入到客户端。

对于 Cookie 的有效期,说明如下:

(1) 有效期按秒为单位记录,使用正整数。

(2) 负值表示该 Cookie 的有效期是当前浏览器会话。

(3) 零值表示立即删除该 Cookie。

如果不设置 Cookie 的有效期,就不能在硬盘上保存 Cookie 信息。一旦浏览器关闭,Cookie 信息就会消失。

Cookie 的读取要结合 request 对象实现。每个站点在本地只对应一个 Cookie 文件,而这个 Cookie 文件中可以有多个 Cookie 对象的信息。因此,所有的 Cookie 信息被封装在一个 Cookie 对象数组中,如果想取出某个 Cookie 对象,就需要遍历 Cookie 数组。

下面通过例子来进一步掌握 Cookie 的使用。

【例 5-9】 Cookie 的写入和读取。

```
文件名:cookie1.jsp
<%@ page pageEncoding="utf-8" %>
<%
    Cookie c=new Cookie("login","zhangsan");
    //Cookie 的有效期为 30 秒
    c.setMaxAge(60);
    response.addCookie(c);
    response.sendRedirect("cookie2.jsp");
    //response.sendRedirect(response.encodeRedirectURL("cookie2.jsp"));
%>

文件名:cookie2.jsp
<%@ page pageEncoding="utf-8" %>
<%
    Cookie a[]=request.getCookies();
%>
<h1>
<%
    if(a!=null){
        for(int i=0;i<a.length;i++){
            String n=a[i].getName();
```

```
                String v=a[i].getValue();
                out.println(n+"="+v+"<br>");
            }
        }
    %>
    </h1>
```

在浏览器地址栏中输入 URL："http://localhost:8080/ch05/cookie/cookie1.jsp"，运行结果如图 5-27 所示。

图 5-27　读取并显示 Cookie 信息

60 秒之后，cookie1.jsp 页面存储的 Cookie 对象过期。刷新图 5-27 的页面，运行结果如图 5-28 所示。

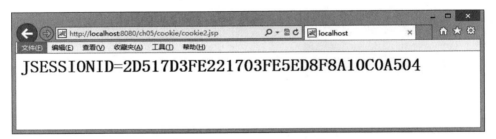

图 5-28　仅剩会话 ID 的 Cookie 信息

通过上例可以看出，session 对象能否和客户端建立起一一对应的关系取决于客户端的浏览器是否支持 Cookie。如果客户端不支持 Cookie，那么服务器将无法存储 session ID 到客户端，就不能建立 session 对象和客户端的一一对应关系。

如果客户端浏览器不支持 Cookie，则可以通过 URL 重写来建立 session 对象和客户端的对应关系。所谓 URL 重写，就是当客户端从一个页面重新连接到另一个页面时，通过在这个新的 URL 后面添加 session ID 来实现客户端和 session 对象的对应。response 对象的 encodeURL(String) 或 encodeRedirectURL(String) 方法可以实现 URL 重写。

下面简单总结 Cookie 对象和 session 对象的关系。

(1) 两者的区别。

① 存放地点：Cookie 对象存放在客户端的硬盘里，属于离线存放；session 对象存放在服务器的内存中。

② 存活时间：Cookie 对象可以长期存放在客户端,具体的存活时间由 setMaxAge( )方法所指定的数值决定；session 对象随用户访问服务器而产生,随客户端的超时或下线而消失。

③ 安全性：Cookie 对象存放在客户端,可能会被别有用心的网站读取,安全性较差；session 对象存放在服务器的内存中,用户不能修改,安全性较好。

（2）两者的联系。不论是 Cookie 对象还是 session 对象,都需要浏览器支持 Cookie 并且没有禁用 Cookie。

5.5.6　项目 5：使用 Cookie 实现自动登录功能

1. 项目构思

用户在登录页面进行登录操作时,可以选择是否保存登录用户名及保存时间。如果用户选择了保存用户名,则在规定时间内再次访问登录页面时,浏览器将直接跳转到用户的主页面。

2. 项目设计

项目共设计了以下 3 个文件：

（1）login.jsp 为登录页面,用户可以选择是否保存登录用户名及保存时间；它亦可读取 Cookie 中的登录用户信息,如果存在的话,则直接转到用户主页。

（2）dealLogin.jsp 用来进行业务逻辑的判断。当登录信息正确时,将用户登录信息存储到 session 对象中,然后根据用户是否选择了保存登录用户名来决定是否添加 Cookie 对象,最后转向 zy.jsp 页面；当登录信息错误时,直接转向 login.jsp,重新进行登录。

（3）zy.jsp 为用户主页,它从 session 对象中获取用户登录信息并显示。如果 session 中没有用户登录信息,则转向 login.jsp 页面。

3. 项目实施

```
文件名:login.jsp
<%@ page pageEncoding="utf-8" %>
<html>
<head><title>自动登录测试</title></head>
<body>
<%
Cookie a[]=request.getCookies();
if(a!=null){
    for(int i=0;i<a.length;i++){
        if(a[i].getName().equals("user")){
            String user=a[i].getValue();
            session.setAttribute("user", user);
            response.sendRedirect("zy.jsp");
            return;
        }
    }
```

```
    }
}
%>
<form action="dealLogin.jsp" method="post">
用户名:<input type="text" name="user"/><p>
密码:<input type="password" name="pw"/><p>
不保存用户名:<input type="radio" name="ch" value="0" checked><p>
保存用户名:
<input type="radio" name="ch" value="60"/>一分钟
<input type="radio" name="ch" value="3600"/>一小时
<input type="radio" name="ch" value="86400"/>一天
<input type="radio" name="ch" value="604800"/>一周
<input type="radio" name="ch" value="2592000"/>一月
<input type="radio" name="ch" value="31536000"/>一年
<p>
<input type="submit" value="登录"/>
</form>
</body>
</html>
```

文件名:dealLogin.jsp
```
<%@ page pageEncoding="utf-8"%>
<%
request.setCharacterEncoding("utf-8");
String user=request.getParameter("user");
String pw=request.getParameter("pw");
if(user!=null&&pw!=null&&user.equals("zhangsan")&&pw.equals("123")){
    session.setAttribute("user",user);
    String ch=request.getParameter("ch");
    if(ch!=null){
        int time=Integer.parseInt(ch);
        if(time>0){
            Cookie c=new Cookie("user",user);
            c.setMaxAge(time);
            response.addCookie(c);
        }
    }
    response.sendRedirect("zy.jsp");
}else{
    response.sendRedirect("login.jsp");
}
%>
```

```
文件名:zy.jsp
<%@ page pageEncoding="utf-8"%>
<html>
<head><title>用户主页</title></head>
<body>
<%
    String user = (String)session.getAttribute("user");
    if(user == null){
        response.sendRedirect("login.jsp");
    }
    else{
%>
欢迎<%=user %>,这是您的主页!
<%} %>
</body>
</html>
```

4. 项目运行

在浏览器地址栏中输入 URL:"http://localhost:8080/ch05/cookie/login.jsp",得到的运行结果如图 5-29 所示。

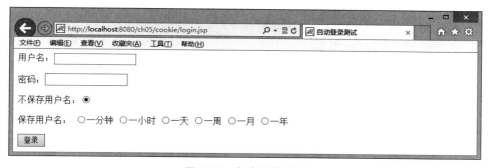

图 5-29　自动登录页面

在图 5-29 中,输入用户名(zhangsan)和密码(123),单击"登录"按钮后,出现的页面如图 5-30 所示。

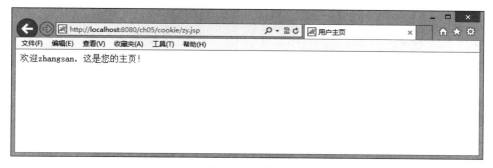

图 5-30　主页面

因为在图 5-29 中,选择的是"不保存用户名",所以当用户关闭浏览器,下次再访问 login.jsp 页面时,需要重新输入登录信息。如果在图 5-29 中,选择的是"保存用户名",则即使用户关闭浏览器,只要是在保存时间范围内,再次访问 login.jsp 页面时,也将会直接转向 zy.jsp 页面,看到如图 5-30 所示的页面内容。

5.6 application 对象

application 对象负责为 JSP 页面提供在服务器运行时的一些全局信息,它在服务器启动时创建,直到服务器关闭时消失。application 对象可以在同一个 Web 应用的不同 Servlet 和 JSP 页面之间共享信息,它对应的接口是 javax.servlet.ServletContext。

5.6.1 常用方法

application 对象的常用方法有以下三类。

1. 属性操作的相关方法

(1) void setAttribute(String name,Object value):在 application 对象中存储指定名称的属性和值。如果指定的属性名已经存在,则更改这个属性的值。

(2) Object getAttribute(String name):读取 application 对象中指定名称的属性的值,如果指定的属性名不存在,则返回 null。

(3) Enumeration getAttributeNames():获取 application 对象中所有属性的名称。

(4) void removeAttribute(Stringname):删除 application 对象中指定名称的属性。如果指定的属性名不存在,则什么都不做。

2. 获取容器信息的相关方法

(1) int getMajorVersion():获取 Servlet 容器支持的 Servlet API 的主版本号。

(2) int getMinorVersion():获取 Servlet 容器支持的 Servlet API 的主版本号。

(3) String getServerInfo():获取 Servlet 容器的名称和版本号。

3. 其他方法

(1) String getMimeType(String file):获取指定文件的 MIME 类型。

(2) String getRealPath(String path):获取指定 path 的绝对路径。

(3) String getServletContextName():获取 Web 应用的名称。

(4) void log(String msg):将指定的信息写入日志文件。

5.6.2 项目 6:使用 application 实现网页访问计数功能

1. 项目构思

用 application 对象实现一个网页访问计数器,将计数器存放在 application 对象中,每个客户端对计数器的改变都会影响到其他客户端。

2. 项目设计

在 application.jsp 页面中设置变量 num,第一次访问时,给 num 赋初值为 0,加 1 后,将

num 保存到 application 对象中。以后每次有用户访问该页面时,都会从 application 对象中取出 num,并给 num 的值加 1,之后再把新的 num 值保存到 application 对象中,从而实现网页访问计数功能。

3. 项目实施

```
文件名:application.jsp
<%@ page contentType="text/html;charset=utf-8" %>
<html>
<head>
    <title>网页访问计数</title>
</head>
<body>
<%
    int num;
    if(application.getAttribute("num")==null){
        num=0;
    }else{
        num=((Integer)application.getAttribute("num")).intValue();
    }
    num++;
    application.setAttribute("num",num);
%>
<h1>这个页面已经被浏览了<%=num %>次</h1>
</body>
</html>
```

4. 项目运行

在浏览器地址栏中输入 URL:"http://localhost:8080/ch05/application/application.jsp",可在页面中看到"这个页面已经被浏览了**次",每次刷新页面或关闭页面重新访问时,次数加 1,直至服务器重新启动。

5.7 其他内置对象

5.7.1 pageContext 对象

pageContext 对象提供了对当前 JSP 页面相关信息的访问,它对应的接口是 javax.servlet.jsp.PageContext。通过 pageContext 对象可以得到其他 8 种内置对象,它的常用方法如下:

1. 获取其他内置对象的方法

(1) public abstract Exception getException():获取当前页面出现的异常,即 exception 对象。此时,当前页面应为错误处理页面(isErrorPage 属性的值为 true)。

（2）public abstract JspWriter getOut()：获取当前页面的输出流，即 out 对象。

（3）public abstract Object getPage()：获取当前页面的 Servlet 对象，即 page 对象。

（4）public abstract ServletRequest getRequest()：获取当前页面的请求对象，即 request 对象。

（5）public abstract ServletResponse getResponse()：获取当前页面的响应对象，即 response 对象。

（6）public abstract ServletConfig getServletConfig()：获取当前页面的 ServletConfig 对象，即 config 对象。

（7）public abstract ServletContext getServletContext()：获取当前的 ServletContext 对象，即 application 对象。

（8）public abstract HttpSession getSession()：获取当前页面的会话对象，即 session 对象。

2. 属性操作的相关方法

（1）public abstract void setAttribute(String name，Object value)：在 pageContext 对象中存储指定名字的属性和值。如果值为 null，则效果等同于 removeAttribute(String name)。

（2）public abstract void setAttribute(String name，Object value，int scope)：在指定范围内存储指定名字的属性和值。如果值为 null，则效果等同于 removeAttribute(String name，int scope)。

（3）public abstract Object getAttibue(String name)：读取 pageContext 对象中指定名字的属性的值，如果指定的属性名不存在，则返回 null。

（4）public abstract Object getAttribute(String name，int scope)：读取指定范围内指定名字的属性的值，如果指定的属性名不存在，则返回 null。

（5）public abstract Enumeration getAttributeNamesInScope(int scope)：获取指定范围内所有属性的名字。

（6）public abstract int getAttributesScope(String name)：读取指定名字的属性的所属范围。

（7）public abstract void removeAttrbute(String name)：删除 pageContext 对象中指定名字的属性。如果指定的属性名不存在，则什么都不做。

（8）public abstract void removeAttribute(String name，int scope)：删除指定范围内指定名字的属性。如果指定的属性名不存在，则什么都不做。

（9）public abstract Object findAttribute(String name)：依次在 pageContext 对象、request 对象、session 对象、application 对象中搜索指定名字的属性。如果找到，则返回属性的值；如果没有找到，则返回 null。

在上述的方法中，scope 的取值为 javax.servlet.jsp.PageContext 类所提供的四个静态常量，分别是：PAGE_SCOPE，代表页面范围；REQUEST_SCOPE，代表请求范围；SESSION_SCOPE，代表会话范围；APPLICATION_SCOPE，代表应用范围。

5.7.2　config 对象

config 对象代表当前 JSP 页面的配置信息,它对应的接口是 javax.servlet.ServletConfig。通常情况下,JSP 页面无须配置,因此 config 对象在 JSP 页面中使用较少,但它在 Servlet 中的作用比较大,将在第 8 章中详细介绍。config 对象的常用方法如下。

(1) String getInitParameter(String name):获取指定名字的初始化参数的值。如果参数不存在,则返回 null。

(2) Enumeration getInitParameterNames():获取所有初始化参数的名字,如果没有初始化参数,则返回一个空的枚举集合。

(3) ServletContext getServletContext():获取 Servlet 的上下文对象。

(4) String getServletName():获取 Servlet 对象的名称。

5.7.3　page 对象

page 对象是当前 JSP 页面转换后的 Servlet 类的实例,相当于 this。page 对象的实现类是 java.lang.Object。由于 page 对象占用内存较多,一般情况下不推荐使用 page 对象。

5.7.4　exception 对象

exception 对象表示了 JSP 页面运行时所产生的异常,它只有在包含<%@ page isErrorPage="true"%>的页面中才可以使用。exception 对象对应的接口是 java.lang.Throwable,它的常用方法如下。

1. 返回错误信息

(1) public String getMessage():获取异常的详细消息字符串。

(2) public String toString():获取异常的简短描述。

2. 输出详细异常信息

(1) public void printStackTrace():将异常的堆栈跟踪信息输出到标准错误流。

(2) public void printStackTrace(PrintStream s):将异常的堆栈跟踪信息输出到指定的 PrintStream 流。

(3) public void printStackTrace(PrintWriter s):将异常的堆栈跟踪信息输出到指定的 PrintWriter 流。

本章小结

out 对象的主要作用是向浏览器输出数据信息,也可以通过 out 对象操作缓冲区。

request 对象封装了浏览器的请求信息,通过 request 对象的各种方法可以获取客户端以及用户提交的各项请求信息。

response 对象封装了服务器端处理请求时生成的响应信息,请求处理完成后,服务器将其返回给客户端。

session 对象在会话范围内记录每个客户端的访问状态,以便于跟踪每个客户端的操作。

application 对象负责为 JSP 页面提供服务器运行时的一些全局信息,它在服务器启动时创建,服务器关闭时消失。

pageContext 对象提供了对当前 JSP 页面相关信息的访问,通过它可以得到其他 8 种内置对象。

实验

编写如图 5-31 所示的商品列表页面,选择商品后单击"购买"按钮提交到如图 5-32 所示的页面。如果用户单击"是",则显示本次选购的商品及购物车里的商品,页面效果如图 5-33 所示;如果用户单击"否",则返回到商品列表页面。

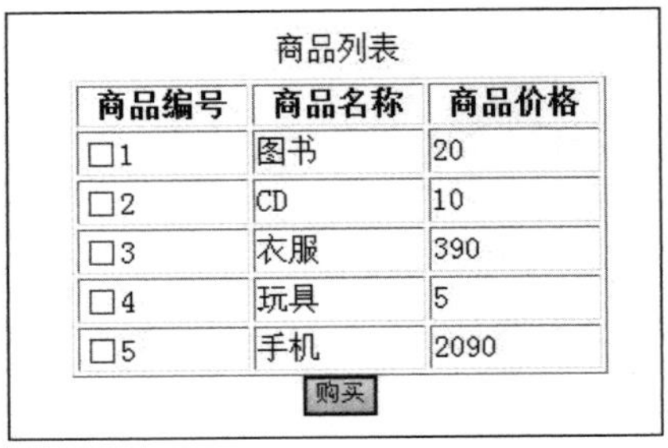

图 5-31　商品列表页面

图 5-32　确认购买页面

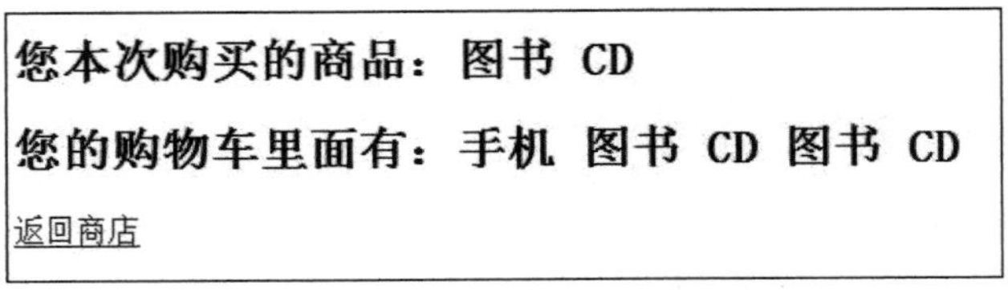

图 5-33　购买显示页面

第 6 章 访问数据库

【学习目标】

- 熟练掌握 MySQL 数据库的安装和使用。
- 熟练掌握使用 JDBC 技术访问数据库的步骤。
- 熟练使用 JDBC 技术在动态网站中实现获取数据、增加数据、修改数据、删除数据等功能，并根据实际应用设计合适的 SQL 语句，实现对数据库的操作。

6.1 项目 1：安装、配置和使用 MySQL

MySQL 是一个关系数据库管理系统，由瑞典 MySQL AB 公司开发，目前属于 Oracle 旗下公司。在 Web 应用方面，MySQL 是最好的应用软件之一。MySQL 所使用的 SQL 是访问数据库的最常用、最标准化的语言。MySQL 分为社区版和商业版。由于 MySQL 体积小、速度快、总体拥有成本低，尤其是具备开放源码的特点，一般中小型网站的开发都选择 MySQL 作为网站数据库。

1. 项目构思

以 MySQL 社区版 8.0.22 为例介绍 MySQL 的安装、配置和使用，并完成图书管理系统所需数据库和数据表的创建以及数据初始化。

2. 项目设计

MySQL 社区版 8.0.22 的安装文件可以在本书配套资源的开发工具目录下找到，文件名为 mysql-installer-community-8.0.22.0.msi；也可以从 MySQL 的网站上免费下载最新版本的 MySQL，网址为 https://dev.mysql.com/downloads/installer。

3. 项目实施

1) MySQL 的安装

第一步：执行 mysql-installer-community-8.0.22.0.msi，打开如图 6-1 所示的安装启动

界面。

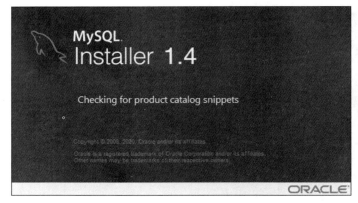

图 6-1 接受许可界面

第二步：选择安装类型。在图 6-2 所示的界面中选择 Server only 单选按钮，仅安装 MySQL 数据库服务器，然后单击 Next 按钮。

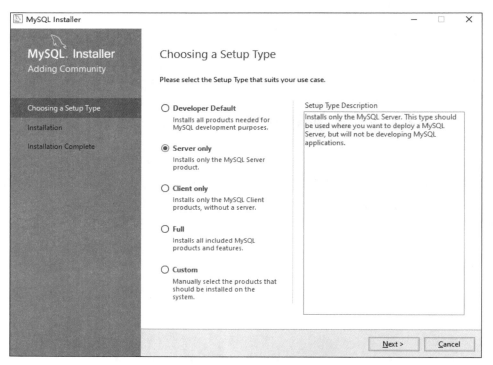

图 6-2 选择安装类型界面

第三步：执行 MySQL 的下载和安装。在图 6-3 所示界面中，单击 Execute 按钮，开始 MySQL 的下载和安装进程。

第四步：MySQL 安装成功，如图 6-4 所示。单击 Next 按钮，准备进入 MySQL 配置向导，如图 6-5 所示。

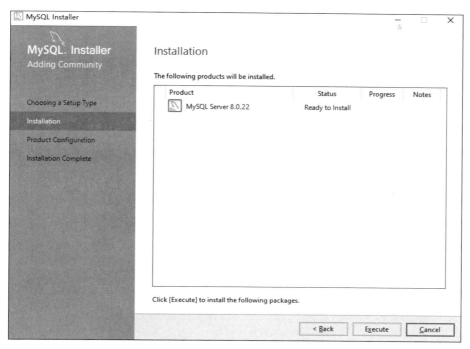

图 6-3　执行 MySQL 的下载和安装

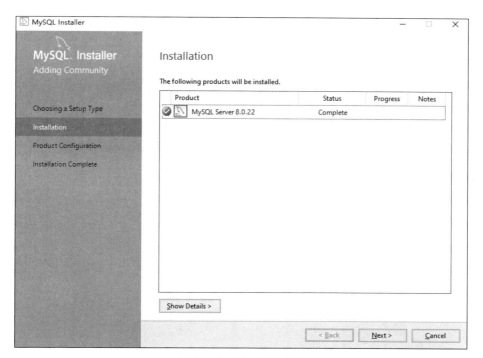

图 6-4　MySQL 安装成功

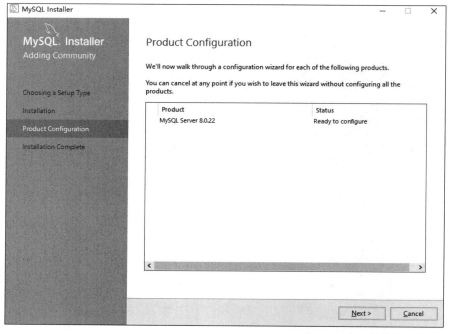

图 6-5 准备配置 MySQL

2）MySQL 的配置

第一步：配置服务器类型和服务端口号。在图 6-5 所示界面中，单击 Next 按钮，打开 MySQL 配置向导，选择 Config Type 为 Server Computer，Port 为 3306，如图 6-6 所示。

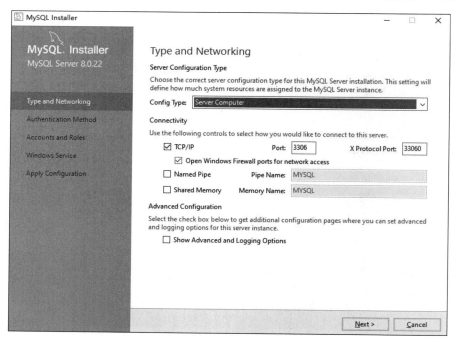

图 6-6 选择服务器类型和端口号

第二步：配置认证方式。在图 6-6 所示界面中，单击 Next 按钮，出现"认证方式"窗口，如图 6-7 所示。如果需要向下兼容 MySQL5.x 版本，则选择第二种认证方式。

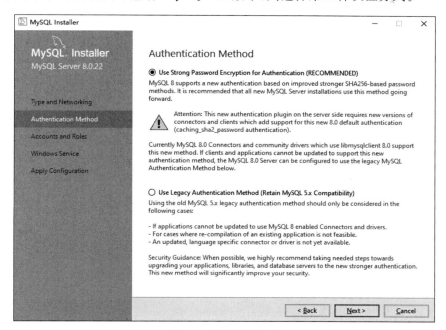

图 6-7　配置认证方式

第三步：配置 root 账号的密码及创建新用户。在图 6-7 所示界面中，单击 Next 按钮，配置 root 账号的密码（此处输入的密码是 root），也可以选择创建新用户，如图 6-8 所示。

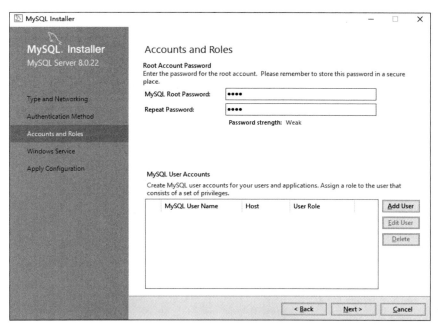

图 6-8　账号和角色配置

第四步：配置 MySQL 为 Windows 服务。在图 6-8 所示界面中，单击 Next 按钮，进入 Windows 服务配置界面，如图 6-9 所示。

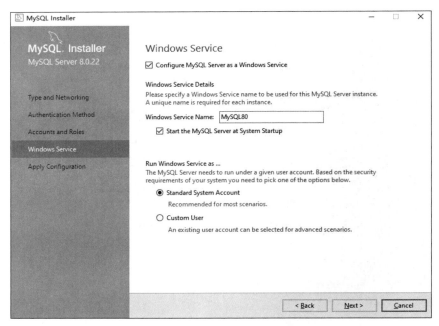

图 6-9　配置 MySQL 服务

第五步：应用服务器配置。在图 6-9 所示界面中，单击 Next 按钮，进入应用服务器配置界面，如图 6-10 所示。

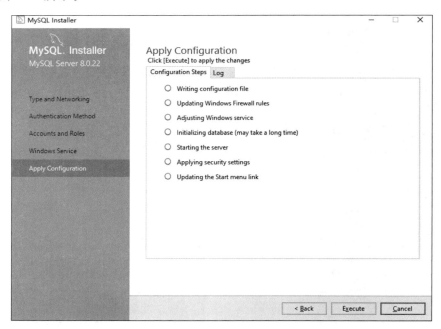

图 6-10　配置 MySQL 需要执行的步骤

第六步：MySQL 配置成功。在图 6-10 所示界面中，单击 Execute 按钮，执行所有配置步骤，成功后弹出的界面如图 6-11 所示。

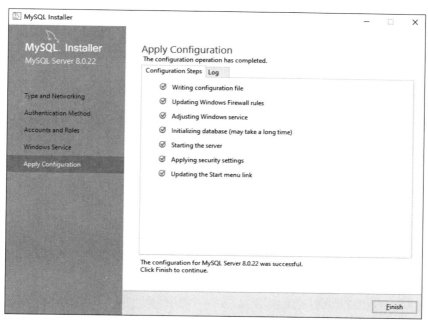

图 6-11　MySQL 配置步骤成功

第七步：配置和安装过程全部结束。在图 6-11 所示界面中，单击 Finish 按钮，弹出如图 6-12 所示的界面，提示 MySQL 配置完成。单击 Next 按钮，弹出如图 6-13 所示的界面，

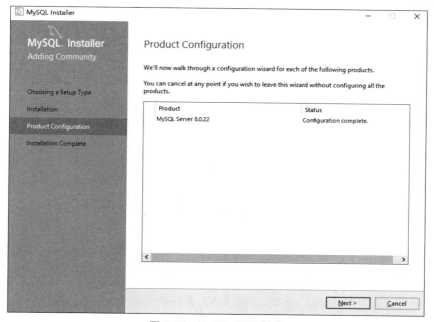

图 6-12　MySQL 配置完成

提示安装过程结束。单击 Finish 按钮，结束 MySQL 配置和安装的全部过程。

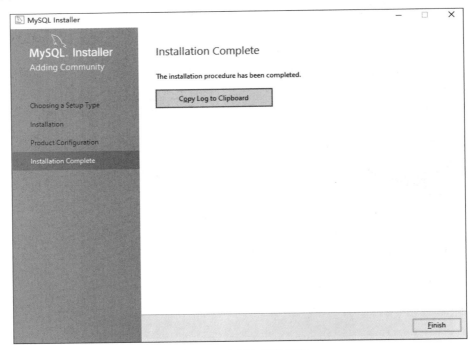

图 6-13　MySQL 安装结束

4．项目运行

1）MySQL 的使用

MySQL 安装和配置完成后，通过执行 MySQL Command Line Client 菜单命令，启动 MySQL 监视器。按照提示输入密码后，进入 mysql> 提示符，通过命令行模式使用 MySQL 数据库服务器，如图 6-14 所示。

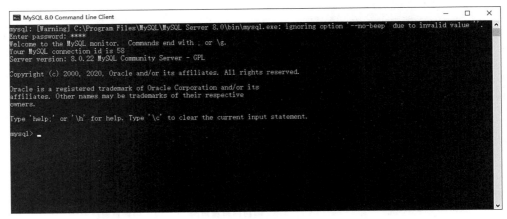

图 6-14　MySQL 监视器

如果希望使用图形化界面管理 MySQL 数据库服务器,可以从网站上下载 MySQL 图形化界面管理工具,如 MySQL Workbench。该工具从 MySQL 官方网站下载,网址为 http://dev.mysql.com/downloads/workbench。利用 MySQL Workbench 可以设计和创建新的数据库图示,建立数据库文档,以及进行复杂的 MySQL 迁移。

2) 创建数据库和数据表

在图 6-14 所示的界面中,通过执行如下命令,创建图书管理系统所需要的数据库和数据表。

```
mysql>create database book;
mysql>use book;
mysql>create table bookinfo(
    id int(10) unsigned not null auto_increment,
    bookname varchar(100) not null default '',
    author varchar(20) not null default '',
    press varchar(50) not null default '',
    price float not null default 0,
    primary key(id)
)engine=InnoDB default charset=utf8;
```

book 是创建的数据库的名字,也就是图书管理系统中使用的数据库名。查询当前已经创建的数据库,可以使用如下命令:

```
mysql>show databases;
```

查询结果如图 6-15 所示。

图 6-15 查询数据库的结果

3) 初始化表数据

在图 6-15 所示的界面中,通过执行如下命令,初始化数据表 bookinfo 中的数据:

```
mysql>insert into bookinfo values
       (null,'XM 详解','王红丽','吉林大学出版社',35),
       (null,'JSP 技术大全','张勇','清华大学出版社',45),
       (null,'Java 编程快速入门','赵坤','东软电子出版社',39);
```

然后执行如下命令，查询表中数据：

```
mysql>select * from bookinfo;
```

结果如图 6-16 所示。

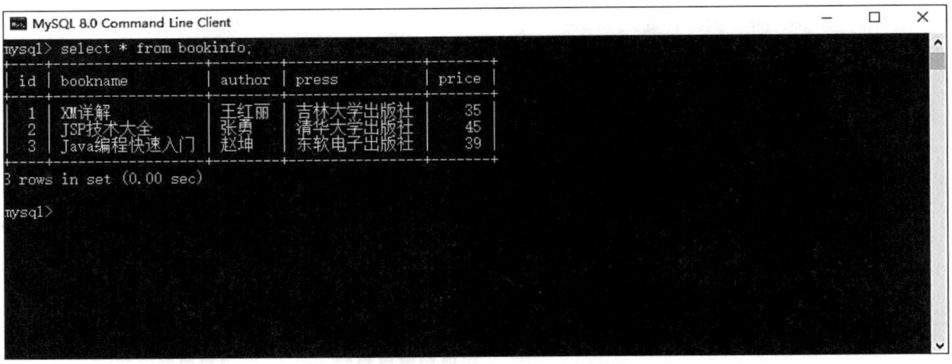

图 6-16 初始化表数据并显示

6.2 JDBC 技术

6.2.1 JDBC 简介

JDBC(Java DataBase Connectivity，Java 数据库连接)是一套用于执行 SQL 语句的 Java API。它可以为多种关系数据库提供统一的访问接口，由一组用 Java 语言编写的类和接口组成。JDBC 提供了一种基准，依此可以构建更高级的工具和接口。与其他的数据库编程接口相比，JDBC 能够提供对数据库的跨平台存取，既无须知道数据库的具体位置，也无须知道数据库实现的具体细节。

JDBC 不但提供了访问关系数据库的标准 API，还为数据库厂商提供了一个标准的体系结构，让厂商可以为自己的数据库产品提供 JDBC 驱动程序。这些驱动程序可以让 Java 应用程序直接访问厂商的数据库产品，从而提高了访问数据库的效率。Java 应用程序只需要调用 JDBC API，由 JDBC 驱动处理与厂商数据库的通信，从而让程序不再受限于具体的数据库产品。

JDBC 驱动程序一共有如下 4 种类型：

类型 1：JDBC-ODBC 桥。此种类型的驱动程序实际上是把标准的 JDBC 调用转换成相应的 ODBC 调用，并通过 ODBC API 连接数据库，如图 6-17 所示。由于需要经过多层调用，因此使用 JDBC-ODBC 桥访问数据库的效率比较低。

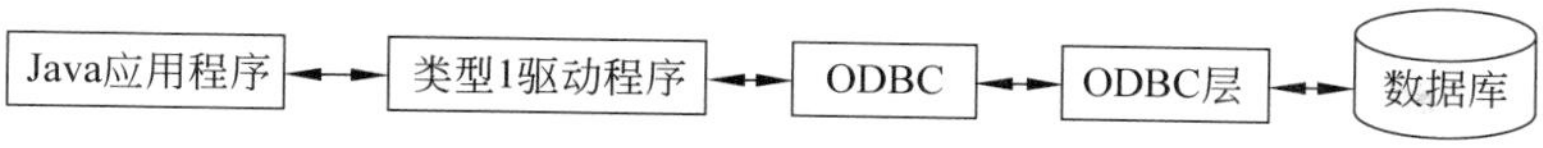

图 6-17　JDBC 类型 1 驱动程序连接

类型 2：本地 API 驱动程序。此种类型的驱动程序实际上是把标准的 JDBC 调用转换成本地 API 的调用。这些本地 API 由数据库厂商提供，使用 C 语言或者 C++ 语言编写，在与数据库通信时调用，如图 6-18 所示。

图 6-18　JDBC 类型 2 驱动程序连接

类型 3：网络驱动程序。这种类型的驱动程序利用作为中间件的应用服务器建立与数据库的连接。中间件服务器将应用程序中的 JDBC 调用映射到适当的驱动程序上，完成数据处理过程，如图 6-19 所示。

图 6-19　JDBC 类型 3 驱动程序连接

类型 4：直接与数据库连接的纯 Java 驱动程序。这种类型的驱动程序完全使用 Java 语言实现，由数据库厂商提供，访问数据库的效率是 4 种驱动程序中最高的，如图 6-20 所示。

图 6-20　JDBC 类型 4 驱动程序连接

本书项目中使用的是类型 4 的驱动程序，该驱动程序可以在本书配套资源的开发工具目录下找到，文件名为 mysql-connector-java-8.0.22.jar；也可以从 MySQL 官方网站下载，网址为 http://dev.mysql.com/downloads/connector/j/。

6.2.2　JDBC API

JDBC API 包括两个核心包：java.sql 与 javax.sql。javax.sql 包请参考 JDK 的 API 文档。java.sql 包中主要的接口如下。

1．java.sql.Driver

Driver 是所有驱动程序需要实现的接口，仅提供给数据库厂商使用。不同的厂商实现该接口的类名不同，例如：MySQL 的 JDBC 驱动类名为 com.mysql.jdbc.Driver，Oracle 的 JDBC 驱动类名为 oracle.jdbc.driver.OracleDriver。

驱动程序的加载和注册可以通过 Class 类的静态方法 forName(String driverName) 实

现，也可以通过驱动程序管理器类的 registerDriver(Driver driver)方法实现。

Driver 接口中提供了一个 connect()方法，用来建立到数据库的连接。它由驱动程序管理器类的 getConnection()调用。

2. java.sql.DriverManager

DriverManager 是数据库驱动程序管理器类，负责管理驱动程序。这个类的所有方法都是静态的，常用方法如下：

（1）public static void registerDriver(Driver driver)：通常情况下，该方法无须亲自调用，因为驱动程序类的静态代码块中包含这个方法的调用，因此只需要使用 Class.forName(String driverName)加载驱动程序类就可以。

（2）public static Connection getConnection(String url, String user, String password)：通过提供的 URL、用户名和密码建立到数据库的连接。DriverManager 会从注册的驱动程序中选择一个驱动，然后调用它的 connect()方法建立与数据库的连接。

3. java.sql.Connnection

Connection 是用来表示数据库的连接对象，对数据库的访问都是在这个连接的基础上进行的，它的主要方法如下：

（1）public Statement createStatement()：创建一个 Statement 对象，用于执行静态的 SQL 语句。

（2）public PreparedStatement prepareStatement(String sql)：创建一个 PreparedStatement 对象，用于执行预编译的 SQL 语句。

（3）public void close()：用于关闭当前的连接并释放由它所创建的 JDBC 资源。

4. java.sql.Statement

Statement 用于在已建立的数据库连接上发送静态的 SQL 语句，它定义了执行查询和更新类 SQL 语句的方法。它的主要方法如下：

（1）public ResultSet executeQuery(String sql)：执行指定的查询类 SQL 语句，并返回一个封装了查询结果的 ResultSet 对象。

（2）publicint executeUpdate(String sql)：执行指定的更新类 SQL 语句，还可以执行 DLL（数据定义语言，如 create table）的语句，返回表示操作结果的整型值。

（3）public boolean execute(String sql)：执行指定的 SQL 语句，返回多个结果集或更新多个记录。如果使用了该方法，就需要使用 getResultSet()或 getUpdateCount()方法来获取结果。如果该语句返回的是结果集，则方法返回 true；反之，返回 false。

（4）public void close()：关闭 Statement 对象以及它所对应的结果集。

5. java.sql.PreparedStatement

PreparedStatement 用于在已建立的数据库连接上发送预编译的 SQL 语句。有些情况下，程序需要重复执行只有参数不同的 SQL 语句，这时为了提高效率，可以使用预编译的语句对象 PreparedStatement。使用它发送的 SQL 语句中的参数用问号（?）来表示。

PreparedStatement 除了提供 executeQuery()、executeUpdate()等方法外，还提供了设置 SQL 语句中参数的方法 setXxx(int parameterIndex, Xxx value)。其中，parameterIndex

代表要设置的参数在 SQL 语句中的索引(从 1 开始)。即,给第 1 个问号(?)设置值,parameterIndex 的值就是 1,给第 2 个问号(?)设置值,parameterIndex 的值就是 2,以此类推。value 代表要设置的参数的值,它的类型要与参数的 SQL 数据库类型匹配(Java 数据类型与 SQL 数据类型的对应关系如表 6-1 所示)。setXxx()方法中的 Xxx 与 value 的类型一致,即如果 value 的类型为 int,则调用 setInt(int parameterIndex,int value)方法为这个参数设值;如果 value 的类型为 String,则调用 setString(int parameterIndex,String value)方法为这个参数设值。

表 6-1　Java 数据类型与 SQL 数据类型的对应关系

Java 数据类型	SQL 数据类型
boolean	BIT
byte	TINYINT
int	INT,INTEGER
short	SMALLINT
long	BIGINT
float	FLOAT
double	DOUBLE
String	CHAR,VARCHAR,TEXT
java.sql.Date	DATE
java.sql.Time	TIME
java.sql.Timestamp	TIMESTAMP
java.sql.Blob	BLOB
java.sql.Clob	CLOB
byte[]	BINARY,VARBINARY
java.math.BigDecimal	DECIMAL,NUMERIC

6. java.sql.ResultSet

ResultSet 对象以逻辑表格的形式封装了执行数据库查询操作的结果集。ResultSet 对象维护了一个指向当前数据行的游标,初始时,游标在第一行之前。它的主要方法如下:

(1) public boolean next() throws SQLException:移动游标到下一行。如果下一行有数据,则返回 true,否则返回 false。

(2) public Xxx getXxx(int columnNumber),public Xxx getXxx(String columnName):当 ResultSet 的游标定位在某一行时,使用 getXxx()方法读取当前行上某个列的数据。根据列类型的不同,采用不同的方法来读取,Xxx 和列类型的对应关系参见表 6-1。读取列数据时,可以使用列的索引(从 1 开始)或者列的名称。

(3) public void close():关闭当前结果集。

6.2.3 JDBC 访问数据库的步骤

在安装完数据库服务器并创建数据库和数据表之后，需要下载相应数据库的 JDBC 驱动程序，并将它们部署到 Web 应用的 WEB-INF/lib 目录下，然后按照如下步骤编写程序：

（1）导入 java.sql 包。
（2）加载数据库驱动程序。
（3）定义数据库的连接地址、用户名和密码。
（4）得到与数据库的连接对象。
（5）声明 SQL 语句。
（6）得到语句对象。
（7）执行 SQL 语句。
（8）处理 SQL 语句的返回结果。
（9）关闭对象。

下面以 MySQL 数据库（使用第 4 种类型的驱动）为例，对每一步骤做如下解析：

（1）import java.sql.*;
（2）Class.forName("com.mysql.jdbc.Driver");
（3）String url = "jdbc:mysql://host:port/dbName";

连接地址由 3 个部分组成，各个部分用冒号分隔，格式如下：

```
jdbc:<子协议>:<子名称>
```

jdbc：JDBC 中的协议就是 JDBC。

<子协议>：数据库驱动程序名或数据库连接机制的名称，例如：mysql。

<子名称>：一种标记数据库的方法。子名称根据子协议的不同而不同，使用子名称的目的是定位数据库，例如：host:port/dbName。

String username = "root";

String password = "root";

子名称一般包括数据库服务器的 IP 地址、提供服务的端口号和数据库的名字。

（4）Connection con=DriverManager.getConnnection(url,username,password);
（5）String sql = "select * from bookinfo";
（6）Statement stmt=con.createStatement();

或者

PreparedStatement pstmt = con.preparedStatement(sql);

（7）ResultSet rs=stmt.executeQuery(sql);

或者

ResultSet rs=pstmt.executeQuery();

注意：如果是 PreparedStatement 语句对象，在执行 SQL 语句之前还应该设置 SQL 语句中的参数（如果存在的话）。对于更新类的 SQL 语句，需要调用语句对象的 executeUpdate()

方法。

(8) 显示结果集中所有记录的前两列：

```
while(rs.next()){
    int id = rs.getInt(1);
    String bookname = rs.getString(2);
    System.out.println(id+","+bookname);
}
```

(9) 依次关闭对象。

```
rs.close();
stmt.close(); //pstmt.close();
con.close();
```

6.3 项目2：连接数据库实现图书管理系统

1. 项目构思

使用 JDBC 技术连接 MySQL 数据库实现第 3 章中的图书管理系统，实现对图书信息的浏览、添加、修改和删除功能。

2. 项目设计

1) 数据库的设计

安装和配置 MySQL 数据库服务器、创建数据库、创建表格以及初始化数据请参考 6.1 节。

2) 页面文件的设计

为实现项目功能，共需要设计 6 个页面文件，文件名和对应的功能描述如表 6-2 所示。

表 6-2 文件名和功能描述

文件名	功 能 描 述
list.jsp	浏览所有图书信息，并提供添加、修改和删除图书的超级链接
add.html	添加图书信息的表单页面，表单提交到 add.jsp 页面
add.jsp	添加图书信息的处理页面，将添加的图书信息插入到数据库，处理完成后提示信息并跳转到 index.jsp 页面
edit.jsp	修改图书信息的表单页面，该页面显示预修改的图书信息，表单提交到 edit_do.jsp 页面
edit_do.jsp	修改图书信息的处理页面，将修改的图书信息更新到数据库，处理完成后提示信息并跳转到 index.jsp 页面
del.jsp	删除图书信息的处理页面，从数据库中删除图书信息，处理完成后提示信息并跳转到 index.jsp 页面

3. 项目实施

文件 book.css 和 book.js 详见 3.4 节。
文件名：list.jsp

```jsp
<%@ page pageEncoding="utf-8" import="java.sql.*" %>
<html>
<head>
<meta charset="UTF-8">
<title>图书管理系统</title>
<link rel="stylesheet" href="book.css" type="text/css">
</head>
<body>
<h2 align="center">图书管理系统</h2>
<p align="center"><a href="add.html">添加图书信息</a><p>
<table align="center" width="50%" border="1">
    <tr><th>书名</th><th>作者</th><th>出版社</th><th>价格</th><th>管理</th></tr>
    <%
        Class.forName("com.mysql.jdbc.Driver");
        Connection con=DriverManager.getConnection
("jdbc:mysql://localhost:3306/book?characterEncoding=utf8&serverTimezone=UTC","root","root");
        String sql="select * from bookinfo";
        Statement stmt=con.createStatement();
        ResultSet rs=stmt.executeQuery(sql);
        while(rs.next()){
            int id=rs.getInt(1);
    %>
        <tr><td><%=rs.getString("bookname") %></td>
        <td><%=rs.getString("author") %></td>
        <td><%=rs.getString("press") %></td>
        <td><%=rs.getFloat("price") %></td>
        <td><a href="edit.jsp?id=<%=id %>">修改</a> 
<a href="del.jsp?id=<%=id %>" onclick="return confirm('确定要删除吗?')">
            删除</a></td></tr>
    <%
        }
        rs.close();
        stmt.close();
        con.close();
    %>
</table>
</body>
```

```
</html>
```

文件名：add.html
```html
<html>
<head>
<title>添加图书信息</title>
<link rel="stylesheet" href="book.css" type="text/css">
<script type="text/javascript" src="book.js"></script>
</head>
<body>
<h2 align="center">添加图书信息</h2>
<form name="form1" onSubmit="return check()" action="add.jsp" method="post">
<table align="center" width="30%" border="1">
    <tr><th width="30%">书名：</th>
     <td><input type="text" name="bookname"></td></tr>
    <tr><th>作者：</th>
        <td><input type="text" name="author"></td></tr>
    <tr><th>出版社：</th>
        <td><input type="text" name="press"></td></tr>
    <tr><th>价格：</th>
        <td><input type="text" name="price"></td></tr>
    <tr><th colspan="2">
    <input type="submit" value="添加">
    <input type="reset" value="重置"></th></tr>
</table>
</form>
</body>
</html>
```

文件名：add.jsp
```jsp
<%@ page pageEncoding="utf-8" import="java.sql.*" %>
<%
    request.setCharacterEncoding("utf-8");
    String bookname = request.getParameter("bookname");
    String author = request.getParameter("author");
    String press = request.getParameter("press");
    String price = request.getParameter("price");
    Class.forName("com.mysql.jdbc.Driver");
    Connection con=DriverManager.getConnection
("jdbc:mysql://localhost:3306/book?characterEncoding=utf8&serverTimezone=UTC","root","root");
    String sql="insert into bookinfo values(null,?,?,?,?)";
    PreparedStatement pstmt=con.prepareStatement(sql);
```

```jsp
        pstmt.setString(1, bookname);
        pstmt.setString(2, author);
        pstmt.setString(3, press);
        pstmt.setFloat(4, Float.parseFloat(price));
        int result = pstmt.executeUpdate();
        String msg = "添加失败,单击确定按钮跳转到图书列表页!";
        if(result == 1){
            msg = "添加成功,单击确定按钮跳转到图书列表页!";
        }
        pstmt.close();
        con.close();
%>
<script>window.alert('<%=msg %>');</script>
<%
        response.setHeader("Refresh", "1;url=list.jsp");
%>
```

文件名:edit.jsp

```jsp
<%@ page pageEncoding="utf-8" import="java.sql.*" %>
<html>
<head>
<title>修改图书信息</title>
<link rel="stylesheet" href="book.css" type="text/css">
<script type="text/javascript" src="book.js"></script>
</head>
<body>
<%
    String id = request.getParameter("id");
    Connection con=DriverManager.getConnection
("jdbc:mysql://localhost:3306/book?characterEncoding=utf8&serverTimezone=UTC","root","root");
String sql="select * from bookinfo where id=?";
    PreparedStatement pstmt=con.prepareStatement(sql);
    pstmt.setInt(1, Integer.parseInt(id));
    ResultSet rs = pstmt.executeQuery();
    if(rs.next()){
        String bookname = rs.getString("bookname");
        String author = rs.getString("author");
        String press = rs.getString("press");
        float price = rs.getFloat("price");
%>
        <h2 align="center">修改图书信息</h2>
        <form name="form1" onSubmit="return check()" action="edit_do.jsp" method="post">
```

```
            <input type="hidden" name="id" value="<%=id %>">
            <table align="center" width="30%" border="1">
                <tr><th width="30%">书名:</th>
                    <td><input type="text" name="bookname" value="<%=bookname %>">
</td></tr>
                <tr><th>作者:</th>
                    <td><input type="text" name="author" value="<%=author %>">
</td></tr>
                <tr><th>出版社:</th>
                    <td><input type="text" name="press" value="<%=press %>">
</td></tr>
                <tr><th>价格:</th>
                    <td><input type="text" name="price" value="<%=price %>">
</td></tr>
                <tr><th colspan="2">
                   <input type="submit" value="修改">
                   <input type="reset" value="重置"></th></tr>
            </table>
        </form>
<%
    }
    rs.close();
    pstmt.close();
    con.close();
%>
</body>
</html>


文件名:edit_do.jsp
<%@ page pageEncoding="utf-8" import="java.sql.*" %>
<%
    request.setCharacterEncoding("utf-8");
    String id = request.getParameter("id");
    String bookname = request.getParameter("bookname");
    String author = request.getParameter("author");
    String press = request.getParameter("press");
    String price = request.getParameter("price");
    Class.forName("com.mysql.jdbc.Driver");
    Connection con=DriverManager.getConnection
("jdbc:mysql://localhost:3306/book?characterEncoding=utf8&serverTimezone=UTC","root","root");
    String sql="update bookinfo set bookname=?,author=?,press=?,price=? where id=?";
```

```jsp
        PreparedStatement pstmt=con.prepareStatement(sql);
        pstmt.setString(1, bookname);
        pstmt.setString(2, author);
        pstmt.setString(3, press);
        pstmt.setFloat(4, Float.parseFloat(price));
        pstmt.setInt(5, Integer.parseInt(id));
        int result = pstmt.executeUpdate();
        String msg = "修改失败,单击确定按钮跳转到图书列表页!";
        if(result == 1){
            msg = "修改成功,单击确定按钮跳转到图书列表页!";
        }
        pstmt.close();
        con.close();
%>
<script>window.alert('<%=msg %>');</script>
<%
    response.setHeader("Refresh", "1;url=list.jsp");
%>
```

文件名:del.jsp

```jsp
<%@ page pageEncoding="utf-8" import="java.sql.*" %>
<%
    String id = request.getParameter("id");
    Connection con=DriverManager.getConnection
("jdbc:mysql://localhost:3306/book?characterEncoding=utf8&serverTimezone=UTC","root","root");
    String sql="delete from bookinfo where id=?";
    PreparedStatement pstmt=con.prepareStatement(sql);
    pstmt.setInt(1, Integer.parseInt(id));
    int result = pstmt.executeUpdate();
    String msg = "删除失败,单击确定按钮跳转到图书列表页!";
    if(result == 1){
        msg = "删除成功,单击确定按钮跳转到图书列表页!";
    }
    pstmt.close();
    con.close();
%>
<script>window.alert('<%=msg %>');</script>
<%
    response.setHeader("Refresh", "1;url=list.jsp");
%>
```

4. 项目运行

在浏览器地址栏中输入 URL："http://localhost:8080/ch06/list.jsp"，如图 6-21 所示。

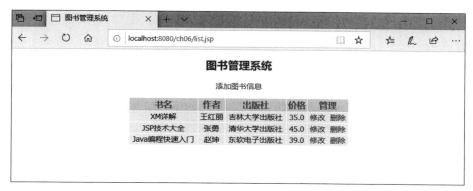

图 6-21　浏览图书信息页面

在图 6-21 中，单击"添加图书信息"的超级链接，进入添加图书信息的表单页面，如图 6-22 所示。

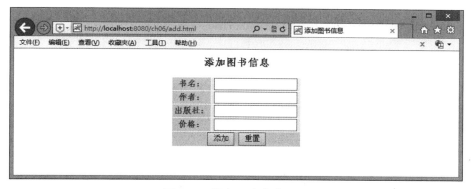

图 6-22　添加图书信息页面

在图 6-22 中输入图书信息后，单击"添加"按钮，操作成功后，界面如图 6-23 所示。

图 6-23　添加图书信息成功

在图 6-23 中单击"确定"按钮后,会出现如图 6-24 所示的界面。

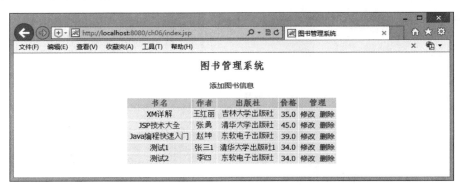

图 6-24　添加成功后的浏览图书信息页面

在图 6-24 中单击某个"修改"链接,进入修改图书信息的表单页面,如图 6-25 所示。

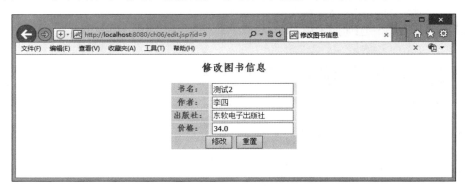

图 6-25　修改图书信息的页面

在图 6-25 中,输入修改信息后,单击"修改"按钮,操作成功后,界面如图 6-26 所示。

图 6-26　修改图书信息成功

在图 6-26 中,单击"确定"按钮,出现的界面如图 6-27 所示。

在图 6-24 中,单击某个"删除"链接,操作后的提示页面与添加和修改操作类似,这里不再截图赘述。

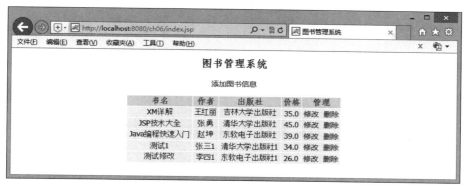

图 6-27 修改成功后的浏览图书信息页面

本章小结

JDBC(Java DataBase Connectivity,Java 数据库连接)是一套用于执行 SQL 语句的 Java API。它可以为多种关系数据库提供统一的访问接口,由一组用 Java 语言编写的类和接口组成。JDBC 能够提供对数据库的跨平台存取,既无须知道数据库的具体位置,也无须知道数据库实现的具体细节。

使用 JDBC 访问数据库的具体步骤为:导入 java.sql 包;加载数据库驱动程序;定义数据库的连接地址、用户名和密码;得到与数据库的连接对象;声明 SQL 语句;得到语句对象;执行 SQL 语句;处理 SQL 语句的返回结果;关闭对象。

习题

1. 尝试安装、配置 MySQL 数据库服务器,创建 test 数据库,并在 test 数据库中创建 music 数据表,其结构如下:

名	类型	长度	小数点	允许空值(
id	int	11	0	□
musicname	varchar	50	0	□
singer	varchar	20	0	□
rank	int	11	0	□

2. 简述 JDBC 访问数据库的主要步骤。

实验

1. 编写 JSP 页面 music.jsp,实现显示习题 1 中 music 表中的所有信息。
2. 编写 JSP 页面 music_search.jsp,为实验 1 添加搜索功能,可以按照 musicname 或 singer 字段进行搜索。

第 7 章
使用 JavaBean 组件

【学习目标】

- 掌握 JavaBean 的基本概念。
- 理解 JavaBean 的功能以及适用场合。
- 了解如何编写访问数据库的 JavaBean。
- 掌握如何使用 JavaBean 在动态网站中实现数据表示和数据操作。

7.1 JavaBean 组件

组件是一个独立的模块,外界不需要了解其内部是如何实现的,只需要通过它提供的接口即可完成对它的访问。组件是可以重用的。

软件可重用技术的核心在于可重用组件。在构造 Web 应用时,使用可重用组件可以简化 JSP 页面的设计和开发,提高代码可读性,从而提高 Web 应用的可靠性和可维护性。

目前有代表性的组件技术有 COM、COM+、JavaBean、EJB 等。

ASP 通过 COM 或 COM+组件来扩充复杂的功能,如文件上载、发送 Email,以及将业务处理或复杂计算分离出来作为独立使用的模块。

JSP 通过 JavaBean 组件实现同样的功能扩充。JavaBean 是成熟的 Java 软件组件技术之一。JavaBean 可以用来执行计算任务、封装数据和业务逻辑等。从面向对象和代码可维护性的角度考虑,JSP 页面中应该尽可能少地使用脚本代码。在 JSP 中提供了使用 JavaBean 的相关标记,并且在 EL 表达式中支持对 JavaBean 的访问,这样就可以避免在 JSP 页面中使用脚本代码,提高代码的可维护性。

7.1.1 JavaBean 简介

JavaBean 是 Java 的可重用组件技术,能提供一定的通用功能,可以在 Java 应用(包括基于 JSP 的 Web 应用)中重复使用。JavaBean 是一种符合某些命名和设计规范的 Java 类,其中封装了属性和方法,具有某种功能,或者负责处理某个业务。由于 JavaBean 是基于 Java 语言的,因此不依赖于平台,具有以下特点:

(1) 可以实现代码的重复利用。
(2) 易编写、易维护、易使用。
(3) 可以在任何安装了 Java 运行环境的平台上使用,而不需要重新编译。

JSP 页面由 HTML 标签、JSP 元素和 JSP 脚本元素(主要是 Java 代码)组成。如果 HTML 标签和脚本元素大量交杂在一起,就显得页面混杂,不易维护(参见 6.3.3 节的代码)。因此,不提倡在 JSP 页面中嵌入大量的脚本元素来处理数据。

通常建议在 JSP 的 Web 应用中集成 JavaBean 组件,由 JavaBean 处理业务逻辑,然后在 JSP 中调用,而 JSP 页面侧重于网页界面的设计,以此实现业务逻辑和前台显示的部分分离。JSP 页面将数据的处理过程封装到一个或几个 JavaBean 中,只需在 JSP 页面中调用 JavaBean 即可。

使用 JavaBean 的好处有:
(1) 可以使 JSP 页面变得清晰。
(2) 节省软件开发时间(可以直接使用已经测试和可信的已有组件,避免了重复开发)。
(3) 降低系统维护的难度。
(4) 为 JSP 应用带来了更多的可伸缩性,使系统变得健壮和灵活。

JavaBean 分为可视的 JavaBean 和非可视化的 JavaBean。

JavaBean 传统的应用是在可视化领域,如 Java 图形界面中使用的按钮、文本框或列表框等。自从 JSP 诞生后,JavaBean 在非可视化领域得到了广泛的应用,在服务器端的应用表现出越来越强的生命力。非可视化的 JavaBean 是指没有图形界面的 JavaBean,用于封装数据,封装业务逻辑。该组件通常与 JSP 搭配使用,实现业务逻辑和前台显示的分离,使系统具有更好的健壮性和灵活性。

通过 JavaBean 可以很好地实现业务逻辑的封装,提高程序可维护性。例如,在某个 Web 应用中要实现在购物车中添加一件商品的功能。在引入 JavaBean 之前,直接使用脚本元素把这些处理操作写在 JSP 文件中,导致一个 JSP 页面就可能有成百上千行代码,不便于程序的修改和维护。掌握 JavaBean 的相关知识后,就可以创建一个实现购物车的 JavaBean,建立一个公有的 addItem()方法,在 JSP 文件中使用该 JavaBean 并调用 addItem()方法,实现商品加入购物车的功能。在之后的编程中,如果需要在加入购物车的时候判断库存是否有该商品,没有该商品时显示缺货,则只需要修改 JavaBean 的 addItem()方法,加入相应的处理语句,完全不需要修改 JSP 程序。

7.1.2 创建 JavaBean

实际上,JavaBean 是对遵循指定的编码规范的 Java 类的一种别称。从技术上讲,任何 Java 类如果实现了 java.io.Serializable 接口,并且提供默认的构造方法(没有参数的构造方法),都可以称为 JavaBean。

在实际使用中,一个 JavaBean 的编码规范包括以下内容:
(1) 该类是一个公有类,并用 package 语句声明属于某个包。

（2）该类实现了 java.io.Serializable 接口。
（3）该类如果有构造方法，那么这个构造方法是公有（用 public 修饰）并且无参数的。
（4）该类的属性一般是私有（用 private 修饰）的。
（5）私有属性有公有（用 public 修饰）的访问器方法。例如，私有属性 xxx 的读取方法为 getXxx()，设置方法为 setXxx()。如果属性类型为 boolean，它的读取方法为 isXxx()。

【例 7-1】 Person.java，描述个人信息的 JavaBean。

```
文件名：Person.java

package beans;
import java.io.Serializable;
public class Person implements Serializable{

    private static final long serialVersionUID = 1L;
    private String name;              //姓名
    private int age;                  //年龄
    private String gender;            //性别
    private String city;              //籍贯
    private String career;            //职业

    public Person(){
        name="王红";
        age=35;
        gender="女";
        city="大连";
        career="教师";
    }

    public String getName() {
        return name;
    }

    public void setName(String name) {
        this.name = name;
    }

    public int getAge() {
        return age;
    }

    public void setAge(int age) {
        this.age = age;
    }
```

```java
    public String getGender() {
        return gender;
    }

    public void setGender(String gender) {
        this.gender = gender;
    }

    public String getCity() {
        return city;
    }

    public void setCity(String city) {
        this.city = city;
    }

    public String getCareer() {
        return career;
    }

    public void setCareer(String career) {
        this.career = career;
    }

    public static void main(String args[]){
        //测试 JavaBean
        Person p=new Person();
        System.out.println("你好:"+p.getName());
        p.setCity("北京");
        System.out.println("你来自:"+p.getCity());
    }
}
```

例 7-1 是一个很典型的 JavaBean，其中定义了 5 个属性：name、age、gender、city 和 career。外部可以通过 setXxx() 和 getXxx() 方法对这些属性进行操作。main() 方法是为了测试 JavaBean。在确认功能正确后，可以将其加入到其他 Java 应用，如 JSP 程序中。

运行这个程序，得到的测试结果为：

```
你好:王红
你来自:北京
```

7.1.3 部署 JavaBean

使用 JavaBean 之前，需要对 JavaBean 进行部署。这里以 7.1.2 节中创建的 Person.java

为实例进行介绍。

1. 手动部署 JavaBean

将编译后的 JavaBean 文件(Person.class)连同它所在的包(beans)一起复制到 Web 应用的 WEB-INF\classes 目录下。重启 Tomcat 服务器后,Web 应用下的任何 JSP 页面都可以使用 beans.Person 来访问这个 JavaBean 了。

2. Eclipse 对 JavaBean 的部署

在使用 Eclipse 创建动态 Web 应用时,定义了应用中 Java 源文件的编译输出目录(如图 2-14 所示)。这样当在 src 目录下创建 JavaBean 并保存后,经过编译的 JavaBean 会自动输出到 WEB-INF/classes 文件夹下。

7.2 在 JSP 中使用 JavaBean

在 JSP 页面中使用 JavaBean 时,可以使用 JSP 脚本元素调用 JavaBean,也可以使用 JSP 提供的 3 个标准动作元素来访问 JavaBean。＜jsp:useBean＞用于在网页中创建 JavaBean 实例,＜jsp:setProperty＞用于为 JavaBean 的属性赋值,＜jsp:getProperty＞用于读取 JavaBean 的属性值。

7.2.1 在脚本元素中使用 JavaBean

【例 7-2】 person.jsp,访问 JavaBean Person 的各个属性。

```jsp
<%@ page pageEncoding="utf-8" import="beans.Person"%>
<html>
<head>
    <title>在脚本元素中使用 JavaBean</title>
</head>
<body>
    <% Person bean=new Person(); %>
    属性的初始值为:<br>
    姓名:<%=bean.getName()%><br>
    年龄:<%=bean.getAge()%><br>
    性别:<%=bean.getGender()%><br>
    籍贯:<%=bean.getCity()%><br>
    职业:<%=bean.getCareer()%><br>
    <%
        bean.setName("Wanghong");
        bean.setAge(28);
        bean.setGender("Female");
        bean.setCity("Dalian");
        bean.setCareer("Teacher");
    %>
```

```
        <br>更改后的值为:<br>
        姓名:<%=bean.getName()%><br>
        年龄:<%=bean.getAge()%><br>
        性别:<%=bean.getGender()%><br>
        籍贯:<%=bean.getCity()%><br>
        职业:<%=bean.getCareer()%>
    </body>
</html>
```

在浏览器地址栏中输入URL:"http://localhost:8080/ch07/person.jsp",得到的结果如图7-1所示。

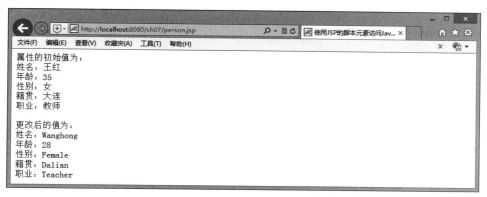

图7-1 在脚本元素中使用JavaBean

7.2.2 <jsp:useBean>

使用<jsp:useBean>实例化JavaBean,可以简化JSP页面中的Java代码。它的语法格式有以下两种。

第一种语法格式:

```
<jsp:useBean id="beanname"
    class="package.class"
    [scope="page|request|session|application"] />
```

其中属性id的值是JavaBean实例的名称,属性class的值是JavaBean的类名全称(含包名),属性scope的值是JavaBean实例的有效范围,可能的取值有4个:page、request、session、application。

第二种语法格式:

```
<jsp:useBean id="beanname"
    class="package.class"
    [scope="page|request|session|application"]>
```

```
    本体内容
</jsp:useBean>
```

其中本体内容是 JavaBean 的构造方法中需要执行的初始化代码,这些代码只会在实例化 JavaBean 时执行一次。

使用这两种语法相当于创建了 package.class 类的一个对象,对象的名字是 beanname,对象的作用范围是属性 scope 指定的值(默认值是 page)。

在 JSP 页面中,由<jsp:useBean>标签的 id 属性指定的 JavaBean 实例可以在脚本元素中中使用。例如,"<jsp:useBean id="person" class="beans.Person"/>"就可以使用如下的表达式访问 JavaBean 的属性:

```
<%=person.getName()%>
```

JSP 容器查找存在的 JavaBean 实例时,会从 page、request、session 和 application 四个有效范围依次查找。

(1) page:可以在包含<jsp:usebean>元素的 JSP 文件以及此文件中的所有静态包含文件中使用所定义的 JavaBean 对象,直到页面执行完毕向客户端发出响应或转到另一个文件为止。页面有效的 JavaBean 只在当前的 JSP 页面中有效,当页面结束或转向其他 JSP 页面后就会失效。

(2) request:可以在任何执行相同请求的 JSP 文件中使用所定义的 JavaBean 对象,直到页面执行完毕向客户端发出响应或转到另一个请求为止。另外,还可以使用 request.getAttribute("beanname")方法获取范围为 request 的 JavaBean 对象。由于当请求结束后 request 对象就会失效,因此存储在其中的 JavaBean 对象也会同时失效。

(3) session:可以在任何使用相同 session 对象的 JSP 文件中使用所定义的 JavaBean 对象,这个对象存在于整个 session 生存周期内。另外,还可以使用 session.getAttribute("beanname")方法获取范围为 session 的 JavaBean 对象。

(4) application:可以在任何使用相同 application 对象的 JSP 文件中使用所定义的 JavaBean 对象,这个对象存在于整个 application 生存周期内。另外,还可以使用 application.getAttribute("beanname")方法获取范围为 application 的 JavaBean 对象。

7.2.3 <jsp:setProperty>

<jsp:setProperty>使用 JavaBean 中的 setXxx()方法,为 JavaBean 实例的属性赋值。在使用这个动作元素之前必须使用<jsp:useBean>实例化 JavaBean 对象,同时它们使用的实例名称也应当匹配。<jsp:setProperty>的语法有以下 4 种。

第一种语法格式:

```
<jsp:setProperty name="beanName"
          property="propertyName"
          value="propertyValue" />
```

其中属性 name 的值是 JavaBean 实例的名称，它应与<jsp:useBean>标签中属性 id 的值相匹配。属性 property 的值是 JavaBean 实例中的私有属性名，亦即要对 JavaBean 的指定属性赋值。属性 value 的值是给 JavaBean 属性所赋的值。

```
<jsp:setProperty name="person" property="city" value="长春" />
```

的效果等价于：

```
<% person.setCity("长春"); %>
```

第二种语法格式：

```
<jsp:setProperty name="beanName"
        property="propertyName"
        param="paramName" />
```

这种用法表示将一个传入参数的值赋给 JavaBean 对象的某个属性。其中属性 name 的值是 JavaBean 实例的名称，它应与<jsp:useBean>标签中属性 id 的值相匹配。属性 property 的值是 JavaBean 实例中的私有属性名，亦即要对 JavaBean 的指定属性赋值。属性 param 的值是传入参数的名称。

例如，将参数 a 的值赋值给 JavaBean 对象 person 的 name 属性：

```
<jsp:setProperty name="person" property="name" param="a" />
```

第三种语法格式：

```
<jsp:setProperty name="beanName"
        property="propertyName" />
```

这种用法表示当某个传入参数的名称和 JavaBean 对象的某个属性名称一致时，直接通过这种用法把参数值赋给 JavaBean 的这个属性。属性 name 的值是 JavaBean 实例的名称，它应与<jsp:useBean>标签中属性 id 的值相匹配。属性 property 的值是 JavaBean 实例中的私有属性名，亦即要对 JavaBean 的指定属性赋值，它与传入参数的名称一致。上述语句和如下语句完全等价：

```
<jsp:setProperty name="beanName"
      property="propertyName"
      param="propertyName" />
```

第四种语法格式：

```
<jsp:setProperty name="beanName" property="*" />
```

在这种用法中，JSP 容器会一个个检查传入的参数。如果某个传入参数的名称和

JavaBean 中某个属性的名称相同，则将该参数的值赋给 JavaBean 的对应属性。这种用法可以一次为 JavaBean 的多个属性赋值。

7.2.4 <jsp:getProperty>

<jsp:getProperty>用于读取并显示 JavaBean 实例的属性值，它实际上调用的是 JavaBean 的 getXxx()方法。

在使用这个动作元素之前必须使用<jsp:useBean>实例化 JavaBean 对象，同时它们使用的实例名字也应当匹配。它的语法如下：

```
<jsp:getProperty name="name" property="propertyName" />
```

其中属性 name 的值是 JavaBean 实例的名称，它应与<jsp:useBean>标签中属性 id 的值相匹配。属性 property 的值是 JavaBean 实例中的私有属性名，亦即要读取并显示 JavaBean 的指定属性值。

```
<jsp:getProperty name="person" property="city" />
```

的效果等价于：

```
<%=person.getCity() %>
```

【例 7-3】 person1.jsp，使用动作元素访问 JavaBean。

```
<%@ page pageEncoding="utf-8" %>
<html>
<head>
    <title>使用动作元素访问 JavaBean</title>
</head>
<body>
    <jsp:useBean id="person" class="beans.Person" scope="page" />
    <jsp:setProperty name="person" property="*" />
    根据传入参数更改的属性值为:<br>
    年龄:<jsp:getProperty name="person" property="age" /><br>
    职业:<jsp:getProperty name="person" property="career" />
</body>
</html>
```

在浏览器地址栏中输入 URL："http://localhost:8080/ch07/person1.jsp?age=45&career=Doctor"，得到的结果如图 7-2 所示。

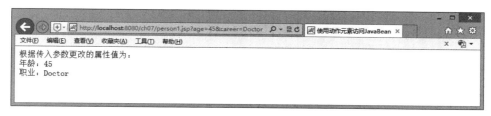

图 7-2 使用动作元素访问 JavaBean

7.3 项目 1：连接数据库的 JavaBean

1. 项目构思

将连接数据库的操作封装到 JavaBean 中，以简化 JSP 页面中对数据库的访问，提高代码的可重用性。

2. 项目设计

按照如下思想设计 JavaBean util.DBUtil：
（1）将连接数据库的驱动程序名称、连接地址、用户名和密码等信息定义成私有属性。
（2）在构造方法中给私有属性赋初值。
（3）为需要改变的私有属性提供公有的 setXxx() 方法。
（4）将数据库查询操作返回多条记录的结果保存成 java.util.List 类型的对象。
（5）将数据库查询操作返回一条记录的结果保存成 java.util.Map 类型的对象。
（6）执行数据库更新操作时，返回所影响的记录数。
（7）执行预编译的 SQL 语句时，需要同时提供 SQL 语句中参数值组成的 String 数组。
（8）将关闭操作进行封装，便于程序关闭数据库资源。

3. 项目实施

```java
文件名：DBUtil.java
package util;

import java.sql.Connection;
import java.sql.DriverManager;
import java.sql.PreparedStatement;
import java.sql.ResultSet;
import java.sql.ResultSetMetaData;
import java.sql.SQLException;
import java.util.ArrayList;
import java.util.HashMap;
import java.util.List;
import java.util.Map;
```

```java
public class DBUtil {
    private String driver;
    private String url;
    private String username;
    private String password;
    private Connection con;
    private PreparedStatement pstmt;
    private ResultSet rs;
    public void setDriver(String driver) {
        this.driver = driver;
    }
    public void setUrl(String url) {
        this.url = url;
    }
    public void setUsername(String username) {
        this.username = username;
    }
    public void setPassword(String password) {
        this.password = password;
    }
    //构造方法,定义驱动程序连接用户名和密码信息
    public DBUtil(){
      driver="com.mysql.jdbc.Driver";
      url="jdbc:mysql://localhost:3306/book? characterEncoding=utf8&serverTimezone=UTC";
      username="root";
      password="root";
    }
    //获取连接对象
    private Connection getConnection() {
        try {
            Class.forName(driver);
            con = DriverManager.getConnection(url, username, password);
        } catch (ClassNotFoundException e) {
            e.printStackTrace();
        } catch (SQLException e) {
            e.printStackTrace();
        }
        return con;
    }
    //获取语句对象
    private PreparedStatement getPrepareStatement(String sql) {
        try {
```

```java
        pstmt = getConnection().prepareStatement(sql);
    } catch (SQLException e) {
        e.printStackTrace();
    }
    return pstmt;
}
//给 pstmt 的 SQL 语句设置参数(要求参数以数组形式给出)
private void setParams(String sql, String[] params) {
    pstmt = this.getPrepareStatement(sql);
    if(params != null){
        for (int i = 0; i < params.length; i++){
            try {
                pstmt.setString(i + 1, params[i]);
            } catch (SQLException e) {
                e.printStackTrace();
            }
        }
    }
}
//执行数据库查询操作时,将返回的结果封装到 List 对象中
public List<Map<String,String>> getList(String sql, String[] params){
    List<Map<String,String>> list = new ArrayList<Map<String,String>>();
    try {
        this.setParams(sql, params);
        ResultSet rs = pstmt.executeQuery();
        ResultSetMetaData rsmd = rs.getMetaData();
        while(rs.next()) {
            Map<String,String> m = new HashMap<String,String>();
            for (int i = 1; i <= rsmd.getColumnCount(); i++) {
                String colName = rsmd.getColumnName(i);
                m.put(colName, rs.getString(colName));
            }
            list.add(m);
        }
    } catch (SQLException e) {
        e.printStackTrace();
    }finally{
        close();
    }
    return list;
}
//执行数据库查询操作时,将返回的结果封装到 List 对象中
public Map<String,String> getMap(String sql, String[] params){
```

```
        List<Map<String,String>> list=getList(sql, params);
        if(list.isEmpty())
            return null;
        else
            return (Map<String,String>)list.get(0);
        
    }
    //更新数据库时调用的 update 方法
    public int update(String sql, String[] params) {
        int recNo = 0;                          //表示受影响的记录行数
        try {
            setParams(sql, params);             //根据 sql 语句和 params,设置 pstmt 对象
            recNo = pstmt.executeUpdate();      //执行更新操作
        } catch (Exception e) {
            e.printStackTrace();
        } finally {
            close();
        }
        return recNo;
    }
    //关闭对象
    private void close() {
        try {
            if (rs != null)
                rs.close();
            if (pstmt != null)
                pstmt.close();
            if (con != null)
                con.close();
        } catch (SQLException e) {
        }
    }
}
```

4. 项目运行

在 7.4 节中将使用 util.DBUtil 执行连接数据库的各种操作,详情请参见 7.4 节。

7.4 项目 2：使用 JavaBean 实现图书管理系统

1. 项目构思

第 6 章介绍了使用 JDBC 技术访问数据库的方法,但是,从软件设计角度来看,最好是将业务处理和用户操作的 JSP 页面分离开来。一般来说,不推荐在 JSP 页面中直接访问数

据库或实现业务逻辑,而是最好将这些操作封装到 JavaBean 中实现。

本项目使用 JSP+JavaBean 技术完成第 6 章中的图书管理系统,实现对图书信息的浏览、添加、修改和删除功能。

2. 项目设计

1) JavaBean 的设计

设计 JavaBean beans.Book,封装处理图书信息的业务方法,如表 7-1 所示。其中,数据库的访问需要使用 7.3 节的 util.DBUtil 实现。

表 7-1 beans.Book 的业务方法列表

业务方法名	业务方法描述
ListgetAllBooks()	读取数据库表中的所有图书信息
intaddBook()	向数据库表中添加一条图书信息。该方法在调用前,待添加的图书信息已经被传递到当前 JavaBean 对象中
MapgetBook()	读取数据库表中的一条图书信息。该方法在调用前,待读取的图书信息的 ID 已经被传递到当前 JavaBean 对象中
intupdateBook()	修改数据库表中的一条图书信息。该方法在调用前,待修改的图书信息已经被传递到当前 JavaBean 对象中
intdelBook()	删除数据库表中的一条图书信息。该方法在调用前,待删除的图书信息的 ID 已经被传递到当前 JavaBean 对象中

2) JSP 程序的设计

为实现项目功能,共需要设计 5 个 JSP 文件,对应的文件名和文件说明如表 7-2 所示。

表 7-2 JSP 文件说明

文件名	文件说明
list.jsp	使用<jsp:useBean>创建 beans.Book 的对象,调用业务方法 getAllBooks()读取所有图书信息,并循环显示
add.jsp	使用<jsp:useBean>创建 beans.Book 的对象,使用<jsp:setProperty>将 add.html 提交的信息传递到 beans.Book 对象中。调用业务方法 addBook()将图书信息插入到数据库,处理完成后提示信息并跳转到 list.jsp 页面
edit.jsp	使用<jsp:useBean>创建 beans.Book 的对象,使用<jsp:setProperty>将待修改的图书 id 传递到 beans.Book 对象中。调用业务方法 getBook()读取图书信息,并显示在表单中,表单提交到 edit_do.jsp 页面
edit_do.jsp	使用<jsp:useBean>创建 beans.Book 的对象,使用<jsp:setProperty>将 edit.jsp 提交的信息传递到 beans.Book 对象中。调用业务方法 updateBook()更新图书信息到数据库,处理完成后提示信息并跳转到 list.jsp 页面
del.jsp	使用<jsp:useBean>创建 beans.Book 的对象,使用<jsp:setProperty>将待删除的图书 id 传递到 beans.Book 对象中。调用业务方法 delBook()删除图书信息,处理完成后提示信息并跳转到 list.jsp 页面

3. 项目实施

文件 util.DBUtil 详见 7.3 节。
文件名:Book.java

```java
package beans;
import java.util.List;
import java.util.Map;
import util.DBUtil;
public class Book {
    private String id;
    private String bookname;
    private String author;
    private String press;
    private String price;
    private DBUtil db;
    public Book(){
        db = new DBUtil();
    }
    public String getId() {
        return id;
    }
    public void setId(String id) {
        this.id = id;
    }
    public String getBookname() {
        return bookname;
    }
    public void setBookname(String bookname) {
        this.bookname = bookname;
    }
    public String getAuthor() {
        return author;
    }
    public void setAuthor(String author) {
        this.author = author;
    }
    public String getPress() {
        return press;
    }
    public void setPress(String press) {
        this.press = press;
    }
    public String getPrice() {
```

```java
        return price;
    }
    public void setPrice(String price) {
        this.price = price;
    }
    //读取所有图书信息
    public List<Map<String,String>> getAllBooks(){
        List<Map<String,String>> books = null;
        String sql = "select * from bookinfo";
        books = db.getList(sql, null);
        return books;
    }
    //添加图书信息
    public int addBook(){
        int result = 0;
        String sql = "insert into bookinfo values(null,?,?,?,?)";
        String[] params = {bookname,author,press,price};
        result = db.update(sql, params);
        return result;
    }
    //通过图书 id 读取图书信息
    public Map<String,String> getBook(){
        Map<String,String> book = null;
String sql = "select * from bookinfo where id=?";
        String[] params={id};
        book = db.getMap(sql, params);
        return book;
    }
    //修改图书信息
    public int updateBook(){
        int result = 0;
        String sql = "update bookinfo set bookname=?,author=?,press=?,price=? where id=?";
        String[] params = {bookname,author,press,price,id};
        result = db.update(sql, params);
        return result;
    }
    //删除图书信息
    public int delBook(){
        int result = 0;
        String sql = "delete from bookinfo where id=?";
        String[] params = {id};
        result = db.update(sql, params);
```

```
            return result;
        }
}
```
文件 book.css 和 book.js 详见 3.4 节。
文件名:list.jsp
```
<%@ page pageEncoding="utf-8" import="java.util.*" %>
<html>
<head>
<title>图书管理系统</title>
<link rel="stylesheet" href="book.css" type="text/css">
</head>
<body>
<h2 align="center">图书管理系统</h2>
<p align="center"><a href="add.html">添加图书信息</a><p>
<jsp:useBean id="book" class="beans.Book" />
<table align="center" width="50%" border="1">
    <tr><th>书名</th><th>作者</th><th>出版社</th><th>价格</th><th>管理</th></tr>
    <%
        ArrayList<Map<String,String>> books = (ArrayList<Map<String,String>>)book.getAllBooks();
        for(Object o : books){
            Map<String,String> m = (HashMap<String,String>)o;
    %>
        <tr><td><%=m.get("bookname") %></td>
        <td><%=m.get("author") %></td>
        <td><%=m.get("press") %></td>
        <td><%=m.get("price") %></td>
        <td><a href="edit.jsp?id=<%=m.get("id") %>">修改</a> 
        <a href="del.jsp?id=<%=m.get("id") %>" onclick="return confirm('确定要删除吗?')">删除</a></td></tr>
    <%
        }
    %>
</table>
</body>
</html>
```

文件 add.html 详见 6.3 节。

文件名:add.jsp
```
<%@ page pageEncoding="utf-8" %>
<%
```

```
    request.setCharacterEncoding("utf-8");
%>
<jsp:useBean id="book" class="beans.Book" />
<jsp:setProperty name="book" property="*" />
<%
    int result = book.addBook();
    String msg = "添加失败,单击确定按钮跳转到图书列表页!";
    if(result == 1){
        msg = "添加成功,单击确定按钮跳转到图书列表页!";
    }
%>
<script>window.alert('<%=msg %>');</script>
<%
    response.setHeader("Refresh", "1;url=list.jsp");
%>
```

文件名:edit.jsp
```
<%@ page pageEncoding="utf-8" import="java.util.HashMap" %>
<html>
<head>
<title>修改图书信息</title>
<link rel="stylesheet" href="book.css" type="text/css">
<script type="text/javascript" src="book.js"></script>
</head>
<body>
<jsp:useBean id="book" class="beans.Book" />
<jsp:setProperty name="book" property="id" />
<%
    HashMap<String,String> bookinfo = (HashMap<String,String>)book.getBook();
    if(bookinfo != null){
%>
        <h2 align="center">修改图书信息</h2>
        <form name="form1" onSubmit="return check()" action="edit_do.jsp" method="post">
            <input type="hidden" name="id" value="<%=bookinfo.get("id") %>">
            <table align="center" width="30%" border="1">
                <tr><th width="30%">书名:</th>
                    <td><input type="text" name="bookname" value="<%=bookinfo.get("bookname") %>"></td></tr>
                <tr><th>作者:</th>
                    <td><input type="text" name="author" value="<%=bookinfo.get("author") %>"></td></tr>
                <tr><th>出版社:</th>
```

```jsp
                <td><input type="text" name="press" value="<%=bookinfo.get("press") %>"></td></tr>
            <tr><th>价格:</th>
                <td><input type="text" name="price" value="<%=bookinfo.get("price") %>"></td></tr>
            <tr><th colspan="2">
                <input type="submit" value="修改">
                <input type="reset" value="重置"></th></tr>
        </table>
        </form>
<%
    }
%>
</body>
</html>
```

文件名:edit_do.jsp
```jsp
<%@ page pageEncoding="utf-8" %>
<%
    request.setCharacterEncoding("utf-8");
%>
<jsp:useBean id="book" class="beans.Book" />
<jsp:setProperty name="book" property="*" />
<%
    int result = book.updateBook();
    String msg = "修改失败,单击确定按钮跳转到图书列表页!";
    if(result == 1){
        msg = "修改成功,单击确定按钮跳转到图书列表页!";
    }
%>
<script>window.alert('<%=msg %>');</script>
<%
    response.setHeader("Refresh", "1;url=list.jsp");
%>
```

文件名:del.jsp
```jsp
<%@ page pageEncoding="utf-8" %>
<jsp:useBean id="book" class="beans.Book" />
<jsp:setProperty name="book" property="id" />
<%
    int result = book.delBook();
    String msg = "删除失败,单击确定按钮跳转到图书列表页!";
    if(result == 1){
```

```
        msg = "删除成功,单击确定按钮跳转到图书列表页!";
    }
%>
<script>window.alert('<%=msg %>');</script>
<%
    response.setHeader("Refresh", "1;url=list.jsp");
%>
```

4. 项目运行

项目的运行效果同 6.3 节的项目 2,这里不再赘述。

本章小结

JavaBean 是 Java 的可重用组件技术,能提供一定的通用功能,可以在 Java 应用(包括基于 JSP 的 Web 应用)中重复使用。JavaBean 是一种符合某些命名和设计规范的 Java 类,在其中封装了属性和方法,具有某种功能,或者负责处理某个业务。

通常建议在 JSP 的 Web 应用中集成 JavaBean 组件,由 JavaBean 处理业务逻辑。从软件设计角度来看,最好是将业务处理和用户操作的 JSP 页面分开。一般来说,不推荐在 JSP 页面中直接访问数据库或实现业务逻辑,而是最好将这些操作封装到 JavaBean 中实现。

习题

1. 什么是 JavaBean?它有哪些特点?
2. JavaBean 的编写规范主要有哪些?

实验

1. 编写一个描述学生信息的 JavaBean,类名为 Student,类中包括学号、姓名、年级、电话、Email 等属性,提供保存学生信息到数据库表的业务方法。

2. 编写一个注册学生信息的表单页面 reg.html,提交的内容包括学号、姓名、年级、电话、Email 等,表单提交地址为 reg.jsp。

3. 编写处理学生注册信息的 JSP 页面 reg.jsp,使用 JavaBean Student 类的业务方法将注册信息插入到数据库表中。

提示:读者自行设计数据库和数据表结构。数据库访问操作可以使用 util.DBUtil。

第 8 章
Servlet 技术

【学习目标】

- 理解 Servlet 的基本概念、功能和优点。
- 掌握 Servlet 的编写及配置。
- 理解 Servlet 的生命周期中各个方法的作用,并能够选择合适的 Servlet API 处理用户的请求。
- 掌握什么是 Servlet 过滤器以及适用场合。

8.1 Servlet 介绍

8.1.1 Servlet 概述

Servlet 是用 Java 语言编写的程序,运行于支持 Java 的 Web 服务器或应用服务器中。它先于 JSP 出现,提供和客户端动态交互的功能。Servlet 可以处理来自客户端的 HTTP 请求,并生成响应返回给客户端。

Servlet 对于 Web 服务器而言就如同 Java Applet 对于 Web 浏览器。Servlet 需要加载到 Web 服务器中,并在 Web 服务器内执行。它提供以下功能来扩展 Web 服务器的能力。

Servlet 具有以下优点:

(1) 可移植性。Servlet 是用 Java 语言编写的,可以在不同的操作系统和服务器下移植。

(2) 安全。Servlet 也有类型检查的特性,并利用 Java 的垃圾收集和无指针设计,使 Servlet 避免了内存管理等问题。

(3) 高效。Servlet 加载执行后会常驻服务器内存中。当再次收到客户端的请求时,服务器会产生新的线程(而不是进程)为客户端服务,这样就提高了响应速度。

8.1.2 Servlet 的生命周期

Servlet 的生命周期可以概括为以下几个阶段。

(1) 当客户端第一次请求 Servlet 时，Servlet 被加载到内存中，容器会创建这个 Servlet 的实例，并调用其 init()方法进行初始化工作。

(2) 容器创建请求对象和响应对象，然后调用 Servlet 的 service()方法为客户端提供服务。

(3) 当 Servlet 不再被需要时，容器调用 Servlet 的 destroy()方法将 Servlet 实例销毁。

当客户端请求的 Servlet 已经存在于服务器内存时，容器会创建新的线程调用 service()方法响应客户请求。在 Servlet 的整个生命周期中，init()方法和 destroy()方法只会被调用一次。

8.1.3 Servlet 与 JSP

JSP 在本质上就是 Servlet。Web 服务器总是把每个被访问的 JSP 文件先翻译成对应的 Servlet，然后再编译执行。以 Tomcat 服务器为例，JSP 文件对应的 Servlet 存放在 Tomcat 主目录下的\work\Catalina\localhost 目录下。

在 JSP 没有出现之前，Servlet 作为服务器端程序为客户端提供动态网页内容。但由于 Servlet 的编写格式化，使输出 HTML 标签非常困难，并且处理逻辑与页面显示的代码混杂在一起，非常不易于理解和编程，因此 JSP 产生了。可以说，Servlet 是 JSP 的前身，但 JSP 最终仍是以 Servlet 的形式为客户提供服务。透彻地了解 Servlet，会对学习 JSP 有很大帮助。

8.2 项目1：简单 Servlet 的开发

1. 项目构思

开发一个简单的 Servlet，直接响应用户的请求，在网页中输出"这是我的第一个 Servlet！"。

2. 项目设计

(1) 程序的开始必须用 import 引入编写 Servlet 所需的包 javax.servlet.* 和 javax.servlet.http.*。

(2) 所有的 Servlet 必须实现 javax.servlet.Servlet 接口。当编写使用 HTTP 的 Servlet 时，一般选择继承该接口的实现类 javax.servlet.HttpServlet。

(3) 在一个 Servlet 生命周期中经常被调用的方法有 init()、service()、doGet()、doPost()和 destroy()。其中，init()方法在容器第一次加载运行 Servlet 时被调用，完成一些初始化操作，如数据库连接等。每当用户请求 Servlet 时，service()方法都会被调用，用来处理用户请求并返回响应结果。实际上，service()方法是通过调用 doGet()或者 doPost()方法来为用户提供服务的。当 Servlet 被卸载时，destroy()方法被执行以回收 Servlet 启用的资源，如关闭数据库连接等。

(4) 用户提交 HTTP 请求的方式如果为 GET 方式，则 service()调用 doGet()方法为用户提供服务；如果为 POST 方式，则 service()调用 doPost()方法为用户提供服务。换言之，doGet()或 doPost()方法才是真正的用户请求响应者。由于在实际编程中，通常对这两种提交方式的处理相同，因此可以选择在 doGet()方法中调用 doPost()方法。

(5) Servlet 能直接使用的对象只有 HttpServletRequest 类型的 request 对象以及

HttpServletResponse 类型的 response 对象。其他对象，比如向客户端输出的 out 对象、维持会话的 session 对象等，都需要通过这两个对象的方法获得。

3. 项目实施

步骤一：按照 2.6.3 节的项目实施步骤在 Eclipse 下创建一个名为 ch08 的"Dynamic Web Project"，在 Java Resources\src 目录上右击，并在弹出的快捷菜单中选择 New→Servlet，会出现如图 8-1 所示的界面。

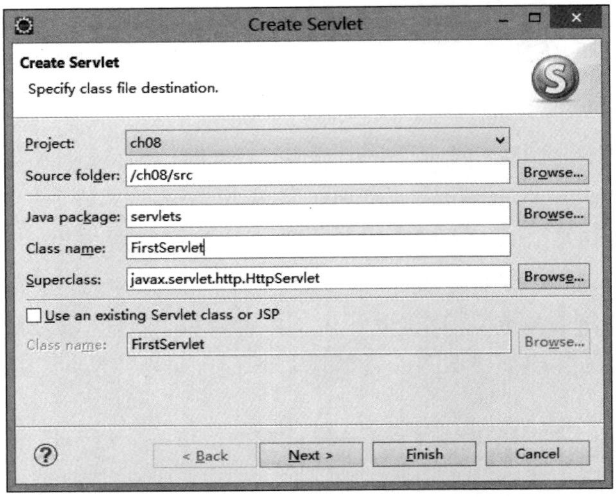

图 8-1　创建 Servlet 步骤（1）

步骤二：在图 8-1 中的 Java package 文本框中输入包名"servlets"，Class name 文本框中输入类名"FirstServlet"，单击 Next 按钮，出现如图 8-2 所示的界面。

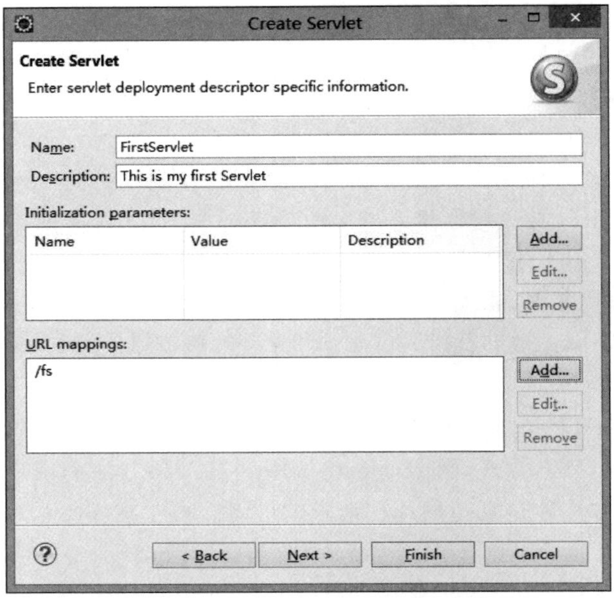

图 8-2　创建 Servlet 步骤（2）

步骤三：在图 8-2 中的 Name 处指定这个 Servlet 在 Web 应用内部使用的名字，Description 处指定这个 Servlet 的描述信息，Initialization parameters 处指定这个 Servlet 的初始化参数，URL mapping 处指定访问这个 Servlet 时使用的地址。单击 Next 按钮，弹出如图 8-3 所示的界面。

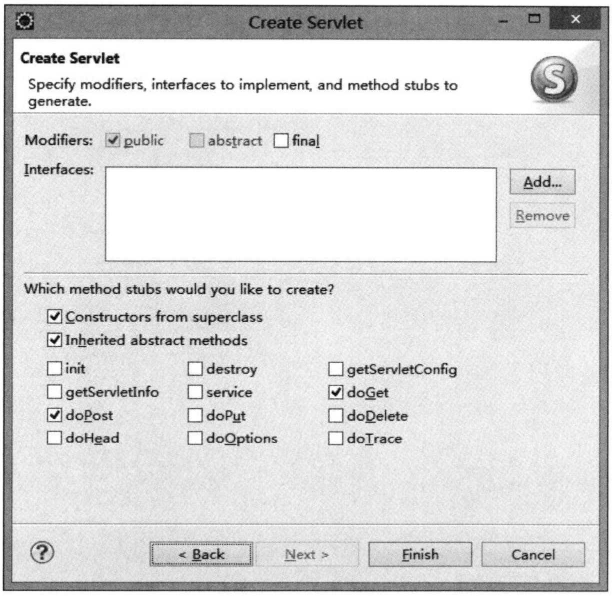

图 8-3　创建 Servlet 步骤(3)

步骤四：在图 8-3 中，选择在这个 Servlet 中生成的处理方法，单击 Finish 按钮结束。
步骤五：创建完成后，对 FirstServlet.java 的文件内容进行改写，代码如下：

```java
文件名:FirstServlet.java
package servlets;
import java.io.IOException;
import java.io.PrintWriter;
import javax.servlet.ServletException;
import javax.servlet.annotation.WebServlet;
import javax.servlet.http.HttpServlet;
import javax.servlet.http.HttpServletRequest;
import javax.servlet.http.HttpServletResponse;

@WebServlet(description = "This is my first Servlet", urlPatterns = { "/fs" })
public class FirstServlet extends HttpServlet {
    private static final long serialVersionUID = 1L;

    public FirstServlet() {
        super();
```

```java
    }
    /**
     * @see HttpServlet#doGet(HttpServletRequest request, HttpServletResponse response)
     */
    protected void doGet(HttpServletRequest request, HttpServletResponse response) throws ServletException, IOException {
        response.setContentType("text/html;charset=utf-8");
        PrintWriter out = response.getWriter();
        out.println("<HTML>");
        out.println("<HEAD><TITLE>First Servlet</TITLE></HEAD>");
        out.println("<BODY>");
        out.print("这是我的第一个Servlet!");
        out.println("</BODY>");
        out.println("</HTML>");
    }

    /**
     * @see HttpServlet#doPost(HttpServletRequest request, HttpServletResponse response)
     */
    protected void doPost(HttpServletRequest request, HttpServletResponse response) throws ServletException, IOException {
        //TODO Auto-generated method stub
        doGet(request, response);
    }
}
```

4. 项目运行

Servlet 编写后,需要正确配置才能访问。

首先,编译后的 Servlet(连同所在的包)需要放置在 Web 应用的 WEB-INF/classes 文件夹下。使用 Eclipse Dynamic Web Project 创建的 Servlet 会自动完成部署,无须手工操作。

其次,需要为编写的 Servlet 配置访问路径。对于使用 Eclipse Dynamic Web Project 创建的 Servlet,如下代码即为 Servlet 的配置信息:

```
@WebServlet(description = "This is my first Servlet", urlPatterns = { "/fs" })
```

其中,urlPatterns 中包含的是 Servlet 的访问路径。

手工编写的 Servlet 需要手动添加如上配置信息。需要注意的是,以上配置信息是基于 Servlet 4.0 规范。本书的 Servlet 基于 Servlet 4.0 规范,对于 Servlet 3.0 规范之下的版本,

需要编写 web.xml 文件对 Servlet 进行配置,代码如下:

```
<servlet>
    <servlet-name>FirstServlet</servlet-name>
    <servlet-class>servlets.FirstServlet</servlet-class>
</servlet>
<servlet-mapping>
    <servlet-name>FirstServlet</servlet-name>
    <url-pattern>/fs</url-pattern>
</servlet-mapping>
```

其中,＜servlet＞标签用于声明 Servlet。它的子标签＜servlet-name＞用于声明 Servlet 在 Web 应用内部使用的名字,子标签＜servlet-class＞用于声明 Servlet 所对应的类名。＜servlet-mapping＞标签用于进行 Servlet 映射,它的子标签＜servlet-name＞需要和＜servlet＞标签中的＜servlet-name＞子标签保持一致,子标签＜url-pattern＞用于指明 Servlet 的访问地址。需要特别注意的是,＜servlet＞和＜servlet-mapping＞标签必须成对出现。

Servlet 配置完成后,就可以通过浏览器进行访问了。在浏览器地址栏中输入 URL:"http://localhost:8080/ch08/fs",运行结果如图 8-4 所示。

图 8-4　FirstServlet 的访问结果

8.3　Servlet 常用 API

8.3.1　HttpServlet 的常用方法

(1) public ServletContext getServletContext():获取 ServletContext 对象,即 JSP 内置对象中的 application 对象。

(2) public String getServletName():获取 Servlet 配置时声明在 Web 应用内部使用的名字。

(3) public String getInitParameter(String name):获取 Servlet 配置时提供的名为 name 的参数值。

8.3.2　HttpServletRequest 的常用方法

(1) String getRequestURL():获取请求的 URL 地址,包括协议名、服务器名、端口号和所请求服务的路径,但不包含请求时所带的参数。

（2）String getRequestURI()：获取所请求服务的路径。

（3）String getContextPath()：获取 Web 应用的根路径。

（4）String getServletPath()：获取 Servlet 的访问地址。

如果在 8.2.3 节的代码中利用 doPost()方法的参数 request 分别调用以上 4 种方法进行输出,则显示的内容如表 8-1 所示。

表 8-1　HttpServletRequest 的方法输出

调 用 方 法	输 出 内 容
getRequestURL()	http://localhost:8080/ch08/fs
getRequestURI()	/ch08/fs
getContextPath()	/ch08
getServletPath()	/fs

（5）String getParameter(String name)：获取名为 name 的参数的单个值。

（6）String[] getParameterValues(String name)：获取名为 name 的参数的多个值。

（7）Object getAttribute(String name)：获取名为 name 的属性值。

（8）void setAttribute(String name,String value)：设置名为 name 的属性值为 value。

（9）HttpSession getSession()：获取 session 对象。

（10）RequestDispatcher getRequestDispatcher(String path)：获取请求转发对象,转向地址为 path。所获得的 RequestDispatcher 对象的 forward()方法实现真正的跳转。

8.3.3　HttpServletResponse 的常用方法

（1）void setContentType(String type)：设置响应的内容类型为 type。

（2）void setCharacterEncoding(String charset)：设置响应的编码字符集为 charset。

（3）PrintWriter getWriter()：返回一个 PrintWriter 对象,利用这个对象可以向客户端输出文本,这个对象的作用类似于 JSP 的内置对象 out。

（4）void sendRedirect(String location)：向客户端发送一个重定向请求,地址为 location。

注意：上述很多方法声明抛出异常,因此在使用时需要对这些异常进行捕获或者抛出。

8.4　项目 2：模拟登录身份验证

1. 项目构思

实现用户的模拟登录身份验证行为。用户在登录页面选择身份（管理员和普通用户）并提交后,该请求由一个 Servlet 处理。Servlet 根据用户身份将请求转发到不同的欢迎页面。

2. 项目设计

为实现项目功能,需要设计 4 个文件,包括登录页面 login.html,该页面提供用户身份选择的单选按钮以及登录按钮;处理用户请求的 LoginServlet.java,它是一个 Servlet,获取用户输入的身份,根据身份将请求转发到管理员欢迎页面 admin.html 或普通用户欢迎页面 common.html。

3. 项目实施

文件名:login.html
```html
<html>
<head>
<meta charset="UTF-8">
<title>用户登录</title>
</head>
<body>
<div align="center">
<h2>用户登录</h2>
<form method="post" action="ls">
<table border>
<tr>
<td align="center" colspan="2">选择用户</td>
</tr>
<tr>
<td align="center" width="75%">
<input type="radio" name="user" value="admin">管理员
<input type="radio" name="user" value="common">普通用户
</td>
<td align="center"><input type="submit" value="登录"></td>
</tr>
</table>
</form>
</div>
</body>
</html>
```

文件名:LoginServlet.java
```java
package servlets;

import java.io.IOException;
import javax.servlet.RequestDispatcher;
import javax.servlet.ServletException;
import javax.servlet.annotation.WebServlet;
import javax.servlet.http.HttpServlet;
import javax.servlet.http.HttpServletRequest;
import javax.servlet.http.HttpServletResponse;
```

```java
@WebServlet("/ls")
public class LoginServlet extends HttpServlet {
    private static final long serialVersionUID = 1L;

    public LoginServlet() {
        super();
    }

    protected void doGet (HttpServletRequest request, HttpServletResponse response) throws ServletException, IOException {
        String user=request.getParameter("user");
        RequestDispatcher rd=null;
        if(user!=null && user.equals("admin")){
            //对于成功登录的用户需要在session保存登录信息("login","true")
            request.getSession().setAttribute("login", "true");
            rd=request.getRequestDispatcher("/admin.html");
            rd.forward(request, response);
        }else if (user!=null && user.equals("common")){
            request.getSession().setAttribute("login", "true");
            rd=request.getRequestDispatcher("/common.html");
            rd.forward(request, response);
        }else{
            response.sendRedirect("login.html");
        }
    }

    protected void doPost (HttpServletRequest request, HttpServletResponse response) throws ServletException, IOException {
        doGet(request, response);
    }
}
```

文件名:admin.html
```
<html>
<head>
<meta charset="UTF-8">
<title>管理员首页</title>
</head>
<body>
<h2 align="center">管理员,欢迎登录!</h2>
</body>
</html>
```

```
文件名:common.html
<html>
<head>
<meta charset="UTF-8">
<title>普通用户首页</title>
</head>
<body>
<h2 align="center">普通用户,欢迎登录!</h2>
</body>
</html>
```

4. 项目运行

用户通过地址 http://localhost:8080/ch08/login.html 访问登录页面,如图 8-5 所示。如果选择了"管理员",则跳转到 admin.html 页面,如图 8-6 所示;如果选择了"普通用户",则跳转到 common.html 页面,如图 8-7 所示。

图 8-5　login.html 的访问结果

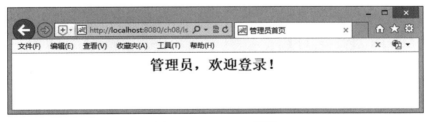

图 8-6　admin.html 页面

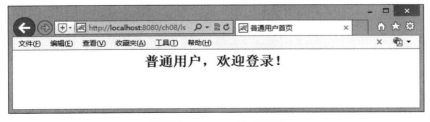

图 8-7　common.html 页面

8.5 Servlet 过滤器

8.5.1 Servlet 过滤器概述

Servlet 过滤器是一种 Java 组件,位于客户端和处理程序之间,能够对请求和响应进行检查和修改。它通常用来完成一些通用的操作,如统一字符编码、字符压缩、加密,实施安全控制等。

Servlet 过滤器的工作原理如图 8-8 所示。

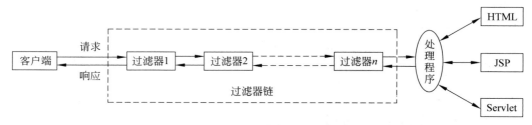

图 8-8　Servlet 过滤器工作原理图

当客户端对服务器资源发出请求时,服务器会根据过滤规则进行检查。如果客户的请求满足过滤规则,则对客户请求进行拦截,对请求头和请求数据进行检查或改动,并依次通过过滤器链,最后把请求交给处理程序。请求信息在过滤器链中可以被修改,也可以根据条件不把请求发往处理程序,直接向客户发出一个响应。

当处理程序完成了对请求的处理后,响应信息将逐级逆向返回。同样,在这个过程中,响应信息也可能被过滤器修改,从而完成一定的任务。过滤器链上的过滤器会依次发生作用,除非某个过滤器终止了这个过程。虽然过滤器可以修改请求或响应对象,但是它并不一定要执行该操作。过滤器可以在传递对象的同时保护对象未被修改。

8.5.2 Servlet 过滤器 API

与 Servlet 过滤器相关的 API 包含了 3 个接口,分别是 Filter、FilterChain 和 FilterConfig,它们都在 javax.servlet 包中。

1. Filter 接口

所有的过滤器都必须实现 Filter 接口。该接口定义了 init()、doFilter()和 destroy()三个方法。

(1) void init(FilterConfig filterConfig)方法是 Servlet 过滤器的初始化方法,Servlet 容器创建 Servlet 过滤器实例后将调用这个方法。该方法的参数 filterConfig 用于读取 Servlet 过滤器的初始化参数。

(2) void doFilter(ServletRequest request, ServletResponse response, FilterChain chain)方法完成实际的过滤操作。当客户的请求满足过滤规则时,Servlet 容器将调用过滤器的 doFilter()方法完成它想做的一切。该方法的参数 filterChain 用于访问过滤器链上的

下一个过滤器。

(3) 若 doFilter()方法里的所有线程退出或已超时,容器将调用 void destroy()方法释放过滤器占用的所有资源,以此表明过滤器已结束服务。

2. FilterChain 接口

该接口的 doFilter(ServletRequest request,ServletResponse response)方法用于调用过滤器链中的下一个过滤器。如果这个过滤器是链上的最后一个过滤器,则将请求提交给处理程序或将响应发给客户端。

3. FilterConfig 接口

该接口用于在过滤器初始化阶段提供过滤器名、初始化参数及 Servlet 上下文等信息。该接口提供了以下 4 个方法:

(1) String getFilterName()方法:返回 web.xml 文件中定义的该过滤器的名称。

(2) ServletContext getServletContext()方法:返回调用者所处的 Servlet 上下文。

(3) String getInitParameter(String name)方法:返回配置过滤器时的名为 name 的初始化参数值。

(4) Enumeration getInitParameterNames()方法:以 Enumeration 形式返回过滤器所有初始化参数的名称。

8.6 项目3:不缓存页面的过滤器

1. 项目构思

编写一个简单的过滤器。它可以使用户在访问 Web 应用时,不在客户端缓存应用下的任何页面。

2. 项目设计

(1) 程序的开始必须用 import 引入编写 Servlet 过滤器所需的包 javax.servlet.* 和 javax.servlet.http.*。

(2) 所有的 Servlet 过滤器必须实现 javax.servlet.Filter 接口。

(3) 在过滤器类的 doFilter()方法中实现过滤操作。首先判断 HTTP 协议版本,然后根据版本的不同,通过不同方式设置浏览器无缓存操作。

(4) 继续调用过滤器链上的其他过滤器。

3. 项目实施

步骤一:打开 Dynamic Web Project ch08,在 Java Resources\src 目录下的 servlets 包上右击,在弹出的快捷菜单中选择 New→Filter 命令,如图 8-9 所示。

步骤二:在图 8-9 中的 Class name 处输入过滤器类名 SimpleServletFilter,单击 Next 按钮,如图 8-10 所示。

步骤三:在图 8-10 中的 Name 处指定这个 Servlet 过滤器在 Web 应用内部使用的名字,Description 处指定过滤器的描述信息,Initialization parameters 处指定过滤器的初始化

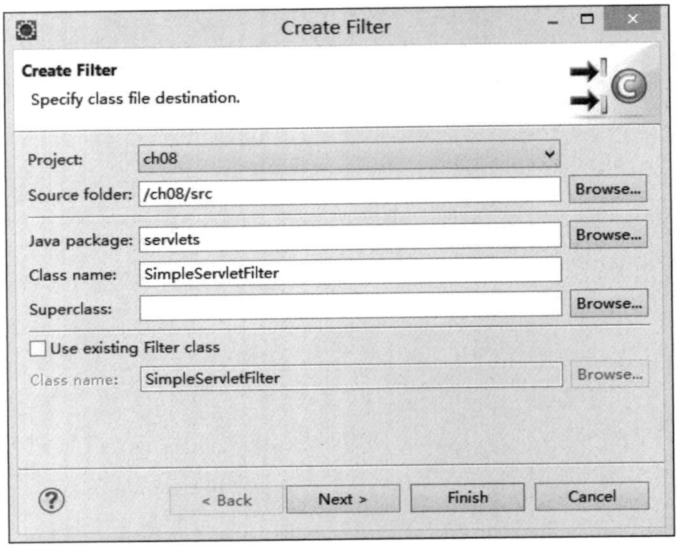

图 8-9　创建 Servlet 过滤器步骤(1)

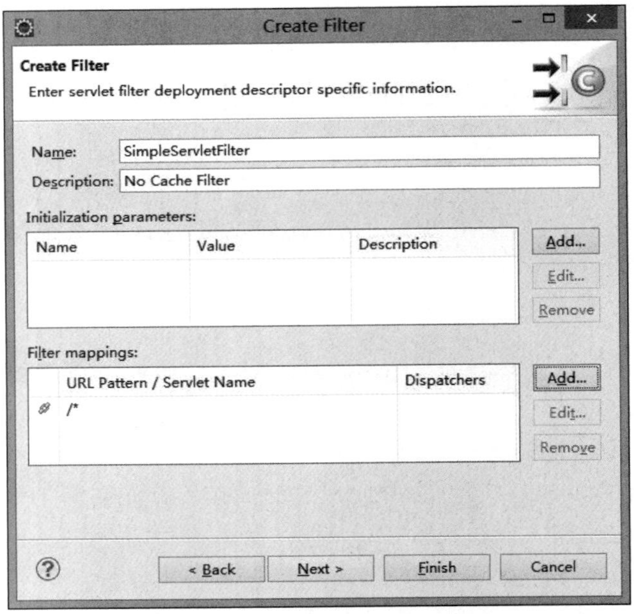

图 8-10　创建 Servlet 过滤器步骤(2)

参数,Filter mappings 处指定过滤器的过滤规则,此处指定的是"/ * ",代表所有请求都要先经过这个过滤器的处理。然后,单击 Next 按钮,如图 8-11 所示。

步骤四:在图 8-11 中,可以为这个 Servlet 过滤器添加实现的接口,单击 Finish 按钮,完成 Servlet 过滤器类的创建。

创建完成后,对 SimpleServletFilter.java 的内容进行改写,代码如下:

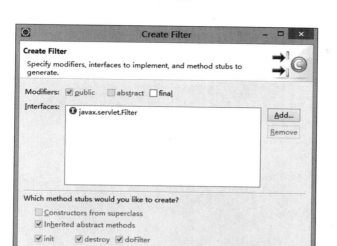

图 8-11 创建 Servlet 过滤器步骤(3)

```
文件名:SimpleServletFilter.java
package servlets;

import java.io.IOException;
import javax.servlet.Filter;
import javax.servlet.FilterChain;
import javax.servlet.FilterConfig;
import javax.servlet.ServletException;
import javax.servlet.ServletRequest;
import javax.servlet.ServletResponse;
import javax.servlet.annotation.WebFilter;
import javax.servlet.http.HttpServletRequest;
import javax.servlet.http.HttpServletResponse;

@WebFilter(description = "No Cache Filter", urlPatterns = { "/*" })
public class SimpleServletFilter implements Filter {

    protected FilterConfig filterConfig;
    public SimpleServletFilter() {
    }

    public void destroy() {
        filterConfig=null;
    }
```

```java
    public void doFilter(ServletRequest request, ServletResponse response,
FilterChain chain) throws IOException, ServletException {
        //对 request 和 response 对象进行类型转换
        HttpServletRequest req=(HttpServletRequest)request;
        HttpServletResponse resp=(HttpServletResponse)response;
        if(req.getProtocol().compareTo("HTTP/1.0")==0)
            resp.setHeader("Pragma", "no-cache");
        else if(req.getProtocol().compareTo("HTTP/1.1")==0)
            resp.setHeader("Cache-Control", "no-cache");
        resp.setDateHeader("Expires", -1);
        chain.doFilter(request, response);
    }

    public void init(FilterConfig fConfig) throws ServletException {
        /* 初始化过滤器的方法,如果需要得到其他信息,可以利用 filterConfig 的方法获得 */
        this.filterConfig=fConfig;
    }
}
```

4. 项目运行

Servlet 过滤器编写后,需要正确配置才能访问。

首先,编译后的 Servlet 过滤器(连同所在的包)需要放置在 Web 应用的 WEB-INF/classes 文件夹下。使用 Eclipse Dynamic Web Project 创建的 Servlet 过滤器会自动完成部署,无须手工操作。

其次,需要为编写的 Servlet 过滤器配置过滤规则,即,会过滤哪些用户请求。对于使用 Eclipse Dynamic Web Project 创建的 Servlet 过滤器,如下代码即为过滤规则:

```
@WebFilter(description = "No Cache Filter", urlPatterns = { "/*" })
```

其中,urlPatterns 中包含的是所过滤的用户请求的路径。这里"/*"表示过滤这个 Web 应用的所有用户请求。

手工编写的 Servlet 过滤器需要手动添加如上配置信息。以上配置信息基于 Servlet 4.0 规范。对于 Servlet 3.0 规范之下的版本,需要编写 web.xml 文件对 Servlet 进行配置,代码如下:

```xml
<filter>
    <filter-name>SimpleServletFilter</filter-name>
    <filter-class>servlets.SimpleServletFilter</filter-class>
</filter>
<filter-mapping>
    <filter-name>SimpleServletFilter</filter-name>
    <url-pattern>/*</url-pattern>
</filter-mapping>
```

Servlet 过滤器的配置与 Servlet 的配置非常相似。＜filter＞标签用于声明 Servlet 过滤器。它的子标签＜filter-name＞用于声明 Servlet 过滤器在 Web 应用内部使用的名字,子标签＜filter-class＞用于声明 Servlet 过滤器所对应的类名。＜filter＞标签还可以有＜init-param＞子标签,用于指定这个 Servlet 过滤器的初始参数。＜filter-mapping＞标签用于进行 Servlet 过滤器映射。它的子标签＜filter-name＞需要和＜filter＞标签中的＜filter-name＞子标签保持一致。子标签＜url-pattern＞用于指定 URL 的过滤规则,"/＊"表明该应用的所有 URL 都会被过滤。

一个 Servlet 过滤器可以有多个映射,即,可以为这个过滤器指定多个 URL 过滤规则;反过来,一个 URL 可以对应多个 Servlet 过滤器,这些过滤器根据在配置文件中出现的先后顺序组成一个过滤器链。

项目 3 配置成功后,当访问 ch08 应用时,浏览器不会为该应用的任何页面在本地保留缓存页面。有兴趣的读者可以自行实验。

8.7 项目 4:登录验证过滤器

1. 项目构思

Servlet 过滤器在 Web 开发中比较常用的功能就是进行登录验证。在项目 2 中,不论用户是否登录,均可通过地址 http://localhost:8080/ch08/admin.html 或者 http://localhost:8080/ch08/common.html 访问对应的网页,这是很不安全的。为了实现 Web 站点的安全,通常只允许已登录用户访问站点资源。为实现这样的机制,可以为项目 2 设计一个登录验证的过滤器,进行集中的安全控制。

2. 项目设计

登录验证过滤器的主要思想是:拦截访问 ch08 应用的所有 URL,判断用户是否登录过。如果是合法的登录用户则允许其访问,否则跳转到 loginError.html 页面。区分合法用户的标准是通过查看 session 中是否存储了合法的用户信息。

3. 项目实施

```
文件名:LoginValidationFilter.java
package servlets;

import java.io.IOException;
import javax.servlet.Filter;
import javax.servlet.FilterChain;
import javax.servlet.FilterConfig;
import javax.servlet.ServletException;
import javax.servlet.ServletRequest;
import javax.servlet.ServletResponse;
import javax.servlet.annotation.WebFilter;
import javax.servlet.http.HttpServletRequest;
```

```java
import javax.servlet.http.HttpServletResponse;
import javax.servlet.http.HttpSession;

@WebFilter(urlPatterns = { "/admin.html","/common.html" })
public class LoginValidationFilter implements Filter {

    protected FilterConfig filterConfig;
    public LoginValidationFilter() {
    }

    public void destroy() {
        filterConfig=null;
    }

    public void doFilter(ServletRequest request, ServletResponse response,
FilterChain chain) throws IOException, ServletException {
        HttpServletRequest req=(HttpServletRequest)request;
        HttpServletResponse resp=(HttpServletResponse)response;
        HttpSession session=req.getSession();
        String reqURL=req.getServletPath();
        //登录处理程序 LoginServlet 不需要过滤
        //登录页面 login.html 不需要过滤
        //出错提示页面 loginError.html
        String loginMess = (String)session.getAttribute("login");
        //对于已经登录的用户,session 中存储的登录信息为("login","true")。
        if(loginMess == null || !loginMess.equals("true")){
            resp.sendRedirect(req.getContextPath() + "/loginError.html");
            return;
        }
        chain.doFilter(request, response);
    }

    public void init(FilterConfig fConfig) throws ServletException {
        this.filterConfig=fConfig;
    }
}
```

文件名:loginError.html
```html
<html>
<head>
<meta charset="UTF-8">
<title>非法用户</title></head>
<body>
```

```
<h2 align="center">
您不是网站的合法用户,请<a href="login.html">登录</a>!
</h2>
</body>
</html>
```

4. 项目运行

在浏览器地址栏中输入 URL:"http://localhost:8080/ch08/admin.html"或"http://localhost:8080/ch08/common.html"后将看到如图 8-12 所示的界面,表明过滤器发挥了作用。

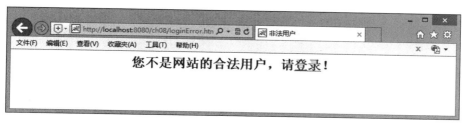

图 8-12 非法访问界面

8.8 Servlet 监听器

与 Java 中的监听器类似,Servlet 监听器也用来监听发生的重要事件,只不过它监听的对象是 Web 组件。Servlet 共提供了 8 个监听器接口和 6 个事件类,分别实现了对 Servlet 上下文、HTTP 会话和客户端请求的监听。表 8-2 给出了监听器接口和事件类的对应关系。

表 8-2 Servlet 监听器接口及事件类

监听器接口	事件类	所监听的行为
ServletContextListener	ServletContextEvent	ServletContext 对象的创建和删除
ServletContextAttributeListener	ServletContextAttributeEvent	ServletContext 对象属性的添加、改变和删除
HttpSessionListener	HttpSessionEvent	session 的创建和销毁
HttpSessionActivationListener		session 被激活和即将变为非活动状态
HttpSessionAttributeListener	HttpSessionBindingEvent	session 属性的添加、改变和删除
HttpSessionBindingListener		session 中对象信息的绑定
ServletRequestListener	ServletRequestEvent	request 的创建和销毁
ServletRequestAttributeListener	ServletRequestAttributeEvent	request 属性的添加、改变和删除

由于 Servlet 监听程序的编写与 Java 监听程序的编写非常类似,这里就不再举例说明。有兴趣的读者可以自行练习。

本章小结

Servlet 是用 Java 语言编写的服务器端程序,它可以处理客户端发送的请求并返回一个响应。Servlet 生命周期中的重要方法包括 init()、service() 和 destroy()。其中,service() 方法是通过调用 doGet() 或 doPost() 方法发挥作用的。Servlet 编写完成后,必须正确配置才能使用。Servlet 在 Web 开发中占有至关重要的位置,这一点在第 9、10 章能够得以体现。

Servlet 过滤器的使用在 Web 开发中也较为常见。比较典型的应用包括统一字符编码、字符压缩、加密,实施安全控制等。

Servlet 监听器可以对 Servlet 上下文、HTTP 会话和客户端请求进行监听。

习题

1. 什么是 Servlet?它的生命周期中包含哪些重要的方法?
2. JSP 和 Servlet 的相同点是什么?不同点是什么?
3. 如何在 Servlet 中实现页面跳转?
4. 什么是 Servlet 过滤器,它的主要工作原理是什么?

实验

1. 编写一个页面文件 user.html,包含一个供用户输入姓名的文本框和一个提交按钮。编写一个 Servlet 用来处理 user.html 的提交,获取填写的用户名并显示欢迎信息。

2. 编写一个 Servlet 过滤器,用于设置 HTTP 请求的字符编码,编码字符集通过过滤器参数指明。

第 9 章 JSP 的 Model1 和 Model2

【学习目标】
- 掌握 JSP Model1 和 Model2 以及 MVC 的基本概念。
- 掌握 Model1 和 Model2 的 JSP 动态网站开发,并能够根据具体应用和实际问题选择合适的 JSP 模型进行网站的设计和开发。

9.1 Model1 和 Model2 概述

在 Java Web 开发技术中,经常提及 Model1 和 Model2。Model1 和 Model2 实际上就是对用 JSP 技术开发的 Web 应用的不同模型的描述。

9.1.1 Model1:JSP+JavaBean

Model1 采用 JSP+JavaBean 技术开发 Web 应用。其中,JSP 实现页面显示、业务逻辑和流程控制,数据处理由 JavaBean 完成。在 JSP 技术使用初期,以 JSP 为中心的 Model1 曾占有统治地位。

Model1 的优点在于进行快速和小规模的应用开发时优势非常明显。JSP 页面独自响应请求并进行处理后把结果返回给客户端,JavaBean 实现数据处理。这样做简单、易于实现、开发效率高,并实现了页面显示和内容的分离。但是 Model1 的使用也带来了很多问题。首先,由于业务逻辑是由一组 JSP 页面完成的,因此如果要进行改动,必须在多个地方进行修改,这样非常不利于 Web 应用的扩展和更新。所以有的 Web 应用将业务逻辑封装到 JavaBean 中去实现。其次,JSP 页面中内嵌了大量的 Java 代码,当业务逻辑复杂时,情况就变得非常糟糕,调试和排错变得异常困难,代码的可维护性随之下降。最后,由于 Model1 中的显示、业务和流程混杂在一起,导致在开发过程中角色定义不清,职责分配不明,给项目管理带来了很大的麻烦。

9.1.2 Model2：JSP＋Servlet＋JavaBean

在介绍 Model2 之前，先来看一下什么是 MVC 模式。

1. MVC 模式

模型-视图-控制器(Model-View-Controller，MVC)是 Xerox PARC 在 20 世纪 80 年代为编程语言 Smalltalk-80 发明的一种软件设计模式，现在是 Oracle 公司 Java EE 平台的设计模式。MVC 模式把 Web 应用的输入、输出和处理流程按照 Model、View 和 Controller 分成三层。

(1) 视图(View)用于与用户交互，可以用 HTML、JSP、Freemarker 等实现。

(2) 模型(Model)用于表示业务数据和实现业务逻辑，通常可以用 JavaBean 或 EJB 来实现。

(3) 控制器(Controller)完成流程控制，它接收来自视图层用户输入的数据并调用相应的模型进行处理，最后选择合适的视图去响应用户。控制层可以用 Servlet 实现。

在 MVC 模式中，完全实现了页面表示和业务逻辑的分离。视图层仅提供和用户交互的界面，不会对数据信息做任何处理；模型层作为实现业务逻辑的核心，会根据用户输入的数据进行业务处理并将最终的处理结果返回。一个模型可以为多个视图服务，这样就提高了代码的可重用性。控制器作为模型和视图之间的媒介，用于接收请求并决定调用哪个模型去处理请求，然后再确定用哪个视图来显示模型返回的数据。

MVC 模式的优势之一就在于三层各司其职，互不干涉。如果其中某一层的需求发生了变化，只需要更改该层中的代码即可，而不会影响到其他层，这样就提高了可扩展性和可维护性。其次，基于 MVC 模式有利于系统开发过程中的分工，页面设计人员可以只考虑如何将界面设计得更加美观、易于用户操作；对业务熟悉的人员可以更专心地进行业务开发；而协调工作可以交给控制层开发人员完成。

MVC 模式也有它的缺点。其一，因为它没有明确的定义，所以完全理解 MVC 并不容易。使用 MVC 时需要精心的设计，因为它的内部原理比较复杂，所以需要花费一些时间去思考。另外，严格遵循 MVC，使模型、视图与控制器分离意味着将要管理比以前更多的文件，因此 MVC 模式并不适合小型甚至中等规模的应用程序。花费大量时间将 MVC 应用到规模不大的应用程序中通常会得不偿失。

2. Model2

Model2 采用 JSP＋Servlet＋JavaBean 技术开发 Web 应用。该模型基于 MVC 模式，完全实现了页面显示和逻辑的分离。模型层为 JavaBean，实现数据的表示和业务逻辑；视图层为 JSP 页面，只负责显示功能；控制器为 Servlet，负责接收用户的请求，设置 JavaBean 属性，调用 JavaBean 完成业务处理，最后将处理结果交给 JSP 页面显示。在此模型中，Servlet 分担了 Model1 中 JSP 的大部分工作，将 JSP 从请求接收和流程控制中解放出来，业务逻辑也交给 JavaBean 完成。这种方式充分利用了 JSP 和 Servlet 两种技术的优点；JSP 更适合前台页面的开发，而 Servlet 更擅长服务器端程序的编写。

Model2 更适合大型项目的开发和管理，但基于 MVC 模式的系统开发确实比简单的

JSP 开发困难得多,所以采用 MVC 实现 Web 应用时,最好选择一个现成的 MVC 框架,如 Struts2,这样可以起到事半功倍的效果。

9.2 项目 1：基于 Model1 的四则运算器

1. 项目构思

采用 JSP Model1 实现一个四则运算器。用户在 calculator.html 页面输入操作数并选择操作符后提交到 calculator.jsp,这个 JSP 页面负责调用 JavaBean 完成运算并显示输出结果。

2. 项目设计

calculator.jsp 作为处理的核心直接接收用户的请求。首先,它使用<jsp:useBean>创建一个完成四则运算的 JavaBean 实例,使用<jsp:setProperty name="calculator" property=" * "/>这条语句将请求中的参数值赋给 JavaBean 中对应的同名属性。然后,通过调用 JavaBean 的 calculate()方法得到了计算结果。最后,计算结果通过内置对象 out 输出到客户端。

3. 项目实施

```
文件名:calculator.html
<html>
<head>
<meta charset="UTF-8">
<title>四则运算器</title>
</head>
<body>
<h1 align="center">四则运算器</h1>
<hr>
<div align="center">
<form action="calculator.jsp" method="post">
<input type="text" name="value1">
<select name="oper">
    <option value="+" selected>+</option>
    <option value="-">-</option>
    <option value=" * "> * </option>
    <option value="/">/</option>
</select>
<input type="text" name="value2">
<input type="submit" name="submit" value="计算">
</form>
</div>
</body>
```

```
</html>
```

文件名:calculator.jsp

```jsp
<%@ page contentType="text/html; charset=utf-8"%>
<jsp:useBean class="calculator.Calculator" scope="page" id="calculator">
<jsp:setProperty name="calculator" property="*"/>
</jsp:useBean>
<html>
<head>
<title>计算结果</title>
</head>
<body>
<%
    try
    {
        String result=calculator.calculate();
        out.println(calculator.getValue1()+calculator.getOper()+
                    calculator.getValue2()+"="+result);
        out.println("<a href=calculator.html>返回</a>");
    }
    catch(Exception e)
    {
        out.println(e.getMessage());
    }
%>
</body>
</html>
```

文件名:Calculator.java

```java
//进行四则运算的 JavaBean
package calculator;
public class Calculator {
    //属性定义
    private String value1="";
    private String value2="";
    private String oper="";

    //属性的 get 与 set 方法
    public String getValue1() {
        return value1;
    }
    public void setValue1(String value1) {
        this.value1 = value1;
```

```java
    }
    public String getValue2() {
        return value2;
    }
    public void setValue2(String value2) {
        this.value2 = value2;
    }
    public String getOper() {
        return oper;
    }
    public void setOper(String oper) {
        this.oper = oper;
    }

    //相应业务方法
    public String calculate()
    {
        double d1 = 0.0;
        double d2 = 0.0;
        double result = 0.0;
        d1 = Double.parseDouble(value1);
        d2 = Double.parseDouble(value2);
        if(oper.equals("+"))
        {
            result = d1 + d2;

        }
        else if(oper.equals("-"))
        {
            result = d1 - d2;
        }
        else if(oper.equals("*"))
        {
            result = d1 * d2;
        }
        else if(oper.equals("/"))
        {
            result = d1 / d2;
        }

        return ""+result;
    }
}
```

4. 项目运行

用户通过地址 http://localhost:8080/ch09/calculator.html 访问计算器页面,如图 9-1 所示,在这个页面内输入 5.6,*,2,单击"计算"按钮后,出现的界面如图 9-2 所示。

图 9-1   calculator.html 界面

图 9-2   calculator.jsp 界面

在这个项目中,calculator.jsp 集请求接收、业务处理和返回响应于一身,但由于实现的功能比较简单,采用 Model1 开发时显得简短易懂,易于实现。

9.3   项目 2:基于 Model2 的四则运算器

1. 项目构思

采用 JSP Model2 实现一个四则运算器。用户在 calculator_mvc.html 页面输入操作数并选择操作符后提交到 Servlet CalculatorController.java,这个 Servlet 负责调用 JavaBean 完成运算并将结果交给 result.jsp 显示。

2. 项目设计

本项目共需要 4 个文件完成四则运算器。视图层为 calculator_mvc.html 和 result.jsp,控制器为 Servlet CalculatorController.java,模型层为 JavaBean Calculator.java。文件的访问流程如图 9-3 所示。

本项目中的 JavaBean 与项目 1 中的完全相同。calculator_mvc.html 文件只是在提交地址处与 calculator.html 不同,其他内容则完全相同。Servlet 控制器取代了 calculator.jsp,它负责接收用户请求并调用模型层的方法进行计算。新增的 result.jsp 文件显示计算结果。

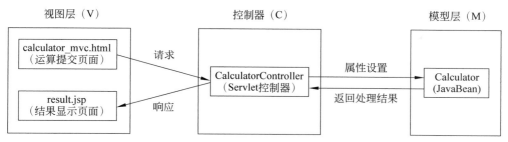

图 9-3 项目 2 的文件访问流程图

3. 项目实施

文件名：calculator_mvc.html(省略部分同 calculator.html)
...
<form action="cc" method="post">
...
文件名：CalculatorController.java

```java
package servlets;

import java.io.IOException;
import javax.servlet.ServletException;
import javax.servlet.annotation.WebServlet;
import javax.servlet.http.HttpServlet;
import javax.servlet.http.HttpServletRequest;
import javax.servlet.http.HttpServletResponse;

import calculator.Calculator;

@WebServlet("/cc")
public class CalculatorController extends HttpServlet {

    private static final long serialVersionUID = 1L;

    public CalculatorController() {
        super();
    }

    public void doGet(HttpServletRequest request, HttpServletResponse response)
            throws ServletException, IOException {

        doPost(request,response);
    }

    public void doPost(HttpServletRequest request, HttpServletResponse response)
```

```java
            throws ServletException, IOException {
    //获取来自页面的参数
    String value1=request.getParameter("value1");
    String value2=request.getParameter("value2");
    String oper=request.getParameter("oper");
    //设置 JavaBean 属性
    Calculator cal=new Calculator();
    cal.setValue1(value1);
    cal.setValue2(value2);
    cal.setOper(oper);
    //调用 JavaBean 的方法完成计算
    String result=cal.calculate();
    //将结果交给 JSP 页面显示
    request.setAttribute("result", result);
    request.getRequestDispatcher("result.jsp").forward(request, response);
    }

}
```

文件名:Calculator.java(同项目 1,略)

文件名:result.jsp

```jsp
<%@ page contentType="text/html; charset=utf-8"%>
<html>
<head>
<title>计算结果</title>
</head>
<body>
<%
    String value1=request.getParameter("value1");
    String value2=request.getParameter("value2");
    String oper=request.getParameter("oper");
    String result=(String)request.getAttribute("result");
%>
<%=value1%><%=oper%><%=value2%>=<%=result%>
</body>
</html>
```

思考：在 result.jsp 中,为什么通过 request 对象可以得到用户在 calculator_mvc.html 页面输入的操作数和操作符？

4. 项目运行

在输入相同信息的情况下,项目 2 的运行结果与项目 1 完全相同。通过两个项目的比较可以看出,采用 Model2 开发的四则运算器需要编写 4 个文件,而采用 Model1 只需要编写 3 个文件,并且 Model2 的代码量要大一些。可见对于开发简单的 Web 应用,Model1 更适合。但从另一个角度来讲,Model2 的文件分工和处理流程的确比 Model1 清晰得多。下面的案例比较了一个功能略微复杂的系统分别采用两种模型开发时的情况。

9.4 项目 3:基于 Model1 的用户注册和信息显示

1. 项目构思

采用 JSP Model1 实现一个用户注册和信息显示的系统。用户通过 register.html 页面填写用户名、密码等注册信息;已填写的用户名是否存在可以由 checkName.jsp 页面检查;信息填写完成后提交到 register.jsp 处理;如果成功注册,则可以通过 userList.jsp 页面查看所有用户信息,否则返回注册页面 register.html。连接数据库的 JavaBean 采用 7.3 节的 DBUtil。

2. 项目设计

为实现项目构思,需设计 5 个文件,文件的访问流程如图 9-4 所示。

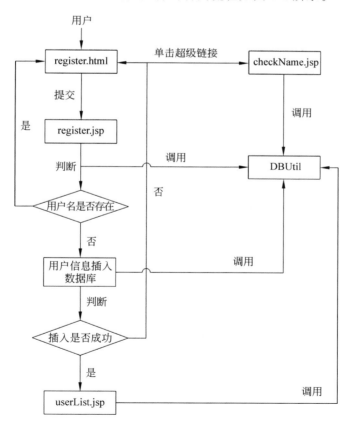

图 9-4 项目 3 的文件访问流程图

本项目中的用户信息保存在数据库 ch09 的 users 表中。users 表的结构如表 9-1 所示。

表 9-1　users 表结构

字 段 名 称	类　　型	说　　明	是否可以为空
id	int	自动增长字段，主键	否
username	varchar(20)	用户名	否
password	varchar(30)	密码	否
nickname	varchar(20)	昵称	是

3. 项目实施

文件名:register.html
```html
<html>
<head>
  <meta charset="UTF-8">
  <title>用户注册</title>
  <script>
  function checkName(){
    var username = f.username.value;
    if(username==""){
        alert("请输入用户名");
    }else{
     window.open("checkName.jsp?username="+username,"check","menubar=no,height=300,width=400,left=300,top=80");
    }
  }
  function check(){
    if(f.username.value==""){
       alert("用户名不能为空");
       return false;
    }else if(f.password.value=="" || f.password.value!=f.password1.value){
       alert("密码为空或两次密码不一致!");
       return false;
    }else{
       return true;
    }
  }
  </script>
</head>
<body>
<div align="center">
<h1>用户注册</h1>
```

```html
<hr/>
<form name="f" method="post" action="register.jsp" onSubmit="return check()">
<table>
<tr><th>用户名:</th>
<td><input type="text" name="username"></td>
<td><a href="javascript:checkName()">检查用户名是否可用</a></td>
</tr>
<tr><th>密码:</th>
<td><input type="password" name="password"></td>
</tr>
<tr><th>密码确认:</th>
<td><input type="password" name="password1"></td>
</tr>
<tr><th>昵称:</th>
<td><input type="text" name="nickname"></td>
</tr>
<tr><th colspan="2">
<input type="submit" value="注册">
<input type="reset" value="重置">
</th>
</tr>
</table>
</form>
</div>
</body>
</html>
```

文件名:checkName.jsp

```jsp
<%@ page contentType="text/html;charset=utf-8" import="java.util.Map"%>
<jsp:useBean class="util.DBUtil" id="db"/>
<html>
<head><title>检查用户名是否存在</title></head>
<body>
<%
    request.setCharacterEncoding("utf-8");
    String username=request.getParameter("username");
    String sql="select * from users where username=? ";
    db.setUrl("jdbc:mysql://localhost:3306/ch09?characterEncoding=utf8&serverTimezone=UTC");
    Map<String,String> m =db.getMap(sql,new String[]{username});
    if(m!=null){
        out.println("该用户名已经被占用!");
    }else{
```

```jsp
        out.print("该用户名可用!");
    }
%>
</body>
</html>
```

文件名:register.jsp
```jsp
<%@ page contentType="text/html; charset=utf-8" import="java.util.Map"%>
<jsp:useBean class="util.DBUtil" id="db"/>
<html>
<head>
  <title>注册信息处理</title>
</head>
<body>
  <%
    request.setCharacterEncoding("utf-8");
    String username=request.getParameter("username");
    String password=request.getParameter("password");
    String nickname=request.getParameter("nickname");
    String sql="select * from users where username=?";
    db.setUrl("jdbc:mysql://localhost:3306/ch09?characterEncoding=utf8&serverTimezone=UTC");
    Map<String,String> m =db.getMap(sql,new String[]{username});
    if(m != null){
  %>
    <h3>该用户名已经被占用,请<a href="javascript:history.back()">返回</a>!</h3>
  <%
    }else{
       sql="insert into users values(null,?,?,?)";
       String[] params= {username,password,nickname};
       int result=db.update(sql,params);
       if(result==1)
       {
  %>
        <h3>注册成功!</h3>
        <a href="userList.jsp">查看已有用户列表</a>
  <%
       }else
       {
  %>
        <h3>注册失败!请重新<a href="register.html">注册</a>!</h3>
  <%
       }
```

```
    }
%>
</body>
</html>
```

文件名：userList.jsp

```
<%@ page contentType="text/html;charset=utf-8" import="java.util.*" %>
<jsp:useBean class="util.DBUtil" id="db"/>
<html>
<head><title>用户信息列表</title></head>
<body>
<h2 align="center">用户信息列表</h2>
<table border align="center" width="50%">
<tr><th>序号<th>用户名<th>昵称</tr>
<%
    String sql="select * from users";
    db.setUrl("jdbc:mysql://localhost:3306/ch09?characterEncoding=utf8&serverTimezone=UTC ");
    List<Map<String,String>> users = (List<Map<String,String>>)db.getList(sql, null);
    int i=1;
    for(Map<String,String> user:users){
%>
        <tr>
        <td align="center"><%=i %></td>
        <td align="center"><%=user.get("username") %></td>
        <td align="center"><%=user.get("nickname") %></td>
        </tr>
<%
        i++;
    }
%>
</table>
</body>
</html>
```

文件 util.DBUtil 详见 7.3 节。

4. 项目运行

用户在浏览器地址栏输入 URL："http://localhost:8080/ch09/register.html"，看到如图 9-5 所示页面。

在这个页面中输入用户名后，可单击"检查用户名是否可用"超级链接检查用户名的可用情况。如果此用户名被占用，则看到如图 9-6 所示页面；如果未被占用则看到如图 9-7 所

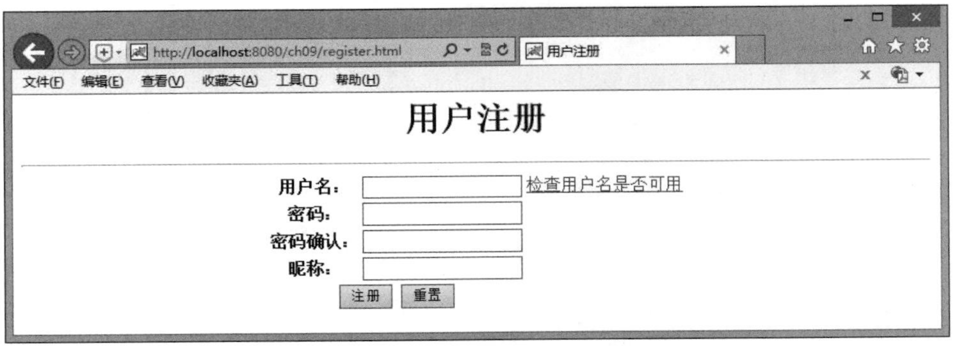

图 9-5　用户注册页面

示页面。

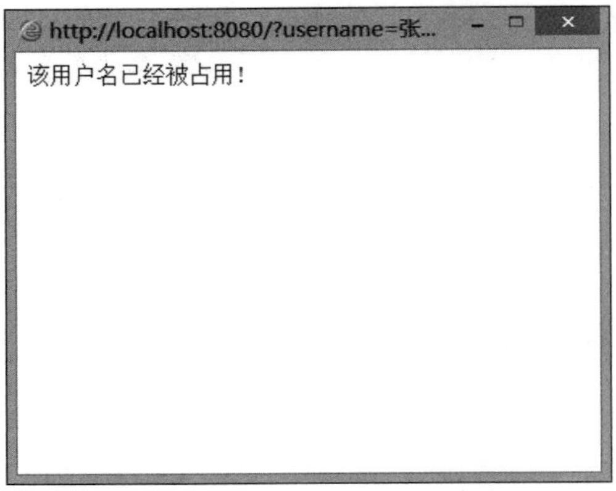

图 9-6　用户名被占用页面

图 9-7　用户名可用页面

在 register.html 页面将注册信息填写好后单击"注册"按钮。如果成功,将看到如图 9-8 所示页面。在此页面中单击"查看已有用户列表"超级链接,将看到如图 9-9 所示页面。

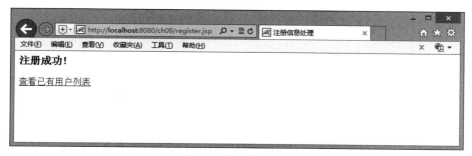

图 9-8　注册成功页面

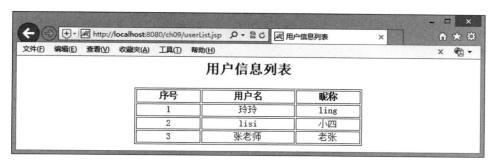

图 9-9　用户信息显示页面

在这个项目中，数据库操作被封装到 DBUtil 中，JSP 页面在访问数据库时可以直接调用 DBUtil 中的方法。JSP 页面仍然负责请求的接收、业务逻辑处理和响应输出，页面中 Java 代码和 HTML 标签混杂在一起，不易维护和扩展。另外，检查用户名是否可用的代码在 checkName.jsp 和 register.jsp 中重复出现，降低了代码的可重用性。

9.5　项目 4：基于 Model2 的用户注册和信息显示

1. 项目构思

采用 JSP Model2 实现项目 3 中的用户注册和信息显示功能。

2. 项目设计

用 Model2 实现用户注册和信息显示功能，按照 MVC 分层设计的思想，共需要编写 9 个文件，对应的文件名和功能描述如表 9-2 所示。

表 9-2　项目 4 的文件名和功能描述

层	文　件　名	描　　　述
视图层	register_mvc.html	填写用户注册信息的页面，含检查用户名是否可用链接
	regSuccess.html	用户注册成功的信息提示页面，含用户信息显示链接
	regFailure.html	用户注册失败的信息提示页面，含返回注册页面的链接

续表

层	文件名	描述
视图层	userExist.html	用户名已存在的信息提示页面
	userNoExist.html	用户名不存在的信息提示页面
	userList_mvc.jsp	用户信息显示页面
控制层	UserInfoController.java	Servlet,负责根据用户请求的 URL 调用不同的模型进行处理,最后选择不同视图响应用户
模型层	DBUtil.java	连接数据库的 JavaBean(详见 7.3 节)
	UserInfo.java	完成用户信息操作的 JavaBean

数据库设计部分同项目 3,这里不再赘述。

3. 项目实施

文件名:register_mvc.html(省略处同 register.html)
...
```
  <script>
  function checkName(){
    ...
    window.open("checkName.user?username="+username,"check","menubar=no,height=300,width=400,left=300,top=80");
    }
  }
  ...
  </script>
...
<form name="f" method="post" action="register.user" onSubmit="return check()">
...
```

文件名:regSuccess.html
```
<html>
  <head>
    <meta charset="UTF-8">
    <title>注册成功页面</title>
  </head>
  <body>
    <h3>注册成功!</h3>
    <a href="userList.user">查看已有用户列表</a>
  </body>
</html>
```

文件名:regFailure.html

```html
<html>
  <head>
    <meta charset="UTF-8">
    <title>注册失败页面</title>
  </head>
  <body>
    <h3>注册失败!请重新<a href="register.html">注册</a>!
    </h3>
  </body>
</html>
```

文件名:userExist.html
```html
<html>
  <head>
    <meta charset="UTF-8">
    <title>用户名被占用</title>
  </head>
  <body>
    该用户名已经被占用!
  </body>
</html>
```

文件名:userNoExist.html
```html
<html>
  <head>
    <meta charset="UTF-8">
    <title>用户名可用</title>
  </head>
  <body>
    该用户名可用!
  </body>
</html>
```

文件名:userList_mvc.jsp
```jsp
<%@ page contentType="text/html;charset=utf-8" import="java.util.*"%>
<html>
<head><title>用户信息列表</title></head>
<body>
<h2 align="center">用户信息列表</h2>
<table border align="center" width="50%">
<tr><th>序号<th>用户名<th>昵称</tr>
<%
    List<Map<String,String>> users = (List<Map<String,String>>)request.getAttribute("users");
```

```jsp
        int i=1;
        for(Map<String,String> user : users){
    %>
        <tr>
        <td align="center"><%=i %></td>
        <td align="center"><%=user.get("username") %></td>
        <td align="center"><%=user.get("nickname") %></td>
        </tr>
<%
        i++;
    }
%>
</table>
</body>
</html>
```

文件名：userInfoController.java

```java
package servlets;

import java.io.IOException;
import javax.servlet.ServletException;
import javax.servlet.annotation.WebServlet;
import javax.servlet.http.HttpServlet;
import javax.servlet.http.HttpServletRequest;
import javax.servlet.http.HttpServletResponse;
import beans.UserInfo;

@WebServlet("*.user")
public class UserInfoController extends HttpServlet {

    private static final long serialVersionUID = 1L;

    public UserInfoController() {
        super();
    }

    public void doGet(HttpServletRequest request, HttpServletResponse response)
            throws ServletException, IOException {

        doPost(request,response);
    }

    public void doPost(HttpServletRequest request, HttpServletResponse response)
            throws ServletException, IOException {
```

```java
            request.setCharacterEncoding("utf-8");
        String url=request.getServletPath();
        if(url.equals("/register.user")){
            //获取参数
            String username=request.getParameter("username");
            String password=request.getParameter("password");
            String nickname=request.getParameter("nickname");
            //设置JavaBean属性
            UserInfo ui=new UserInfo();
            ui.setUsername(username);
            //调用相应业务方法,根据返回值选择合适的视图层响应用户
            if(ui.checkName()){
                request.getRequestDispatcher("/userExist.html").forward(request,response);
            }else{
                ui.setPassword(password);
                ui.setNickname(nickname);
                int result=ui.registerUser();
                if(result==1)
                request.getRequestDispatcher("/regSuccess.html").forward(request,response);
                else
                request.getRequestDispatcher("/regFailure.html").forward(request,response);
            }
        }else if(url.equals("/checkName.user")){
            String username=request.getParameter("username");
            UserInfo ui=new UserInfo();
            ui.setUsername(username);
            boolean exist=ui.checkName();
            if(exist)
                request.getRequestDispatcher("/userExist.html").forward(request,response);
            else
                request.getRequestDispatcher("/userNoExist.html").forward(request,response);
        }else if(url.equals("/userList.user")){
            UserInfo ui=new UserInfo();
            request.setAttribute("users", ui.getUserList());
            request.getRequestDispatcher("/userList_mvc.jsp").forward(request,response);
        }
```

```java
        }
    }

文件名:UserInfo.java
package beans;
import java.util.List;
import java.util.Map;
import util.DBUtil;

public class UserInfo {

    private String username;
    private String password;
    private String nickname;
    private DBUtil db;

    public UserInfo(){
        db = new DBUtil();
        db.setUrl("jdbc:mysql://localhost:3306/ch09?characterEncoding=utf8&serverTimezone=UTC");
    }
    public String getUsername() {
        return username;
    }
    public void setUsername(String username) {
        this.username = username;
    }
    public String getPassword() {
        return password;
    }
    public void setPassword(String password) {
        this.password = password;
    }
    public String getNickname() {
        return nickname;
    }
    public void setNickname(String nickname) {
        this.nickname = nickname;
    }

    //检查用户名是否存在的方法
    public boolean checkName(){
        boolean exist=false;
```

```
        String sql="select * from users where username=?";
        Map<String,String> m =db.getMap(sql,new String[]{username});
        if(m != null){
            exist=true;
        }
        return exist;
    }

    //将注册用户信息添加到数据库的方法
    public int registerUser(){
        String sql="insert into users values(null,?,?,?)";
        String[] params= {username,password,nickname};
        int result=db.update(sql,params);
        return result;
    }

    //返回数据库中所有用户信息的方法
    public List<Map<String,String>> getUserList(){
        String sql="select * from users";
        List<Map<String,String>> users=db.getList(sql, null);
        return users;
    }
}
```

文件 util.DBUtil 详见 7.3 节。

4．项目运行

此项目的运行效果图同项目 3。

和项目 3 相比较，项目 4 中的 Servlet 控制器 UserInfoController 承担了接收用户请求和流程控制的功能。根据配置信息可知，以".user"为后缀的请求 URL 均交由 UserInfoController 处理。在 Servlet 内部，根据 URL 的不同，决定究竟调用模型的哪个业务方法去处理请求。除连接数据库的 JavaBean DBUtil 外，模型层的另一个 JavaBean UserInfo 也负责用户信息的存储，并提供了相应的业务处理方法。这样一来，原来项目 3 中由 JSP 负责的请求接收、流程控制和业务处理的工作全部分担给 Servlet 和 JavaBean 完成，视图层的 html 或 JSP 只提供信息的显示功能，代码简洁明了。

虽然项目 4 用了更多的文件完成了和项目 3 同样的功能，但项目分工明确，设计思路清晰，容易扩展和修改，并且提高了代码的可重用性。

思考：在项目 4 中，显示操作结果的 4 个页面（regSuccess.html、regFailure.html、userExist.html 和 userNoExist.html）是否可以合并为同一个页面呢？如果可以，该如何编写这样的页面呢？

9.6 项目 5：基于 Model2 的图书管理系统

1. 项目构思

采用 JSP Model2 实现第 6 章中的图书管理系统，实现图书信息的浏览、添加、修改和删除功能。

2. 项目设计

按照 MVC 分层设计的思想，用 Model2 实现的图书管理系统共需要编写 8 个文件，对应的文件名和功能描述如表 9-3 所示。

表 9-3 项目 5 的文件说明表

层	文 件 名	描 述
视图层	index.html	将请求重定向到控制层，以浏览所有图书信息
	list.jsp	浏览所有图书信息，并提供添加、修改和删除图书的超级链接
	add.html	添加图书信息页面
	edit.jsp	编辑图书信息页面，该页面会显示待修改的图书信息
	success.html	操作成功提示页面，含有浏览图书信息的超级链接
	failure.html	操作失败提示页面，含有返回超级链接
控制层	BookController.java	Servlet，负责根据用户请求的 URL 调用不同的模型进行处理，最后选择不同视图响应用户
模型层	DBUtil.java	连接数据库的 JavaBean（详见 7.3 节）
	Book.java	处理图书信息操作的 JavaBean（详见 7.4 节）

数据库设计部分同第 6 章，这里不再赘述。

3. 项目实施

文件 book.css 和 book.js 详见 3.4 节。
文件 util.DBUtil 详见 7.3 节。
文件 beans.Book 详见 7.4 节。

文件名：index.html
```
<script>
    location.replace("index.book");
</script>
```

文件名：list.jsp
```
<%@ page pageEncoding="utf-8" import="java.util.*" %>
<html>
<head>
```

```
<title>图书管理系统</title>
<link rel="stylesheet" href="book.css" type="text/css">
</head>
<body>
<h2 align="center">图书管理系统</h2>
<p align="center"><a href="add.html">添加图书信息</a><p>
<table align="center" width="50%" border="1">
    <tr><th>书名</th><th>作者</th><th>出版社</th><th>价格</th><th>管理</th></tr>
    <%
        List<Map<String,String>> books =
            (List<Map<String,String>>)request.getAttribute("books");
        for(Map<String,String> m : books){
    %>
        <tr><td><%=m.get("bookname") %></td>
            <td><%=m.get("author") %></td>
            <td><%=m.get("press") %></td>
            <td><%=m.get("price") %></td>
        <td><a href="edit.book?id=<%=m.get("id") %>">修改</a> 
        <a href="del.book?id=<%=m.get("id") %>" onclick="return confirm('确定要删除吗?')">删除</a></td></tr>
    <%
        }
    %>
</table>
</body>
</html>
```

文件名:add.html(省略处同 6.3 节)
...
```
<form name="form1" onSubmit="return check()" action="add.book" method="post">
```
...

文件名:edit.jsp
```
<%@ page pageEncoding="utf-8" import="java.util.Map" %>
<html>
<head>
<title>修改图书信息</title>
<link rel="stylesheet" href="book.css" type="text/css">
<script type="text/javascript" src="book.js"></script>
</head>
<body>
<%
```

```
        Map<String,String> bookinfo = (Map<String,String>)request.getAttribute
("bookinfo");
        if(bookinfo != null){
%>
        <h2 align="center">修改图书信息</h2>
        <form name="form1" onSubmit="return check()" action="edit_do.book" method="post">
        <input type="hidden" name="id" value="<%=bookinfo.get("id") %>">
        <table align="center" width="30%" border="1">
            <tr><th width="30%">书名:</th>
                <td><input type="text" name="bookname" value="<%=bookinfo.get("bookname") %>"></td></tr>
            <tr><th>作者:</th>
                <td><input type="text" name="author" value="<%=bookinfo.get("author") %>"></td></tr>
            <tr><th>出版社:</th>
                <td><input type="text" name="press" value="<%=bookinfo.get("press") %>"></td></tr>
            <tr><th>价格:</th>
                <td><input type="text" name="price" value="<%=bookinfo.get("price") %>"></td></tr>
            <tr><th colspan="2">
                <input type="submit" value="修改">
                <input type="reset" value="重置"></th></tr>
        </table>
        </form>
<%
    }
%>
</body>
</html>
```

文件名:success.html
```
<html>
<head>
<meta charset="UTF-8">
<title>操作成功提示</title>
</head>
<body>
操作成功!
<a href="index.book">浏览图书信息</a>
</body>
</html>
```

文件名：failure.html
```html
<html>
<head>
<meta charset="UTF-8">
<title>操作失败提示</title>
</head>
<body>
操作失败！
<a href="javascript:history.back()">返回</a>
</body>
</html>
```

文件名：BookController.java
```java
package servlets;

import java.io.IOException;
import javax.servlet.ServletException;
import javax.servlet.annotation.WebServlet;
import javax.servlet.http.HttpServlet;
import javax.servlet.http.HttpServletRequest;
import javax.servlet.http.HttpServletResponse;
import beans.Book;

@WebServlet("*.book")
public class BookController extends HttpServlet {

    private static final long serialVersionUID = 1L;

    public BookController() {
        super();
    }

    public void doGet(HttpServletRequest request, HttpServletResponse response)
            throws ServletException, IOException {

        doPost(request,response);
    }

    public void doPost(HttpServletRequest request, HttpServletResponse response)
            throws ServletException, IOException {

        request.setCharacterEncoding("utf-8");
        String url=request.getServletPath();
```

```java
            if(url.equals("/book/index.book")){
                Book book=new Book();
                request.setAttribute("books", book.getAllBooks());
                request.getRequestDispatcher("list.jsp").forward(request, response);
            }else if(url.equals("/book/add.book")){
                String bookname=request.getParameter("bookname");
                String author=request.getParameter("author");
                String price=request.getParameter("price");
                String press=request.getParameter("press");
                Book book=new Book();
                book.setBookname(bookname);
                book.setAuthor(author);
                book.setPrice(price);
                book.setPress(press);
                int r=book.addBook();
                if(r==1)
                    request.getRequestDispatcher("success.html").forward(request, response);
                else
                    request.getRequestDispatcher("failure.html").forward(request, response);
            }else if(url.equals("/book/edit.book")){
                String id=request.getParameter("id");
                Book book=new Book();
                book.setId(id);
                request.setAttribute("bookinfo", book.getBook());
                request.getRequestDispatcher("edit.jsp").forward(request, response);
            }else if(url.equals("/book/edit_do.book")){
                String id=request.getParameter("id");
                String bookname=request.getParameter("bookname");
                String author=request.getParameter("author");
                String price=request.getParameter("price");
                String press=request.getParameter("press");
                Book book=new Book();
                book.setId(id);
                book.setBookname(bookname);
                book.setAuthor(author);
                book.setPrice(price);
                book.setPress(press);
                int r=book.updateBook();
                if(r==1)
```

```
                    request.getRequestDispatcher("success.html").forward(request,
response);
                else
                    request.getRequestDispatcher("failure.html").forward(request,
response);
            }else if(url.equals("/book/del.book")){
                String id=request.getParameter("id");
                Book book=new Book();
                book.setId(id);
                int r=book.delBook();
                if(r==1)
                    request.getRequestDispatcher("success.html").forward(request,
response);
                else
                    request.getRequestDispatcher("failure.html").forward(request,
response);
            }
        }
    }
```

4. 项目运行

基于 Model2 实现的图书管理系统的功能并未发生改变,因此这里不再赘述它的运行结果。

本章小结

Model1 和 Model2 实际上就是对用 JSP 技术开发的 Web 应用的不同模型的描述。

Model1 采用 JSP+JavaBean 技术开发 Web 应用,它比较适合小规模应用的开发,效率较高,易于实现。但由于在 Model1 中,JSP 页面内嵌了大量的 Java 代码,致使当业务逻辑复杂时,代码的可维护性、可扩展性和可重用性下降。

Model2 采用 JSP+Servlet+JavaBean 技术开发 Web 应用。该模型基于 MVC 模式,完全实现了页面显示和逻辑的分离。它充分利用了 JSP 和 Servlet 两种技术的优点:JSP 更适合前台页面的开发,而 Servlet 更擅长服务器端程序的编写。Model2 分工明确,更适合大型项目的开发和管理。

习题

1. 什么是 Model1 和 Model2?
2. 什么是 MVC 模式,使用 MVC 模式开发系统有哪些优缺点?

3. 开发 Web 应用时应该如何在 Model1 和 Model2 中做出选择？

实验

1. 基于 Model1 扩充项目 3，编写一个完整的用户信息管理系统，添加用户信息修改、用户删除、用户登录等功能。

2. 基于 Model2 扩充项目 4，编写一个完整的用户信息管理系统，添加用户信息修改、用户删除、用户登录等功能。

第 10 章 自定义标签

【学习目标】

- 理解自定义标签的基本概念、功能和优点。
- 了解自定义标签的开发过程。
- 掌握各种自定义标签的开发及配置。
- 掌握简单标签的开发及配置。

10.1 自定义标签概述

通过 JavaBean 可以实现代码和页面的分离。JSP 技术还提供了另外一种封装其他动态类型的机制——自定义标签,它扩展了 JSP 语言。通过自定义标签可以定义出类似于 JSP 标签,如<jsp:useBean…>、<jsp:forward…>的自定义操作。

自定义标签是由标签处理类和一个 XML 格式的标签描述文件组成的,标签处理类中包含了请求期间将要执行的 Java 代码,在标签描述文件中定义了如何使用这个标签。当服务器遇到自定义标签时,会通过标签描述文件调用标签处理类,多个自定义标签就组成了一个自定义标签库。开发自定义标签就是定义标签处理类以及编写标签描述文件的过程。

一些功能可以通过自定义标签来实现,包括对隐式对象的操作、处理表单、访问数据库及其他企业级服务,如 E-mail、目录服务、处理流控制等。自定义标签库可以由精通 Java 语言的开发者创建,由网络应用设计者使用。自定义标签通过封装简化了 JSP 页面的代码,实现了代码的重用。

10.1.1 自定义标签的种类

在自定义标签的开发中主要有几种典型的标签类型。

(1) 不带属性和标签体的简单标签。这是最简单的标签,其格式为:

```
<myprefix:SomeTag />
```

（2）带有属性，没有标签体的标签。此种标签的格式为：

```
<myprefix:SomeTag  myAttribute=test/>
```

（3）带有属性，有标签体的标签。此种标签的格式为：

```
<myprefix:SomeTag myAttribute=test> myBody </myprefix:someTag>
```

标签体是指位于标签的开始和结束之间的部分。

10.1.2　自定义标签的开发步骤

开发和使用一个自定义标签需要以下 3 个步骤：

（1）开发标签处理程序类。在 JSP 2.0 以前版本的标签必须直接或间接实现 javax.servlet.jsp.tagext.Tag 接口，在 Tag 接口中，主要定义的是和标签声明周期相关的方法，比如 setPageContext()、doStartTag()、doEndTag() 等。这些方法在标签的生命周期中将自动调用完成。

（2）定义标签库描述文件。标签库描述文件是一个后缀为 tld 的 XML 文档，它描述了标签处理程序的属性、信息和位置。JSP 通过这个文件得知调用哪一个标签处理类。

（3）在 JSP 文件中对自定义标签引用。在 JSP 页面中使用 taglib 指令引用所使用的标签库文件。

10.2　项目 1：HelloTag 自定义标签

1. 项目构思

开发一个简单的自定义标签。在 JSP 页面中引用这个简单标签将显示"Hello World"。

2. 项目设计

（1）定义一个标签处理类，实现 javax.servlet.jsp.tagext.Tag 接口。
（2）定义标签描述文件，具体描述标签的信息。
（3）通过 JSP 页面引用开发的自定义标签。

3. 项目实施

步骤一：定义标签处理类 HelloTag.java，代码如下：

```
文件名:HelloTag.java
package ch10;

import java.io.IOException;
import javax.servlet.jsp.JspException;
import javax.servlet.jsp.JspWriter;
import javax.servlet.jsp.PageContext;
import javax.servlet.jsp.tagext.Tag;
```

```java
/**
 * 实现 Tag 接口开发自定义标签
 */
public class HelloTag implements Tag {
    private PageContext pageContext;        //定义页面隐含对象 pageContext
    private Tag parent;                     //定义上一级标签
    /**
     * 将页面隐含对象 pageContext 传入到标签中
     */
    @Override
    public void setPageContext(PageContext pageContext) {
        this.pageContext = pageContext;

    }
    /**
     * 设置上一级标签
     */
    @Override
    public void setParent(Tag parent) {
        this.parent=parent;
    }
    /**
     * 标签开始时调用
     */
    @Override
    public int doStartTag() throws JspException {
        return SKIP_BODY;                   //表示不计算标签体
    }
    /**
     * 标签结束时调用
     */
    @Override
    public int doEndTag() throws JspException {
        JspWriter out=pageContext.getOut();
                                            //通过隐式对象 pageContext 获得隐式对象 out
        try {
            out.println("Hello World");     //向客户端输出
        } catch (IOException e) {
            throw new JspException("IO Error "+e.getMessage());
        }
        return EVAL_PAGE;                   //表示计算页面的其他部分
    }
    /**
```

```
     * 销毁前调用,用于释放资源
     */
    @Override
    public void release() {

    }
    @Override
    public Tag getParent() {
        return null;
    }
}
```

HelloTag 实现了 Tag 接口的所有方法。代码主要写在 doStartTag()和 doEndTag()中,在生命周期中方法由容器自动调用执行。执行的顺序如下:

(1) 新的标签实例化后,首先调用 setPageContext 将页面 pageContext 对象传入到程序中。

(2) 调用 setParent 方法设置这个标签的上一级标签,如果没有则为 null。

(3) 设置标签属性,这个属性要在标签描述文件中定义。如果没有定义属性,就不用调用此类方法。上面的实例没有属性,因此没有定义。

(4) 调用 doStartTag 方法。这个方法可以返回两个常量,分别是:

EVAL_BODY_INCLUDE:执行标签体的内容。

SKIP_BODY:不执行标签体的内容。

在上面的实例中由于标签没有标签体,因此返回的是 SKIP_BODY。

(5) 调用 doEndTag()方法,这个方法可以返回两个常量,分别是:

EVAL_PAGE:标签结束后继续执行 JSP 页面的其他部分。

SKIP_PAGE:标签结束后停止执行 JSP 页面的其他部分。

(6) 在上面的实例中,通过传入的页面隐式对象 pageContext 获得了页面隐式对象 out,通过 out 隐式对象向客户端输出内容。

(7) 调用 release 方法,释放标签程序所占用的资源。

注意:在实际的开发中,可以直接继承 TagSupport 类。TagSupport 类实现了 Tag 接口,采用这种方式开发标签处理程序比较简单。

步骤二:标签处理类编写完成之后,需要定义标签描述文件 mytag.tld。

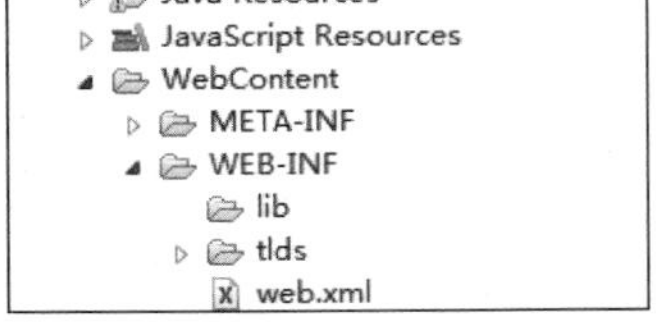

在 Web Project ch10 的 WebContent\WEB-INF 目录下新建目录 tlds,如图 10-1 所示,然后在此目录上右击,在弹出的快捷菜单中依次选择 New→Others→XML→XML File 选项,如图 10-2 所示。

在图 10-2 中单击 Next 按钮,在出现的如图 10-3 所示界面中输入文件名 mytag.tld,单击 Next 按钮,在出现的如图 10-4 所示界面中选择第二项 create XML file from an XML schema file,选择 schema 作为 XML 文件的约束文档。

图 10-1 新建 tlds 目录

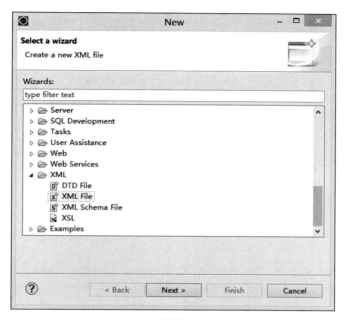

图 10-2　新建 XML File

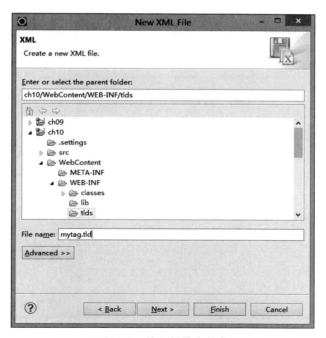

图 10-3　输入标签文件名

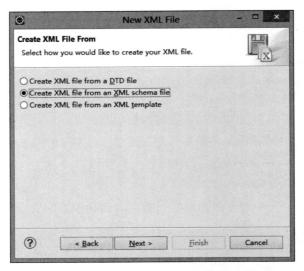

图 10-4 创建一个 schema 约束的 XML

注意：从 2.0 版本起自定义标签 XML 文件的约束文档是 schema。

在图 10-4 中，单击 Next 按钮，在出现的如图 10-5 所示界面中选择 Select XML Catalog entry 单选按钮，显示可用的 schema 文档，其自定义标签所用的 schema 文档为 http://java.sun.com/xml/ns/javaee/web-jsptaglibrary_2_1.xsd。单击 Next 按钮，在 Select Root Element（选择根元素）界面去掉 javaee 前缀，单击 Finish 按钮，如图 10-6 所示。

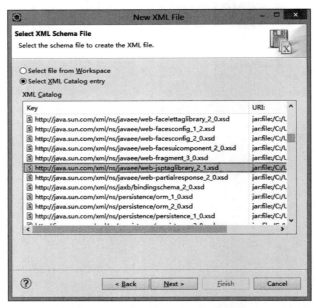

图 10-5 选择 schema 的约束文档

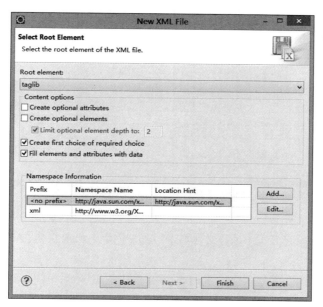

图 10-6 选择根元素

在生成的 mytag.tld 文件中配置自定义标签的详细代码如下：

```
文件名:mytag.tld
<?xml version="1.0" encoding="UTF-8"?>
<taglib version="2.1" xmlns="http://java.sun.com/xml/ns/javaee" xmlns:xml="
http://www.w3.org/XML/1998/namespace" xmlns:xsi="http://www.w3.org/2001/
XMLSchema-instance" xsi:schemaLocation="http://java.sun.com/xml/ns/javaee
http://java.sun.com/xml/ns/javaee/web-jsptaglibrary_2_1.xsd">
    <tlib-version>1.0</tlib-version>
    <short-name>demo</short-name>
    <tag>
        <name>hello</name>
        <tag-class>ch10.HelloTag</tag-class>
        <body-content>empty</body-content>
    </tag>
</taglib>
```

该文档中主要元素简介：

① ＜tag＞元素：对定义的标签进行描述。

② ＜name＞元素：指定标签的名称。这个名称要同页面上使用的标签中的名称一致。本例中页面使用的标签是＜mytag：hello /＞,所以这里的＜name＞元素要指定 hello。

③ ＜tag-class＞元素：实现自定义标签的类,本程序是 ch10.HelloTag。

④ ＜body-content＞元素：指定是否有标签体。通常没有标签体是 empty,有标签体是 jsp。这里没有标签体,因此指定 empty。

步骤三：在 JSP 页面中使用标签。新建一个 JSP 文件，在 JSP 文件中使用这个标签，其代码如下：

```
文件名：hellotag.jsp
<%@ page pageEncoding="utf-8" %>
<%@ taglib prefix="mytag" uri="/WEB-INF/tlds/mytag.tld" %>
<html>
<head><title>tag sample</title></head>
<body>
    <mytag:hello/>
</body>
</html>
```

在 JSP 文件中使用自定义标签，必须使用 taglib 指令元素指定使用标签的前缀和标签的名字。

① uri 属性：指定标签库文件的位置。在这里文件的位置是/WEB-INF/tlds/mytag.tld。

② prefix 属性：指定标签的前缀，这里是 mytag。标签的名字已经在 tld 描述文件中指定。

4. 项目运行

在浏览器地址栏中输入 URL："http://localhost:8080/ch10/hellotag.jsp"，运行结果如图 10-7 所示。

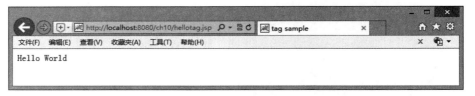

图 10-7 HelloTag 自定义标签运行的结果

10.3 项目 2：带有属性的自定义标签

1. 项目构思

在项目 1 自定义标签开发的基础上，为自定义标签添加一个 name 属性，如：<mytag:welcome name="John">，可以用这个自定义标签在页面显示出"Welcome John"。

2. 项目设计

（1）定义一个标签实现类，有一个 name 属性并且继承 TagSupport，TagSupport 类实现了 Tag 接口。

（2）在已有的标签库文件中添加自定义标签的描述，配置标签属性。

（3）在 JSP 页面中添加带有属性的自定义标签，在其 name 属性中添加 John，则页面将属性内容输出。

3. 项目实施

步骤一：定义一个实现标签的类 HelloWelTag。具体代码如下。

```java
文件名:HelloWelTag.java
package ch10;
import java.io.IOException;
import javax.servlet.jsp.JspException;
import javax.servlet.jsp.tagext.TagSupport;
public class HelloWelTag extends TagSupport {
    private String name;              //定义对应标签的属性
    /**
     * 通过 set 方法从页面获得 name 的属性值
     */
    public void setName(String name) {
        this.name = name;
    }
    /**
     * 覆盖 doEndTag 方法
     */
    public int doEndTag() throws JspException {
        try {
            //通过 pageContext 对象获得隐含对象输出流 out,向客户端输出结果
            pageContext.getOut().println("Welcome " + name);
        } catch (IOException e) {
            e.printStackTrace();
            new JspException("IO Error" + e.getMessage());
        }
        return EVAL_PAGE;
    }
}
```

在上面的代码中，只需要重写 doEndTag()方法就可以了。标签的属性在标签类中要定义为类的私有成员变量，然后用 set()方法封装。在程序运行时，容器将自动调用属性的 set()方法，将页面标签中的属性值传入到程序中。

步骤二：将定义好的 HelloWelTag 类在标签描述文件中用＜tag＞元素进行描述。部分代码如下。

```
文件名:mytag.tld
...
<tag>
    <name>wel</name>
    <tag-class>ch10.HelloWelTag</tag-class>
```

```
        <body-content>empty</body-content>
        <attribute>
            <name>name</name>
            <required>true</required>
            <rtexprvalue>true</rtexprvalue>
        </attribute>
</tag>
...
```

这里用<attribute>元素来定义属性,其中包含的标签描述如下:
- <name>元素:指定标签的属性名称,这个名称一定是标签类中的一个属性。
- <required>元素:指定标签属性是否是必需的。通常是 true 和 false。
- <rtexprvalue>元素:指定标签属性是否可以添加动态代码。通常是 true 和 false。

例如:如果是 true,允许这样使用页面标签属性:

```
<mytag:hello name="<%="hello" %>" />
```

步骤三:创建一个 JSP 文件,在 JSP 页面中使用标签。

```
文件名:weltag.jsp
<%@ page pageEncoding="utf-8" %>
<%@ taglib prefix="mytag" uri="/WEB-INF/tlds/mytag.tld" %>
<html>
<head><title>tag sample</title></head>
<body>
    <mytag:wel name="John" />
</body>
</html>
```

4. 项目运行

在浏览器地址栏中输入 URL:"http://localhost:8080/ch10/weltag.jsp",运行结果如图 10-8 所示。

图 10-8　HelloWelTag 标签的运行结果

10.4 项目3：带有标签体的自定义标签

1. 项目构思

开发一个带有标签体的标签。这个标签带有一个 out 属性，如果为 true 则输出标签体的内容，如果为 false 则不输出标签体的内容。

2. 项目设计

（1）创建一个继承 BodyTagSupport 的标签类，带有一个 out 属性。BodyTag 接口中定义了一些处理标签体的方法，BodyTagSupport 是 javax.servlet.jsp.tagext.BodyTag 接口的实现，实现带有标签体的标签类必须继承 BodyTag。

（2）在标签库描述文件中配置标签类和它的属性以及标签体。

（3）创建一个 JSP 页面，在 JSP 中调用带有 Hello World 标签体的标签，其 out 属性是 true。页面将 HelloWorld 内容输出。如果是 false 则不输出属性值。

3. 项目实施

步骤一：创建一个继承 BodyTagSupport 的标签类。具体代码如下。

```java
文件名：OutTag.java
package ch10;
import javax.servlet.jsp.JspException;
import javax.servlet.jsp.tagext.BodyTagSupport;
public class OutTag extends BodyTagSupport {
    private boolean out;              //判断是否输出标签体的属性
    /**
     * 通过 set 方法获得页面 out 的属性值
     */
    public void setOut(boolean out) {
        this.out = out;
    }
    /**
     * 覆盖 doStartTag 方法
     */
    public int doStartTag() throws JspException {
        if(out==true)
            return EVAL_BODY_INCLUDE;
        else
            return SKIP_BODY;
    }
}
```

可以根据 doStartTag 方法中返回的两个参数的值，来决定是否显示标签体的内容。在上面的代码中，如果 out 属性是 true 则显示标签体的内容，返回 EVAL_BODY_INCLUDE。

反之,返回 SKIP_BODY 页面将不显示标签体的内容。

步骤二:定义标签描述文件,配置属性和标签体,其部分代码如下。

```
文件名:mytag.tld
...
<tag>
    <name>output</name>
    <tag-class>ch10.OutTag</tag-class>
    <body-content>JSP</body-content>
    <attribute>
        <name>out</name>
        <required>true</required>
        <rtexprvalue>true</rtexprvalue>
    </attribute>
</tag>
...
```

＜body-content＞标记可以有 empty、JSP、tagdependent、scriptless 4 个内容。
- empty:表示没有标签体。
- JSP:表示标签体可以嵌套 JSP 语法,会先执行完其 JSP 内容再对标签进行处理。

注意:JSP 要大写。
- tagdependent:表示标签体的内容,不做任何处理,完全传入到标签中。
- scriptless:表示标签体中不能有任何脚本,但可以是 EL 或动作元素等。

步骤三:创建一个 JSP 文件,在 JSP 文件中调用标签。

```
文件名:outputtag.jsp
<%@ page pageEncoding="utf-8" %>
<%@ taglib prefix="mytag" uri="/WEB-INF/tlds/mytag.tld" %>
<html>
<head><title>tag sample</title></head>
<body>
    <mytag:output out="true">
        能看到吗?
    </mytag:output>
</body>
</html>
```

4. 项目运行

在浏览器地址栏中输入 URL:"http://localhost:8080/ch10/outputtag.jsp",运行结果如图 10-9 所示。

图 10-9　OutTag 标签运行的结果

10.5　项目 4：迭代标签的开发

1．项目构思

在 JSP 页面中，集合对象通常需要采用 while 或 for 循环输出，其代码难于维护，重用性不好，程序员总是要做大量重复、烦琐的工作。可以开发一个迭代标签将集合对象中的内容自动迭代出来。

2．项目设计

开发迭代标签需要开发两个类：标签实现类和标签信息类。标签实现类要继承 BodyTagSupport，标签信息类要扩展 TagExtraInfo 类。TagExtraInfo 类用来提供标签运行的信息。

（1）创建标签信息类并添加属性，分别是 name、type 和 it。name 代表迭代出的对象在 pageContext 中的名称；type 代表迭代出内容的类型；it 代表需要迭代的集合对象。

（2）标签处理类能够创建和设置对象，使用 pageContext.setAttribute(name, value) 来完成这种关联。一般通过扩展标签的属性传递脚本变量的名称，通常的处理过程是标签处理类得到脚本变量，执行一些处理，然后使用 pageContext.setAttribute(name, object) 设置脚本变量值。JSP 页面包含了能够定义脚本变量的标记，在它转换成 Servlet 的阶段，Web 容器产生定义脚本变量、设置脚本变量及对象引用的代码。为了产生这些代码，Web 容器需要确定脚本变量的信息：变量名、变量类型、变量引用新的对象或已存在的对象、变量的可用范围。可以通过定义标记扩展信息类（TagExtraInfo）并在标签库描述符中定义 tei-class 元素来提供这些信息。TagExtraInfo 类必须实现 getVariableInfo() 方法，返回 VariableInfo 对象数组，包含了确定脚本变量的所有信息。

（3）在标签库文件中配置标签类及属性并定义标签信息类。

（4）在 JSP 页面中定义一个集合对象，通过自定义迭代标签输出集合内容。

3．项目实施

步骤一：创建标签类 LoopTag 继承 BodyTagSupport。具体代码如下。

```
文件名:LoopTag.java
package ch10;

import java.io.IOException;
```

```java
import java.util.Collection;
import java.util.Iterator;
import javax.servlet.jsp.JspException;
import javax.servlet.jsp.tagext.BodyTagSupport;
public class LoopTag extends BodyTagSupport {
    private String name;                        //迭代出的对象在 pageContext 中的名字
    private Collection collection;              //需要迭代的集合对象
    private Iterator it;                        //要迭代的对象
    private String type;                        //在迭代器中对象的类型

    public void setName(String name) {
        this.name = name;
    }

    public void setType(String type) {
        this.type = type;
    }

    /**
     * 将页面中的集合对象传入到程序中
     */
    public void setCollection(Collection collection) {
        this.collection = collection;
        if (collection.size() > 0)
            it = collection.iterator();         //生成迭代对象
    }

    public int doStartTag() throws JspException {

        //如果集合没有内容,不执行标签体
        if (it == null) return this.SKIP_BODY;
        //从迭代中取出数据放入到 pageContext 中
        pageContext.setAttribute(name,it.next());
        return this.EVAL_BODY_INCLUDE;
    }
    /**
     * doStartTag 方法后调用此方法,如果返回值是 EVAL_BODY_AGAIN 则反复
     * 调用此方法。直到返回值是 SKIP_BODY 则调用 doEndStart 方法。
     */
    public int doAfterBody() throws JspException {
        //从迭代中取出数据放入到 pageContext 中
        if (it.hasNext()) {
```

```
                pageContext.setAttribute(name,it.next());
                return this.EVAL_BODY_AGAIN;           //此返回值将反复调用此方法
            }
            return this.SKIP_BODY;
    }

    public int doEndTag() throws JspException {
        if(bodyContent!=null){
            try {
                bodyContent.writeOut(bodyContent.getEnclosingWriter());
            } catch (IOException e) {
                throw new JspException("IO Error "+e.getMessage());
            }
        }
        return this.EVAL_PAGE;
    }
}
```

在本程序中重写了 doAfterBody()方法,这个方法会在 doStartTag 后调用。如果它的返回值是 EVAL_BODY_AGAIN,将重复执行该方法,达到迭代的效果。在上面的程序中,如果 it 中还有内容则返回 EVAL_BODY_AGAIN,如果没有则返回 SKIP_BODY。

步骤二:创建标签信息类 LoopTEI。具体代码如下。

```
文件名:LoopTEI.java
package ch10;

import javax.servlet.jsp.tagext.TagData;
import javax.servlet.jsp.tagext.TagExtraInfo;
import javax.servlet.jsp.tagext.VariableInfo;

public class LoopTEI extends TagExtraInfo {
    /**
     * 覆盖方法,定义脚本变量的信息
     */
    public VariableInfo[] getVariableInfo(TagData data) {
        return new VariableInfo[] {
            new VariableInfo(data.getAttributeString("name"),
                    data.getAttributeString("type"),
                    true, VariableInfo.NESTED) };
    }
}
```

VariableInfo 对象构造函数的参数为:脚本变量名称、类型、是否为新的变量和变量的作用范围。在程序中定义的脚本变量是 name,类型是 type。变量的作用范围共有以下 3 种类型：
- NESTED：标签中的参数在标签的开始和结束之间有效。
- AT_BEGIN：标签中的参数自标签的开始至 JSP 页面结束有效。
- AT_END：标签中的参数自标签的结束至 JSP 页面结束有效。

步骤三：在标签文件中定义标签类及标签信息类。部分代码如下。

```
文件名:mytag.tld
...
<tag>
    <name>loop</name>
    <tag-class>ch10.LoopTag</tag-class>
    <tei-class>ch10.LoopTEI</tei-class>
    <body-content>JSP</body-content>
    <attribute>
        <name>name</name>
        <required>true</required>
        <rtexprvalue>true</rtexprvalue>
    </attribute>
    <attribute>
        <name>collection</name>
        <required>true</required>
        <rtexprvalue>true</rtexprvalue>
    </attribute>
    <attribute>
        <name>type</name>
        <required>true</required>
        <rtexprvalue>true</rtexprvalue>
    </attribute>
</tag>
...
```

注意：使用<tei-class>元素定义标签信息类 LoopTEI。

步骤四：在 JSP 页面中调用。

```
文件名:looptag.jsp
<%@ page pageEncoding="utf-8" import="java.util.ArrayList" %>
<%@ taglib prefix="mytag" uri="/WEB-INF/tlds/mytag.tld" %>
<html>
<head><title>tag sample</title></head>
<body>
<%
    //定义一个集合对象,添加内容
    ArrayList<String> ary=new ArrayList<String>();
```

```
        ary.add("apple");
        ary.add("banana");
        ary.add("pear");
    %>
    <mytag:loop name="col" type="String" collection="<%=ary%>">
        ${col}
    </mytag:loop>
</body>
</html>
```

4. 项目运行

在浏览器地址栏中输入 URL："http://localhost:8080/ch10/looptag.jsp"，运行结果如图 10-10 所示。

图 10-10　LoopTag 标签运行的结果

10.6　项目 5：简单标签的开发

传统标签的编程和调用比较复杂，在 JSP 2.0 中推出了简单标签库，解决了这个问题。简单标签库的优点在于结构简单、实现的接口更少。

JSP 2.0 中引入了新的创建自定义标签的 API"javax.servlet.jsp.tagext.SimpleTag"，该 API 定义了实现简单标签的接口。和传统标签不同的是，SimpleTag 不使用 doStartTag 和 doEndTag 方法，而是提供了一个简单的 doTag 方法。这个方法在标签调用时只被调用一次。需要在一个自定义标签中实现的所有逻辑过程、循环都在这个方法中实现。它通过 setJspContext 方法获得页面上下文，提供 setJspBody 方法支持标签体的内容。通过调用 getJspBody 方法获得 JspFragment 对象。JspFragment 对象代表标签体，可以通过调用 invoke 方法输出标签体的内容。

1. 项目构思

开发一个简单标签，它有一个属性 num。如果 num 的值大于 0，则标签体的内容循环 num 次输出并且变成大写；如果 num 的值小于等于 0，则按照原文输出。

2. 项目设计

（1）创建标签处理类"RepeatSimpleTag 类"，它继承了 SimpleTagSupport 类，定义了一个标签属性 num，用来获得循环的次数。在 doTag 方法中首先调用 getJspContext() 方法获得一个 JSP 页面的 JspContext 对象，采用 getJspBody() 方法生成 JspFragment，代表着标签体的内容。当 num>0 时,调用 invoke()方法将标签体的内容传入到 StringWriter 字符流中,进行大写处理,然后通过 JspContext 对象获得页面输出的隐式对象,将内容循环输出到页面。反之,将 invoke()方法传入 null 值表示标签体的内容传入到默认的输出流,默认输出到页面。

(2) 在标签描述文件中定义标签和属性。

(3) 在 JSP 页面中调用带有 Hello World 标签体的简单标签,其属性 num 值是 5。结果是 Hello World 变成大写,并且循环 5 次。

3. 项目实施

步骤一:定义标签处理类。其代码如下。

```java
文件名:RepeatSimpleTag.java
package ch10;

import java.io.IOException;
import java.io.StringWriter;
import javax.servlet.jsp.JspContext;
import javax.servlet.jsp.JspException;
import javax.servlet.jsp.tagext.JspFragment;
import javax.servlet.jsp.tagext.SimpleTagSupport;

public class RepeatSimpleTag extends SimpleTagSupport {
    private int num;                                    //定义属性

    public void setNum(int num) {
        this.num = num;
    }
    /**
     * 覆盖方法,标签的逻辑、迭代均在此处理
     */
    public void doTag() throws JspException, IOException {
        JspContext ctx=this.getJspContext();           //获得页面上下文对象
        //获得封装标签体对象的 JspFragment
        JspFragment fragment=this.getJspBody();
        if(num>0){
            //定义一个字符流,用来接收标签体的内容。
            StringWriter writer=new StringWriter();
            //将标签体的内容输出到字符流中,准备处理。
            fragment.invoke(writer);
            //从字符流中获得数据,也就是获得标签体的内容。
            String str=writer.getBuffer().toString();
            for(int i=1;i<num+1;i++){
                ctx.getOut().write(i+"."+str.toUpperCase()+"<br>");
```

```
            }
        }else{
            //invoke方法传入null采用默认的输出流,输出到页面。
            fragment.invoke(null);
        }
    }
}
```

步骤二：在标签描述文件中定义标签和属性。部分描述文件代码如下。

```
文件名:mytag.tld
...
<tag>
    <name>repeat</name>
    <tag-class>ch10.RepeatSimpleTag</tag-class>
    <body-content>scriptless</body-content>
    <attribute>
        <name>num</name>
        <required>true</required>
        <rtexprvalue>true</rtexprvalue>
    </attribute>
</tag>
...
```

步骤三：在JSP页面中调用。代码如下。

```
文件名:repeattag.jsp
<%@ page pageEncoding="utf-8" %>
<%@ taglib prefix="mytag" uri="/WEB-INF/tlds/mytag.tld" %>
<html>
<head><title>tag sample</title></head>
<body>
    <mytag:repeat num="5">
        Hello World
    </mytag:repeat>
</body>
</html>
```

4．项目运行

在浏览器地址栏中输入URL："http://localhost:8080/ch10/repeattag.jsp"，运行结果如图10-11所示。

图 10-11　RepeatSampleTag 标签运行的结果

10.7　标签文件

JSP 2.0 新增加了标签文件的功能。标签文件就是一个扩展名为.tag 的文本文件,它存储在 Web 应用程序的 WEB-INF/tags 目录中。标签文件的作用类似于标签处理程序文件,它是一个包含一些内容或 JSP 代码的可重用的 JSP 片段。在 JSP 页面遇到自定义标签时,它会转到标签文件以执行标签定义,不需要单独的标签库描述符。标签文件使得创建自定义标签非常简单,可以让不懂 Java 代码的网页编写人员定义标签文件。

在标签文件中,JSP 2.0 新增加了 3 个指令元素,分别是：＜%@tag%＞、＜%@attribute%＞和＜%@variable%＞;2 个动作元素,分别是：＜jsp:invoke＞和＜jsp:doBody＞。这些元素只能用在标签文件中。

下面通过具体实例了解如何使用标签文件。

10.7.1　项目 6：有属性无标签体的标签文件开发

1. 项目构思

定义一个有两个属性的标签文件。它没有标签体,运行时页面将显示两个属性的和。

2. 项目设计

(1) 创建一个后缀是 tag 的文件,保存在 WEB-INF/tags 目录中。在这个标签文件中定义两个属性,并且将两个属性相加的结果输出到页面。

(2) 在 JSP 页面中调用标签文件将属性值传入,查看结果是否是两个属性的和。

3. 项目实施

步骤一：创建一个后缀是 tag 的文件,保存在 WEB-INF/tags 目录中。具体代码如下。

```
文件名:add.tag
<%@ tag pageEncoding="utf-8" body-content="empty" %>
<%@ attribute name="x" required="true" rtexprvalue="true" %>
<%@ attribute name="y" required="true" rtexprvalue="true" %>
x+y=${x+y}
```

＜%@tag %＞是新增加的指令元素,用于标签文件中。它有以下两个主要属性：

（1）body-content：设定标签体的内容。这个属性和标签库中的body-content元素的含义相同。

（2）pageEncoding：页面编码字符集。

＜％＠attribute％＞指令元素用来给标签添加属性。其中的属性值与标签库中的attribute元素相同。

上面程序定义的标签没有标签体(body-content＝empty)并且要有两个必需的属性(x、y)。

步骤二：创建一个JSP页面，在页面导入并且调用标签文件输出两个属性相加的结果。

```
文件名：addtag.jsp
<%@ page pageEncoding="utf-8" %>
<%@ taglib prefix="tags" tagdir="/WEB-INF/tags" %>
<html>
<head><title>tag file sample</title></head>
<body>
    <p>标签文件演示：</p>
    <tags:add x="5" y="4" />
</body>
</html>
```

在页面中调用标签文件和自定义标签的调用相同，使用taglib指令元素的tagdir属性指定标签文件的位置，prefix属性指定标签的前缀，其标签的名称和标签文件名相同。

4．项目运行

在浏览器地址栏中输入URL："http://localhost:8080/ch10/addtag.jsp"，运行结果如图10-12所示。

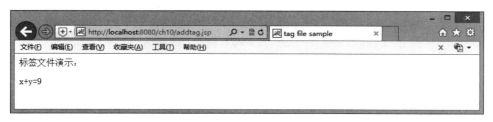

图10-12　add.tag标签文件运行的结果

从上面的项目可以看出，通过标签文件创建自定义标签相对简单。标签文件可以看作一个JSP文件的片段，通过标签嵌入到JSP页面中。

10.7.2　项目7：带有标签体的标签文件的开发

1．项目构思

对于带有标签体的标签文件，可以通过动作元素＜jsp:doBody＞将标签体的内容读入到变量body中；在标签文件中可以对变量body的内容进行处理。项目7将开发一个带有标签体的标签文件，使其可以去掉标签体中字符串里的特殊字符；要去掉的特殊字符可以通过标签文件的属性传入。

2. 项目设计

创建一个后缀是 tag 的文件，保存在 WEB-INF/tags 目录中，这个标签文件带有标签体。标签体的内容通过动作元素<jsp:doBody>读入到变量 body 中，利用标准标签库的<c:forTokens>标签的功能去除字符串中的特殊字符，通过标签文件中的一个属性 delims 将要去除的特殊字符传入<c:forTokens>标签的属性中，然后将结果输出到页面。

注意：<c:forTokens>将在第 12 章中介绍。为使用它，需要将 JSTL 的 4 个文件放到 WEB-INF/lib 目录下。

3. 项目实施

步骤一：创建一个带有标签体的标签文件。其代码如下。

```
文件名:tokens.tag
<%@ tag pageEncoding="utf-8" body-content="scriptless" %>
<%@ taglib prefix="c" uri="http://java.sun.com/jsp/jstl/core" %>
<%@ attribute name="delims" required="true" rtexprvalue="true" %>
<jsp:doBody var="body" />
<c:forTokens var="str" items="${body}" delims="${delims}">
    ${str}
</c:forTokens>
```

在以上程序中，body-content＝"scriptless" 指明标签文件带有标签体。

<jsp:doBody>动作标记用来读取标签的标签体的内容，它有以下 3 个属性。

(1) var：当指定这个变量时，读取的内容会以字符串的形式保存在变量中，不输出到页面。

(2) varReader：用途和 var 相同，但是保存的不是 String，而是 java.io.Reader。

(3) scope：变量保存的作用域（page、request、session、application）。

步骤二：创建一个 JSP 页面，在页面中使用该标签。

```
文件名:tokenstag.jsp
<%@ page pageEncoding="utf-8" %>
<%@ taglib prefix="tags" tagdir="/WEB-INF/tags" %>
<html>
<head><title>tag file sample</title></head>
<body>
    <p>标签文件演示:</p>
    <tags:tokens delims=",">
        a,b,c,d,e,f
    </tags:tokens>
</body>
</html>
```

4. 项目运行

在浏览器地址栏中输入 URL："http://localhost:8080/ch10/tokenstag.jsp"，运行结果如图 10-13 所示。

图 10-13 tokens.tag 标签文件运行的结果

本章小结

从 JSP 1.1 开始，就有了自定义标签技术。在 JSP 1.2 和 JSP 2.0 的规范中，自定义标签得到了不断的增强。自定义标签可以和 JSP 页面紧密地集成在一起，可以用类似于 HTML 的语法部署和调用。采用自定义标签技术，可以开发出很多简单实用的标签库，方便不懂编程语言的人员在不同项目的 JSP 页面中调用。自定义标签充分体现了软件重用的思想。

习题

1. 简述开发传统标签的工作流程。
2. 简述如何开发一个迭代标签。
3. 简述简单标签和传统标签的区别。
4. 简述什么是标签文件，如何开发使用。

实验

1. 开发一个自定义标签，对每个页面进行登录验证。
2. 开发一个自定义标签，将数据库中表的记录在页面中以表的形式显示出来。

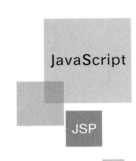

第 11 章 表达式语言

【学习目标】
- 掌握 EL 的基本语法和数据的访问方法。
- 熟悉 EL 运算符的使用。
- 熟练使用 EL 隐含对象简化页面的操作。

11.1 EL 简介

11.1.1 EL 的概念

表达式语言（Expression Language，EL）是 JSP 2.0 中引入的新特性。它是一种可以计算和输出 Java 对象的简单语言。

JSP 页面在显示动态内容时通常需要嵌入大量的 Java 脚本，这使得 JSP 页面的维护变得困难。EL 和 JSTL（将在第 12 章中介绍）的使用可以让 JSP 页面中不再出现任何 Java 脚本。只要是支持 Servlet 2.4/JSP 2.0 的容器（如 Tomcat5.x 及以上版本），就可以在 JSP 页面中直接使用 EL。JSP page 指令的 isELIgnored 属性表明页面是否支持 EL 表达式。

11.1.2 EL 语法

语法格式：

```
${expression}
```

一个 EL 表达式必须以"${"开头，以"}"结束，其中的 expression 可以是如下几种形式：

1. 文字（Literals）

在 EL 中可以使用的文字（也称为字面量）如表 11-1 所示。

表 11-1 EL 中的文字

文 字 类 型	文 字 的 值
Boolean	true 或 false
Integer	任何正数或负数,例如：—24、67、1009 等
Float	任何正的或负的浮点数,例如：—1.8E—45、4.567 等
String	用" "或' '引起来的任何字符串,使用"\"作为转义序列
Null	null

因此,${true}、${-235}、${7.89}、${"hello"}、${"\"hello\""}、${null}等都是合法 EL 表达式,它们在页面中显示的内容如表 11-2 所示。

表 11-2 EL 表达式的输出

表 达 式	显 示 内 容
${true}	true
${—235}	—235
${7.89}	7.89
${"hello"}	hello
${"\"hello\""}	"hello"
${null}	

文字上还可以使用运算符,所构成的也是合法的表达式。

2. EL 隐含对象中的属性

假定有如下语句设置了请求范围内有效的属性 username：

```
request.setAttribute("username", "zhangsan");
```

如果需要在 JSP 页面中输出这个属性,在不使用 EL 的情况下需要使用如下语句：

```
<%
    String username=request.getAttribute("username");
    out.println(username);
%>
```

或者：

```
<%=request.getAttribute("username")%>
```

使用 EL 时只需要如下语句：

```
${username}
```

或

```
${requestScope.username}
```

很显然,EL 表达式可以提供对象的简明访问。

3. JavaBean 的属性

如果需要访问第 9 章中项目 4 的 JavaBean UserInfo 的属性 username,在不使用 EL 的情况下需要使用如下语句:

```
<jsp:useBean id="ui" class="userInfo.UserInfo"/>
<jsp:getProperty name="ui" property="username"/>
```

或者:

```
<%=ui.getUsername()%>
```

使用 EL 时只需要如下语句:

```
${ui.username}
```

4. 数组和集合元素

假定有如下代码定义了一个数组并存储在 session 中:

```
int[] array={1,2,3,4};
session.setAttribute("array",array);
```

如果使用 EL 访问数组中的元素,需要使用如下语句:

```
${array[i]}
```

或者

```
${sessionScope.array[i]}
```

其中 i 是数组元素的下标。

11.1.3 数据访问操作符

EL 提供"."和"[]"两种操作符访问数据。操作符"."通常用来访问对象的属性。例如,访问用户的地址信息使用如下语句:

```
${user.address}
```

这种情况下,使用 ${user["address"]} 与上述语句功能完全相同。

当访问的属性又是对象时,可以嵌套地使用"."或"[]"操作符。例如,访问用户地址信息中的城市信息可使用如下语句：

```
${user.address.city}
```

或者：

```
${user["address"]["city"]}
```

或者：

```
${user["address"].city}
```

或者：

```
${user.address["city"]}
```

当访问数组和集合元素时，需要使用"[]"操作符。例如，访问班级中第一名同学的姓名可使用如下语句：

```
${class[0].name}
```

或者：

```
${class[0]["name"]}
```

访问操作符"."和"[]"的使用存在以下差异：

（1）当访问的数据中包含一些特殊字符（如"."或"-"等）时，就必须使用"[]"操作符。例如，${requestScope.user-name}是错误的写法。正确的写法应当为${requestScope["user-name"]}。

（2）当动态取值时必须使用"[]"操作符，"."操作符只能取到静态的值。例如，在${course[info]}中，info是个变量，当它的值为name时，表达式等价于${course.name}；当它的值为score时，表达式等价于${course.score}。但${course.info}只能表示对象course的info属性的值。

注意：当"[]"操作符中的属性名为常量时必须用""标注，否则将会被当作变量处理。

EL表达式在访问数据时不会产生空指针异常和下标越界异常。例如：${var[attr]}，如果var不存在或为null，表达式等价于${null}；如果attr所表示的属性不存在或为null，表达式仍等价于${null}。如果var为数组或集合元素，而attr值越界，表达式仍等价于${null}。

11.1.4　EL保留字

EL中定义了16个保留字，这些保留字不能用作其他用途，如作为变量的标识符等。虽然这些保留字有的还没有使用，但也应该避免在JSP页面中使用。这16个保留字是：and、eq、gt、true、instance of、or、ne、le、false、empty、not、lt、ge、null、div和mod。

11.2 EL 运算符

EL 支持五种运算符,分别是算术运算符、逻辑运算符、关系运算符、空运算符和三目运算符,其中大部分是 Java 中常用的运算符。

11.2.1 算术运算符

EL 中的算术运算符包括加(+),减(-),乘(×)、除(/或 div)、模(%或 mod)、取负(-)、指数运算符(E)。Integer 和 Float 类型的值可以使用此类运算符。表 11-3 给出了算术运算符在 EL 中使用的举例。

表 11-3　EL 中算术运算举例

表　达　式	表达式的值
${2.5+1.2}$	3.7
${-4-10}$	-14
${3.5E-2*(-4)}$	-0.14
${5/2}$	2.5
${4/2}$	2.0
${4div0}$	Infinity
${5mod3}$	2
${-5%3}$	-2

11.2.2 逻辑运算符

EL 中的逻辑运算符包括与(&& 或 and)、或(|| 或 or)、非(! 或 not),Boolean 类型的值可以使用此类运算符。表 11-4 给出了逻辑运算符的运算举例。

表 11-4　EL 中逻辑运算举例

表　达　式	表达式的值
${true && true}	true
${ true && false}	false
${ false && false}	false
${true || true}	true
${true || false }	true
${false || false}	false
${!true}	false
${!false}	true

11.2.3 关系运算符

EL 中的关系运算符包括等于(==或 eq)、不等(!=或 ne)、大于(>或 gt)、小于(<或 lt)、大于或等于(>=或 ge)、小于或等于(<=或 le)，Boolean、String、Integer 和 Float 类型的值均可以使用此类运算符。表 11-5 给出了关系运算符在 EL 中使用的举例。

表 11-5　EL 中关系运算举例

表　达　式	表达式的值
${1<2}$	true
${(3+5)!=(2*4)}$	false
${'abc'>'abcd'}$	false
${1.8E2>=180}$	true
${'abc'=='abd'}$	false
${2<8/3}$	true
${2>3 \|\| 10<3*6 && 5<1}$	false

11.2.4 空运算符

空运算符 empty 是 EL 中的一个特殊运算符，它是一个前缀操作，用于判断值是否为 null 或是否为空。表 11-6 给出了空运算符的运算举例。

表 11-6　empty 运算举例

表　达　式	表达式的值
${empty 0}	false
${empty ''}	true
${empty 'a'}	false
${empty null}	true
${empty username}	如果属性 username 存在，表达式的值为 true，否则为 false，等价于 ${username==null}

11.2.5 三目运算符

EL 中也还可以使用三目运算符(?:)，如 ${exp?value1:value2}。如果 exp 的值为 true，该表达式的值为 value1，否则为 value2。表 11-7 给出了三目运算符的运算举例。

表 11-7　三目运算举例

表　达　式	表达式的值
${10%8!=4/2?'yes':'no'}	no
${empty ''? true:false}	true

11.2.6 运算符优先级

EL 中使用的运算符的优先级由高到低如表 11-8 所示。

表 11-8 运算符优先级

| () |
| — (取负)！empty |
| ＊ / % |
| ＋ —（减） |
| ＜ ＞ ＜= ＞= |
| == != |
| && |
| \|\| |
| ?: |

注意：数据访问操作符"[]"和"."比所有运算符的优先级都高。

11.2.7 自动类型转换

EL 支持自动类型转换。对象类型可以调用其 toString() 方法转换成 String 类型。如果 String 类型可以转换为数值，则返回数值，否则报错。空串""在转换为数值时返回 0。null 也可以转换为数值，返回 0。表 11-9 给出了自动类型转换的例子。

表 11-9 EL 中自动类型转换举例

表 达 式	表达式的值
${'123'+1}	124
${""+123}	123
${null+'123'}	123
${null+""}	0
${'abc'+1}	报错
${param}	org.apache.commons.el.ImplicitObjects$5@1e335d7

11.3 EL 隐含对象

EL 定义了一组隐含对象，这些对象提供了对上下文信息、请求参数及 Cookie 等信息的访问。这 11 个隐含对象如表 11-10 所示。

表 11-10　EL 隐含对象

隐含对象	描述
pageContext	页面上下文对象，用于访问 JSP 的隐含对象，如 ServletContext、request、session、response、out 等。
param	Map 对象，存储参数名和单个值的映射
paramValues	Map 对象，存储参数名和一个数组的映射
header	Map 对象，存储请求头中信息名和单个值的映射
headerValues	Map 对象，存储请求头中信息名和一个数组的映射
cookie	Map 对象，存储请求中 cookie 名和单个值的映射
initParam	Map 对象，存储 Web 应用上下文初始参数名和单个值的映射
pageScope	Map 对象，存储页内有效范围内的名和值的映射
requestScope	Map 对象，存储请求有效范围内的名和值的映射
sessionScope	Map 对象，存储会话有效范围内的名和值的映射
applicationScope	Map 对象，存储应用有效范围内的名和值的映射

11.3.1　项目 1：pageContext 对象的使用

1. 项目构思

练习使用 pageContext 对象获得其他隐含对象的属性。

2. 项目设计

pageContext 对象是 JSP 和 EL 隐含对象中的公共对象，通过它可以访问其他 8 个 JSP 隐含对象及其属性和方法。实际上，这也是将它包括在 EL 隐含对象中的主要理由。

3. 项目实施

```
文件名：pageContextTest.jsp
<%@ page pageEncoding="utf-8" buffer="16kb"%>
<table border align="center">
<tr>
<th>表达式</th><th>值</th><th>说明</th>
</tr>
<tr>
<td>\${pageContext.request.queryString}</td>
<td>${pageContext.request.queryString}</td>
<td>获得请求的参数字符串</td>
</tr>
<tr>
<td>\${pageContext.request.requestURL}</td>
<td>${pageContext.request.requestURL}</td>
```

```
<td>获得请求的 URL,但不包括请求之参数字符串</td>
</tr>
<tr>
<td>\${pageContext.request.contextPath}</td>
<td>${pageContext.request.contextPath}</td>
<td>获得 Web 应用的根路径</td>
</tr>
<tr>
<td>\${pageContext.session.id}</td>
<td>${pageContext.session.id}</td>
<td>获得会话 ID</td>
</tr>
<tr>
<td>\${pageContext.servletContext.serverInfo}</td>
<td>${pageContext.servletContext.serverInfo}</td>
<td>获得服务器信息</td>
</tr>
<tr>
<td>\${pageContext.response.characterEncoding}</td>
<td>${pageContext.response.characterEncoding}</td>
<td>获得响应的字符集</td>
</tr>
<tr>
<td>\${pageContext.out.bufferSize}</td>
<td>${pageContext.out.bufferSize}</td>
<td>获得输出对象缓冲区大小</td>
</tr>
</table>
```

4. 项目运行

在浏览器地址栏中输入 URL："http://localhost:8080/ch11/pageContextTest.jsp?name=Joan",得到的运行结果如图 11-1 所示。

表达式	值	说明
${pageContext.request.queryString}	name=Joan	获得请求的参数字符串
${pageContext.request.requestURL}	http://localhost:8080/ch11/pageContextTest.jsp	获得请求的URL，但不包括请求之参数字符串
${pageContext.request.contextPath}	/ch11	获得Web应用的根路径
${pageContext.session.id}	1825B3AD9B92AE765A1A85B971F7E653	获得会话ID
${pageContext.servletContext.serverInfo}	Apache Tomcat/7.0.47	获得服务器信息
${pageContext.response.characterEncoding}	GBK	获得响应的字符集
${pageContext.out.bufferSize}	16384	获得输出对象缓冲区大小

图 11-1 项目 1 的运行结果

11.3.2 项目 2：param 和 paramValues 对象的使用

1. 项目构思

练习使用 param 和 paramValues 对象获取请求参数。

2. 项目设计

在 EL 中使用 param 和 paramValues 对象可以直接获得请求参数的值，而不必使用 request.getParameter()和 request.getParameterValues()这样的 Java 脚本，既简单又快捷。param 用于访问单值参数，而 paramValues 用于访问多值参数。

3. 项目实施

```
文件名:paramTest.html
<html>
  <head>
    <title>paramTest.html</title>
  </head>
  <body>
      <h1>信息提交</h1>
      <form action="paramTest.jsp" method="post">
        用户名
        <input type="text" name="usr"><br>
        性  别
        <input type="radio" name="gender" value="男">男
        <input type="radio" name="gender"   value="女">女<br>
        爱  好
        <input type="checkbox" name="fav" value="阅读">阅读
        <input type="checkbox" name="fav" value="购物">购物
        <input type="checkbox" name="fav" value="游戏">游戏
        <input type="checkbox" name="fav" value="体育">体育<br>
            
        <input type="submit" value="提交">
            
        <input type="reset" value="重置">
      </form>
  </body>
</html>

文件名:paramTest.jsp
<%@ page pageEncoding="utf-8"%>
<%request.setCharacterEncoding("utf-8");%>
用户名:${param.usr}<br>
性别:${param.gender}<br>
```

```
爱好:${paramValues.fav[0]} 
${paramValues.fav[1]} 
${paramValues.fav[2]} 
${paramValues.fav[3]}
```

4. 项目运行

在浏览器地址栏中输入 URL:"http://localhost:8080/ch11/paramTest.htm",填写如图 11-2 所示的信息,单击"提交"按钮,得到的运行结果如图 11-3 所示。

图 11-2 项目 2 的用户信息输入界面

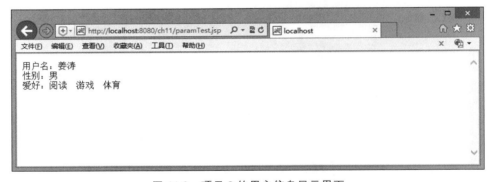

图 11-3 项目 2 的用户信息显示界面

11.3.3 项目 3:header 和 headerValues 对象的使用

1. 项目构思

练习使用 header 和 headerValues 对象获取请求头的属性。

2. 项目设计

利用 header 对象可以访问请求头中的单值信息,${header.name}等价于 request.getHeader(name);如果请求头信息中的某个信息有多个值,那么想获得该信息的所有值就必须利用 headerValues 对象,不过这种情况比较少见,${headerValues.name}等价于 request.getHeaders(name)。

3. 项目实施

```
文件名:headerTest.jsp
<%@ page pageEncoding="utf-8"%>
<table border align="center">
<tr>
<th>表达式</th><th>值</th><th>说明</th>
</tr>
<tr>
<td>\${header.host}</td>
<td>${header.host}</td>
<td>获得客户端主机信息</td>
</tr>
<tr>
<td>\${header.accept}</td>
<td>${header.accept}</td>
<td>获得客户端浏览器可接受的 MIME 类型</td>
</tr>
<tr>
<td>\${header["accept-encoding"]}</td>
<td>${header["accept-encoding"]}</td>
<td>获得客户端浏览器能够进行解码的数据编码方式</td>
</tr>
<tr>
<td>\${header["accept-language"]}</td>
<td>${header["accept-language"]}</td>
<td>获得客户端浏览器可接受的语言类型</td>
</tr>
<tr>
<td>\${header["content-length"]}</td>
<td>${header["content-length"]}</td>
<td>获得请求信息正文的长度</td>
</tr>
<tr>
<td>\${header["user-agent"]}</td>
<td>${header["user-agent"]}</td>
<td>获得客户端浏览器类型</td>
</tr>
</table>
```

4. 项目运行

在浏览器地址栏中输入 URL:"http://localhost:8080/ch11/headerTest.jsp",得到的运行结果如图 11-4 所示。

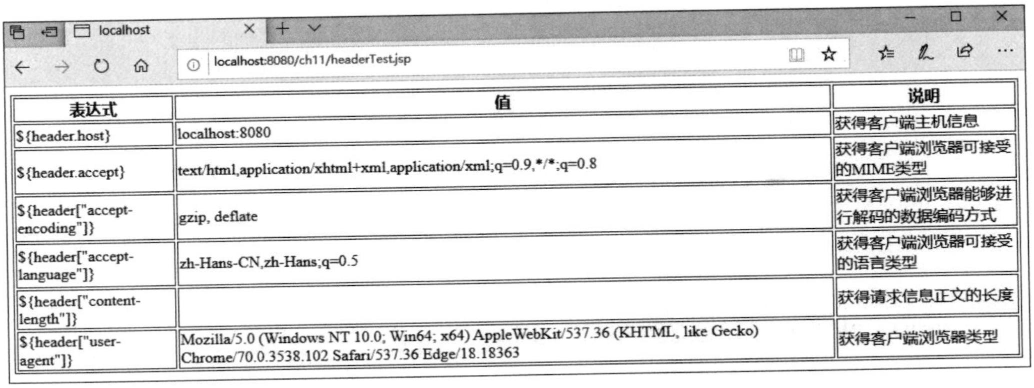

表达式	值	说明
${header.host}	localhost:8080	获得客户端主机信息
${header.accept}	text/html,application/xhtml+xml,application/xml;q=0.9,*/*;q=0.8	获得客户端浏览器可接受的MIME类型
${header["accept-encoding"]}	gzip, deflate	获得客户端浏览器能够进行解码的数据编码方式
${header["accept-language"]}	zh-Hans-CN,zh-Hans;q=0.5	获得客户端浏览器可接受的语言类型
${header["content-length"]}		获得请求信息正文的长度
${header["user-agent"]}	Mozilla/5.0 (Windows NT 10.0; Win64; x64) AppleWebKit/537.36 (KHTML, like Gecko) Chrome/70.0.3538.102 Safari/537.36 Edge/18.18363	获得客户端浏览器类型

图 11-4　项目 3 的运行结果图

11.3.4　项目 4：cookie 对象的使用

1. 项目构思

练习使用 cookie 对象读取 Cookie 信息。

2. 项目设计

利用隐含对象 cookie 可以快速访问请求对象中的 Cookie 对象，从而可以不必使用 request.getCookies()方法。表达式 ${cookie.name.value} 返回名称为 name 的 cookie 值。

3. 项目实施

```jsp
文件名:cookieSetTest.jsp
<%@ page pageEncoding="utf-8"%>
<%
  Cookie cookie=new Cookie("film","AChineseOdyssey");
  response.addCookie(cookie);
  cookie=new Cookie("director","ZhenweiLiu");
  response.addCookie(cookie);
  cookie=new Cookie("theme-song","LoveforLife");
  response.addCookie(cookie);
  cookie=new Cookie("hero","XingchiZhou");
  response.addCookie(cookie);
  cookie=new Cookie("heroine","YinZhu");
  response.addCookie(cookie);
  response.sendRedirect("cookieGetTest.jsp");
%>


文件名:cookieGetTest.jsp
<%@ page pageEncoding="utf-8"%>
<table border align="center">
```

```
<tr><th>表达式</th><th>值</th><th>说明</th></tr>
<tr>
<td>\${cookie.film.value}</td>
<td>${cookie.film.value}</td>
<td>电影名</td>
</tr>
<tr>
<td>\${cookie.director.value}</td>
<td>${cookie.director.value}</td>
<td>导演</td>
</tr>
<tr>
<td>\${cookie["theme-song"].value}</td>
<td>${cookie["theme-song"].value}</td>
<td>主题曲</td>
</tr>
<tr>
<td>\${cookie.hero.value}</td>
<td>${cookie.hero.value}</td>
<td>男主角</td>
</tr>
<tr>
<td>\${cookie.heroine.value}</td>
<td>${cookie.heroine.value}</td>
<td>女主角</td>
</tr>
</table>
```

4. 项目运行

在浏览器地址栏中输入 URL："http://localhost:8080/ch11/cookieSetTest.jsp",得到的运行结果如图 11-5 所示。

图 11-5 项目 4 的运行结果图

11.3.5 项目 5：initParam 对象的使用

1. 项目构思

练习使用 initParam 对象获取 Web 应用的初始参数。

2. 项目设计

利用 initParam 对象可以访问 web.xml 文件中所指定的 Web 应用上下文中的初始参数值，${initParam.name}等价于 application.getInitParameter(name)。

3. 项目实施

```
文件名:initParamTest.jsp
<%@ page pageEncoding="utf-8"%>
<div style="text-align:center;font-family:${initParam.family };
       color:${initParam.color };font-size:${initParam.size }">
   ${initParam.content }
</div>
```

在 web.xml 文件中添加如下代码：

```
<context-param>
    <param-name>family</param-name>
    <param-value>隶书</param-value>
</context-param>
<context-param>
    <param-name>color</param-name>
    <param-value>purple</param-value>
</context-param>
<context-param>
    <param-name>size</param-name>
    <param-value>32px</param-value>
</context-param>
<context-param>
    <param-name>content</param-name>
    <param-value>欢迎光临!</param-value>
</context-param>
```

4. 项目运行

在浏览器地址栏中输入 URL："http://localhost:8080/ch11/initParamTest.jsp"，得到的运行结果如图 11-6 所示。

图 11-6　项目 5 的运行结果图

11.3.6　项目 6：与范围有关的对象的使用

1. 项目构思

练习使用与范围有关的 EL 隐含对象。

2. 项目设计

EL 中与范围有关的隐含对象共有 4 个，分别是 pageScope、requestScope、sessionScope 和 applicationScope。它们提供了对相应范围内属性的简明访问，例如，要获得 session 中存储的属性 username 的值，可以使用 ${sessionScope.username}，而不必使用脚本代码 session.getAttribute("username")。

对于那些出现在 EL 中但却不对应于任何隐含对象的标识符，比如，${username}，将会依次在 pageScope、requestScope、sessionScope 和 applicationScope 这 4 个对象中查找，测试该标识符的名称是否与存储在某个范围内的属性名称匹配。第一个匹配成功的属性的值即为 EL 表达式的值。

3. 项目实施

```jsp
文件名:scopeTest.jsp
<%@ page pageEncoding="utf-8"%>
<jsp:useBean id="now" class="java.util.Date" scope="page"/>
<%
  pageContext.setAttribute("love","足球");
  request.setAttribute("love","乒乓球");
  session.setAttribute("love","篮球");
  application.setAttribute("love","排球");
%>
<table border align="center">
<tr>
<th>表达式</th><th>值</th>
</tr>
<tr>
<td>\${pageScope.now}</td>
<td>${pageScope.now}</td>
</tr>
```

```
<tr>
<td>\${love}</td>
<td>${love}</td>
</tr>
<tr>
<td>\${pageScope.love}</td>
<td>${pageScope.love}</td>
</tr>
<tr>
<td>\${requestScope.love}</td>
<td>${requestScope.love}</td>
</tr>
<tr>
<td>\${sessionScope.love}</td>
<td>${sessionScope.love}</td>
</tr>
<tr>
<td>\${applicationScope.love}</td>
<td>${applicationScope.love}</td>
</tr>
</table>
```

4. 项目运行

在浏览器地址栏中输入 URL："http://localhost:8080/ch11/scopeTest.jsp"，得到的运行结果如图 11-7 所示。

图 11-7 项目 6 的运行结果图

本章小结

EL 是一种可以计算和输出 Java 对象的简单语言，它提供了对属性的简明访问。"."和"[]"是 EL 的两种数据访问操作符。

EL 可以执行算术、关系和逻辑等运算。

EL 的 11 个隐含对象提供了对上下文信息、请求参数及 Cookie 等信息的访问。利用 EL 表达式可以减少 JSP 的开发工作量。

习题

1. EL 中都可以出现哪些形式的表达式？
2. EL 的两种数据访问操作符有什么不同？
3. EL 中用于访问请求参数的隐含对象是什么？EL 中与范围有关的隐含对象有哪些？

第 12 章 标准标签库

【学习目标】

- 了解 JSTL 的基本概念、下载、安装和配置。
- 掌握 JSTL 核心标签库的通用标签、条件处理、循环与迭代和 URL 操作等标签的使用。
- 掌握如何使用 JSTL 中的 SQL 标签查询、更新和删除数据库中的数据。
- 了解 JSTL 的函数标签库和格式标签库。
- 能够根据实际问题选择合适的 JSTL 标签完成功能。

12.1 JSTL 简介

12.1.1 JSTL 入门

在 JSP 1.2 之前的版本中,在页面中生成动态内容通常是通过使用 Java 脚本实现的,但是页面中嵌入的大量 Java 脚本降低了程序的可读性,并给程序的维护带来了很大困难。自定义标签的使用让这种情况有所改观,但自定义标签的广泛使用又导致不同的编程人员对很多相同功能进行了重复定义。

JSP 标准标签库(JSP Standard Tag Library,JSTL)是一个不断完善的开放源码的 JSP 标签库,它实现了 Web 应用中常见的通用功能。它的出现既避免了页面中 Java 脚本的使用,又避免了自定义标签中功能的重复定义。JSTL 和 EL 的结合使用可以让 JSP 页面中不再出现任何 Java 脚本,简化了 JSP 页面的开发,使页面清晰简洁,便于理解和维护。

JSTL 产生于 JCP(Java Community Process)的 JSR-52(JSR:Java Specification Request),并在不断地发展完善。JSTL 1.0 规范于 2002 年 6 月发布,2003 年 11 月 JSTL 1.1 发布。JSTL 的最新版本是 JSTL 1.2,它是 Java EE 平台的一部分。JSTL 需运行在支持 JSP 1.2/Servlet 2.3 规范的容器之上,如 Tomcat 9.x。JSP 2.0 及以上的版本支持 JSTL 标准。

12.1.2 JSTL 安装和配置

Tomcat 9.x 并没有自动包含对 JSTL 的支持，因此需要手工安装和配置。JSTL 的下载网址为：http://tomcat.apache.org/download-taglibs.cgi（4 个 jar 文件也可以在本书配套资源的开发工具目录下找到）。下载完成后，需要手工将 jar 文件复制到 Web 应用的 WEB-INF/lib 目录下。

12.1.3 JSTL 的分类

JSTL 包含 5 类标准标签库，分别是核心标签库、格式标签库、函数标签库、SQL 标签库和 XML 标签库。如果需要在 JSP 页面中使用 JSTL 标签库中的标签，就必须在使用前用如下指令进行引入：

```
<%@ taglib prefix="tagPrefix" uri="taglibURI" %>
```

其中，tagPrefix 用于指明在 JSP 页面中引用标签时所使用的前缀，taglibURI 用于告知容器如何找到标签描述文件和标签库。

表 12-1 给出了这 5 类标签库的 tagPrefix 和 taglibURI 以及描述。

表 12-1 JSTL 标准标签库

分 类	描 述	URI	Prefix
核心标签库	JSP 页面用到的基本功能的标签集合，包括通用标签、条件标签、循环迭代标签和 URL 相关标签等	http://java.sun.com/jsp/jstl/core	c
格式标签库	处理国际化问题的标签集合	http://java.sun.com/jsp/jstl/fmt	fmt
函数标签库	EL 中使用的标准函数集合，提供字符串处理等功能	http://java.sun.com/jsp/jstl/functions	fn
SQL 标签库	提供与数据库交互能力的标签集合	http://java.sun.com/jsp/jstl/sql	sql
XML 标签库	处理和生成 XML 的标签集合	http://java.sun.com/jsp/jstl/xml	x

12.2 核心标签库

JSTL 核心标签库提供了内容输出、变量管理、条件逻辑、循环迭代、文本引入和 URL 处理等主要功能。根据用途的不同，所包含的标签又可分为通用标签、条件标签、迭代标签和 URL 相关标签。在 JSP 页面中引入核心标签库需要使用如下指令：

```
<%@ taglib prefix="c" uri="http://java.sun.com/jstl/core" %>
```

12.2.1 通用标签

通用标签提供了 JSP 页面中的常用功能，如输出、变量的定义和删除及异常处理等。通用标签共 4 个，分别是＜c:out＞、＜c:set＞、＜c:remove＞和＜c:catch＞。

1．＜c:out＞标签

＜c:out＞标签用于在页面中显示内容，它的功能类似于 Java 脚本中的表达式＜％=％＞。＜c:out＞标签的属性描述如表 12-2 所示。

表 12-2 ＜c:out＞标签的属性

属性名	描　　述	是否必需	默认值
value	要输出的信息，可以是常量字符串或 EL 表达式	是	无
default	value 属性的值为 null 时输出的信息	否	标签体的内容
escapeXml	是否忽略 value 属性值中的 XML 标签	否	true

＜c:out＞标签的使用如例 12-1 所示。

【例 12-1】 outTest.jsp，＜c:out＞标签的使用。

```
<%@ page pageEncoding="utf-8"%>
<%@ taglib prefix="c" uri="http://java.sun.com/jsp/jstl/core"%>
<h2>&lt;c:out&gt;标签的使用</h2>
<%
  pageContext.setAttribute("var1","<h2>此处的<h2>标签未被解析</h2>");
  pageContext.setAttribute("var2","<b>此段文字被加粗显示</b>");
%>
输出常量字符串：<c:out value="Hello"/><p>
输出 EL 表达式的值：<c:out value="${100+33 * 3}"/><p>
输出由 default 指定的默认值：<c:out value="${var3}" default="属性 var3 不存在"/><p>
输出由标签体指定的默认值：<c:out value="${param.name}">参数 name 不存在</c:out><p>
忽略 value 属性的 XML 标签，即 escapeXml=true：<c:out value="${var1}"/><p>
解析 value 属性的 XML 标签，即 escapeXml=false：<c:out value="${var2}" escapeXml="false"/>
```

例 12-1 的运行结果如图 12-1 所示。

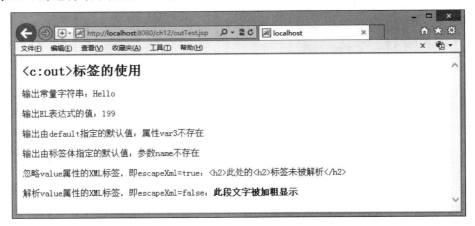

图 12-1　例 12-1 的运行结果

2. ＜c:set＞标签

＜c:set＞标签用于在某范围内定义变量、修改某范围内变量的值,为对象添加属性和修改对象的属性值。＜c:set＞标签的属性描述如表 12-3 所示。

表 12-3 ＜c:set＞标签的属性

属性名	描 述	是否必需	默认值
value	要设定的值,可以是常量字符串或 EL 表达式	否	标签体的内容
target	需要设定属性值的对象	否	无
property	被赋值的属性名	否	无
var	被赋值的变量名	否	无
scope	变量的使用范围,取值为 page、request、session 和 application 其中之一。	否	page

注意：如果 target 属性存在,则 property 属性必须存在,反之亦然。

＜c:set＞标签的用法有 4 种,分别是：

```
(1) <c:set var="varName" value="value" scope="page|request|session|application"/>
(2) <c:set var="varName" scope="page|request|session|application">
      body content
    </c:set>
(3) <c:set value="value" target="target" property="propertyName" />
(4) <c:set target="target" property="propertyName"/>
      body content
    </c:set>
```

＜c:set＞标签的使用如例 12-2 所示。

【例 12-2】 setTest.jsp,＜c:set＞标签的使用。

```
<%@ page pageEncoding="utf-8" import="java.util.HashMap" %>
<%@ taglib prefix="c" uri="http://java.sun.com/jsp/jstl/core"%>
<h2>&lt;c:set&gt;标签的使用</h2>
<%
  //设置请求范围内的对象 player
  HashMap<String,String> player=new HashMap<String,String>();
  player.put("actor1","小明");
  player.put("actress1","小红");
  player.put("actress2","小丽");
  request.setAttribute("player",player);
  //设置请求范围内的对象 money
  request.setAttribute("money",100);
%>
<%--定义页面范围内的变量 money,值为 200--%>
```

```jsp
<c:set var="money" value="200" scope="page"/>
<%--利用标记体定义会话范围内的变量money,值为400--%>
<c:set var="money" scope="session">
   <c:out value="400"/>
</c:set>
<%--修改请求范围内的变量money值为300,自动将字符串类型转换为Integer类型--%>
<c:set var="money" value="300" scope="request"/>
<%--修改对象player的actor1属性的值--%>
<c:set value="小强" target="${player}" property="actor1"/>
<%--为对象player添加属性actor2--%>
<c:set target="${player}" property="actor2">
   小岩
</c:set>
<!--变量和属性的输出-->
<table border>
<tr>
<th>表达式</th><th>值</th><th>说明</th>
</tr>
<tr>
<td>\${money}</td>
<td>${money}</td>
<td>输出未指定范围的money变量的值</td>
</tr>
<tr>
<td>\${pageScope.money}</td>
<td>${pageScope.money}</td>
<td>输出页面范围内的money变量的值</td>
</tr>
<tr>
<td>\${requestScope.money}</td>
<td>${requestScope.money}</td>
<td>输出请求范围内的money变量的值</td>
</tr>
<tr>
<td>\${sessionScope.money}</td>
<td>${sessionScope.money}</td>
<td>输出会话范围内的money变量的值</td>
</tr>
<tr>
<td>\${requestScope.player.actor1}</td>
<td>${requestScope.player.actor1}</td>
<td>输出对象player的actor1属性的值</td>
</tr>
```

```
<tr>
<td>\${requestScope.player.actor2}</td>
<td>${requestScope.player.actor2}</td>
<td>输出对象 player 的 actor2 属性的值</td>
</tr>
<tr>
<td>\${requestScope.player.actress1}</td>
<td>${requestScope.player.actress1}</td>
<td>输出对象 player 的 actress1 属性的值</td>
</tr>
<tr>
<td>\${requestScope.player.actress2}</td>
<td>${requestScope.player.actress2}</td>
<td>输出对象 player 的 actress2 属性的值</td>
</tr>
</table>
```

例 12-2 的运行结果如图 12-2 所示。

图 12-2　例 12-2 的运行结果

3.＜c:remove＞标签

＜c:remove＞标签用于删除某范围内的变量和对象。如果没有指定范围，则将在页面范围、请求范围、会话范围和应用范围内查找，在找到的范围内删除变量或对象。＜c:remove＞标签的属性描述如表 12-4 所示。

表 12-4　＜c:remove＞标签的属性

属性名	描述	是否必需	默认值
var	被删除的变量或对象名	是	无
scope	被删除的变量或对象所在的范围，取值为 page、request、session 和 application 其中之一	否	所有范围

<c:set>标签也可用于删除变量和对象,例如:

```
<c:set var="varName" value="${expression}" scope="page|request|session|application"/>
```

如果 value 属性指定的表达式的值为 null,则变量或对象将从指定范围内删除。如果没有指定范围,则将在页面范围、请求范围、会话范围和应用范围内查找,在找到的范围内删除变量或对象。

4. <c:catch>标签

<c:catch>标签用于捕获标签体内的语句执行时所抛出的异常。<c:catch>标签的属性描述如表 12-5 所示。

表 12-5 <c:catch>标签的属性

属性名	描述	是否必需	默认值
var	接收异常信息的变量名	否	无

其中,属性 var 在页面范围内有效,并且当标签体没有抛出异常时,该变量不存在。当标签体内的某条语句发生异常时,其后的语句将被忽略,直接跳到标签外的第一条语句执行。<c:catch>标签的使用如例 12-3 所示。

【例 12-3】 catchTest.jsp,<c:catch>标签的使用。

```
<%@ page pageEncoding="utf-8"%>
<%@ taglib prefix="c" uri="http://java.sun.com/jsp/jstl/core"%>
<h2>&lt;c:catch&gt;标签的使用</h2>
<c:catch var="exception1">
  <%
    String s1="abc"; int a1=4;
    out.println("字符串"+s1+"的长度为:"+s1.length()+"<br>");
    out.println("8/"+a1+"的值为:"+8/a1+"<br>");
  %>
</c:catch>
此段语句没有抛出异常,变量 exception1 的值为:${exception1}<p>
<c:catch var="exception2">
  <%
    String s2=null;
    out.println("字符串"+s2+"的长度为:"+s2.length()+"<br>");
  %>
</c:catch>
异常发生,异常信息为:${exception2}<p>
<c:catch var="exception3">
  <%
    int a2=0;
```

```
            out.println("8/"+a2+"的值为:"+8/a2+"<br>");
        %>
    </c:catch>
    异常发生,异常信息为:${exception3.message}
```

例 12-3 的运行结果如图 12-3 所示。

图 12-3　例 12-3 的运行结果

12.2.2　条件标签

条件标签在 JSP 页面中完成条件处理,实现根据不同条件动态显示内容的功能。条件标签共有 4 个:＜c:if＞、＜c:choose＞、＜c:when＞、＜c:otherwise＞。

1. ＜c:if＞标签

＜c:if＞标签用于条件判断,当条件为真时,执行标记体的内容,否则不执行。它的功能类似于 Java 中的简单 if 语句。＜c:if＞标签的属性描述如表 12-6 所示。

表 12-6　＜c:if＞标签的属性

属性名	描　　述	是否必需	默认值
test	用于条件判断的布尔表达式	是	无
var	存储条件判断结果的变量	否	无
scope	var 变量的使用范围,取值为 page、request、session 和 application 其中之一	否	page

＜c:if＞标签可以没有标记体。当仅需要获得条件表达式的值时,可以不使用标记体,此时语句的作用等同于使用＜c:set＞标签将条件表达式的值赋给变量。＜c:if＞标签的使用如例 12-4 所示。

【例 12-4】　ifTest.jsp,＜c:if＞标签的使用。

```
<%@ page pageEncoding="utf-8"%>
<%@ taglib prefix="c" uri="http://java.sun.com/jsp/jstl/core"%>
```

```
<jsp:useBean id="now" class="java.util.Date"/>
<h2>&lt;c:if&gt;标签的使用</h2>
<h3>不带标签体的 &lt;c:if&gt;标签</h3>
<c:if test="${param.a * 4-1<param.b+6-5 * 3}" var="testVar" scope="request"/>
表达式${"${"}${param.a} * 4-1<${param.b}+6-5 * 3${"}"}的值是:${testVar}
<p>
<h3>带标签体的 &lt;c:if&gt;标签,根据当前时间显示不同的问候语</h3>
现在时间是${now.hours}:${now.minutes}:${now.seconds},
<c:if test="${now.hours>=0 && now.hours<12}">
  上午好!
</c:if>
<c:if test="${now.hours>=12 && now.hours<18}">
  下午好!
</c:if>
<c:if test="${now.hours>=18 && now.hours<=23}">
  晚上好!
</c:if>
```

在浏览器地址栏中输入 URL:"http://localhost:8080/ch12/ifTest.jsp?a=4&b=8",运行结果如图 12-4 所示。

图 12-4　例 12-4 的运行结果

2. ＜c:choose＞、＜c:when＞和＜c:otherwise＞标签

＜c:choose＞、＜c:when＞和＜c:otherwise＞标签联合使用,用于条件选择,功能类似于 Java 中的 if…else 语句和 switch…case…default 语句。

＜c:choose＞标签没有任何属性,它的标记体只能是＜c:when＞和＜c:otherwise＞标签。＜c:when＞标签只有一个属性 test,它的值是一个用于条件判断的布尔表达式。＜c:otherwise＞标签没有任何属性。＜c:when＞和＜c:otherwise＞标签不能单独使用,只能出现在＜c:choose＞标签内部;＜c:when＞标签必须出现在＜c:otherwise＞标签之前。＜c:choose＞、＜c:when＞和＜c:otherwise＞标签的使用语法如下:

```
<c:choose>
```

```
    <c:when test="logicExpression1">content1</c:when>
    <c:when test="logicExpression2">content2</c:when>
        ...
    <c:when test="logicExpressionN">contentN</c:when>
    <c:otherwise> content</c:otherwise>
</c:choose>
```

<c:choose>标签在执行时,首先判断第一个<c:when>标签中 test 属性的值,如果值为 true,则执行标签体的内容,其后的<c:when>标签和<c:otherwise>标签将不再执行;如果值为 false,则将依次判断其后的<c:when>标签的 test 属性,找到值为 true 的<c:when>标签后,执行标签体的内容;如果所有<c:when>标签的 test 属性值都为 false,才会执行<c:otherwise>标签体的内容。这组标签的使用方法如例 12-5 所示。

【例 12-5】 chooseTest.jsp,<c:choose>标签的使用。

```
<%@ page pageEncoding="utf-8"%>
<%@ taglib prefix="c" uri="http://java.sun.com/jsp/jstl/core"%>
<h2>&lt;c:choose&gt;标签的使用</h2>
<c:set var="score" value="${param.score}"/>
<c:choose>
  <c:when test="${score>0 && score<=60}">
      成绩很不理想,要小心了!
  </c:when>
  <c:when test="${score>60 && score<=75}">
      成绩一般,继续加油!
  </c:when>
  <c:when test="${score>75 && score<=90}">
      成绩不错呦,继续努力!
  </c:when>
  <c:when test="${score>90 && score<=100}">
      成绩非常好,继续保持!
  </c:when>
  <c:otherwise>成绩输入有错!</c:otherwise>
</c:choose>
```

在浏览器地址栏中输入 URL:"http://localhost:8080/ch12/chooseTest.jsp?score=80",运行结果如图 12-5 所示。

图 12-5 例 12-5 的运行结果

12.2.3 循环迭代标签

核心标签库中实现循环迭代功能的标签有 2 个,分别是<c:forEach>和<c:forTokens>。其中<c:forEach>是最常用的循环处理标签,多用于处理一般数据;<c:forTokens>多用于处理字符串。

1. <c:forEach>标签

<c:forEach>标签可以实现固定次数的循环,功能类似于 Java 中的 for 循环;也可以对集合元素进行迭代,功能类似于在 Java 中使用 Iterator 对象;也可以遍历 HashMap 和 StringTokenizer 对象。<c:forEach>标签的属性描述如表 12-7 所示。

表 12-7 <c:forEach>标签的属性

属性名	描述	是否必需	默认值
items	用于迭代的对象	否	无
begin	循环迭代的起始位置	否	0
end	循环迭代的结束位置	否	迭代对象的最后一个元素
step	循环迭代的步长	否	1
var	循环迭代的当前元素的变量	否	否
varStatus	循环迭代的当前元素的状态	否	否

其中,items 属性或 begin 和 end 属性必须指定其一。如果指定了 items 属性,则该标签实现的是对对象的迭代和遍历功能;如果没有指定 items 对象,则该标签实现的是固定次数的循环功能。属性 varStatus 包含 index、count、first 和 last 4 个状态信息,分别表示当前元素的索引、元素总数、是否为第一个元素和是否为最后一个元素。<c:forEach>标签的使用如例 12-6、例 12-7 和例 12-8 所示。

【例 12-6】 forEachTest1.jsp,<c:forEach>实现固定次数的循环。

```
<%@ page pageEncoding="utf-8"%>
<%@ taglib prefix="c" uri="http://java.sun.com/jsp/jstl/core"%>
<h2>&lt;c:forEach&gt;标签的使用</h2>
<h3>固定次数的循环,从 5 到 10,步长为 1</h3>
<table border>
<tr><th rowspan="2">当前元素</th><th colspan="4">元素状态</th></tr>
<tr><th>元素索引</th><th>元素总数</th><th>是否第一个</th><th>是否最后一个
</th></tr>
<c:forEach var="v" begin="5" end="10" step="1" varStatus="s">
<tr><td>${v}</td><td>${s.index}</td><td>${s.count}</td>
<td>${s.first}</td><td>${s.last}</td></tr>
</c:forEach>
</table>
<h3>固定次数的循环,从 1 到 10,步长为 3</h3>
```

```
<table border>
<tr><th rowspan="2">当前元素</th><th colspan="4">元素状态</th></tr>
<tr><th>元素索引</th><th>元素总数</th><th>是否第一个</th><th>是否最后一个</th></tr>
<c:forEach var="v" begin="1" end="10" step="3" varStatus="s">
<tr><td>${v}</td><td>${s.index}</td><td>${s.count}</td>
<td>${s.first}</td><td>${s.last}</td></tr>
</c:forEach>
</table>
```

例 12-6 的运行结果如图 12-6 所示。

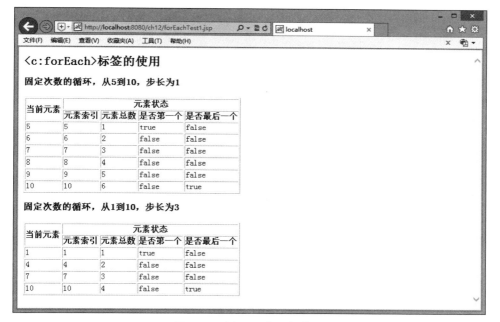

图 12-6　例 12-6 的运行结果

【例 12-7】　forEachTest2.jsp，<c:forEach>实现集合元素的迭代。

```
<%@ page pageEncoding="utf-8"%>
<%@ page import="java.util.Vector" %>
<%@ taglib prefix="c" uri="http://java.sun.com/jsp/jstl/core"%>
<h2>&lt;c:forEach&gt;标签的使用</h2>
<h3>迭代数组元素,数组为{"赤","橙","黄","绿","青","蓝","紫"},begin=2,end=6,step=2</h3>
<%
   String[] sArray={"赤","橙","黄","绿","青","蓝","紫"};
   pageContext.setAttribute("sArray",sArray);
%>
<table border>
```

```
<tr><th rowspan="2">当前元素</th><th colspan="4">元素状态</th></tr>
<tr><th>元素索引</th><th>元素总数</th><th>是否第一个</th><th>是否最后一个</th>
<c:forEach var="v" items="${sArray}" begin="2" end="6" step="2" varStatus="s">
<tr><td>${v}</td><td>${s.index}</td><td>${s.count}</td>
<td>${s.first}</td><td>${s.last}</td></tr>
</c:forEach>
</table>
<h3>迭代集合元素</h3>
<%
    Vector<String> vector=new Vector<String>();
    vector.add("黄瓜");
    vector.add("茄子");
    vector.add("西红柿");
    vector.add("地瓜");
    vector.add("土豆");
    pageContext.setAttribute("vector",vector);
%>
<table border>
<tr><th rowspan="2">当前元素</th><th colspan="4">元素状态</th></tr>
<tr><th>元素索引</th><th>元素总数</th><th>是否第一个</th><th>是否最后一个</th></tr>
<c:forEach var="v" items="${vector}" varStatus="s">
<tr><td>${v}</td><td>${s.index}</td><td>${s.count}</td>
<td>${s.first}</td><td>${s.last}</td></tr>
</c:forEach>
</table>
```

例 12-7 的运行结果如图 12-7 所示。

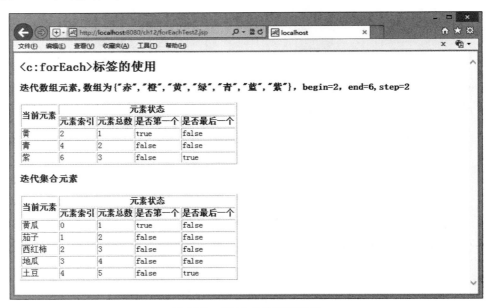

图 12-7　例 12-7 的运行结果

【例 12-8】 forEachTest3.jsp，<c:forEach>实现 HashMap 和 StringTokenizer 对象的遍历。

```jsp
<%@ page pageEncoding="utf-8"%>
<%@ page import="java.util.HashMap" %>
<%@ taglib prefix="c" uri="http://java.sun.com/jsp/jstl/core"%>
<h2>&lt;c:forEach&gt;标签的使用</h2>
<h3>遍历 HashMap</h3>
<%
    HashMap<String,String> hm=new HashMap<String,String>();
    hm.put("年龄","25");
    hm.put("身高","170cm");
    hm.put("性别","女");
    hm.put("职业","白领");
    hm.put("收入","5 千元/月");
    pageContext.setAttribute("hm",hm);
%>
<table border>
<tr><th colspan="2">当前元素</th><th colspan="4">元素状态</th></tr>
<tr><th>元素的 key</th><th>元素的 value</th><th>元素索引</th><th>元素总数</th><th>是否第一个</th><th>是否最后一个</th></tr>
<c:forEach var="m" items="${hm}" varStatus="s">
<tr><td>${m.key}</td><td>${m.value}</td><td>${s.index}</td><td>${s.count}</td>
<td>${s.first}</td><td>${s.last}</td></tr>
</c:forEach>
</table>
<h3>遍历 StringTokenizer,"氮气,氧气,二氧化碳,氢气,硫化氢,一氧化碳,氢气,二氧化硫"</h3>
<c:forEach var="v" items="氮气,氧气,二氧化碳,氢气,硫化氢,一氧化碳,氢气,二氧化硫"
begin="2" end="6" varStatus="s">
  <c:if test="${s.first}">
     begin:${s.begin}
     end:${s.end}<p>
  </c:if>
  ${v}
  <c:if test="${s.last}">
     <p>输出元素的总数:${s.count}
  </c:if>
</c:forEach>
```

例 12-8 的运行结果如图 12-8 所示。

2. ＜c:forTokens＞标签

在例 12-8 中，＜c:forEach＞标签实现了遍历 StringTokenizer 对象的功能，但它只能遍历以逗号作为分隔符的 StringTokenizer 对象。＜c:forTokens＞标签专门用于处理 StringTokenizer 类型的对象，可以同时指定一个或者多个分隔符，它的功能更加强大。

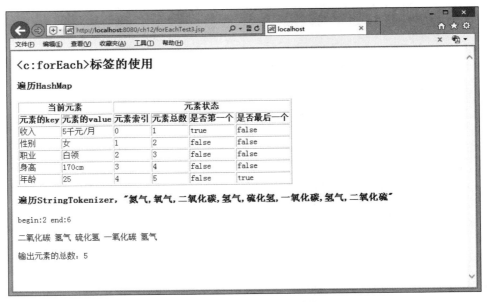

图 12-8　例 12-8 的运行结果

＜c:forTokens＞标签的属性如表 12-8 所示。

表 12-8　＜c:forTokens＞标签的属性

属性名	描　　述	是否必需	默　认　值
items	StringTokenizer 对象	是	无
delims	分隔符	是	无
begin	起始位置	否	0
end	结束位置	否	StringTokenizer 的最后一个元素
step	步长	否	1
var	当前元素	否	否
varStatus	当前元素的状态	否	否

＜c:forTokens＞的使用如例 12-9 所示。

【例 12-9】　forTokensTest.jsp，＜c:forTokens＞的使用。

```
<%@ page pageEncoding="utf-8"%>
<%@ taglib prefix="c" uri="http://java.sun.com/jsp/jstl/core"%>
<h2>&lt;c:forTokens&gt;标签的使用</h2>
<h3>遍历 StringTokenizer,"西瓜,苹果-梨-香蕉,西红柿,芒果-水蜜桃-柚子,猕猴桃-橙子,菠萝-樱桃"</h3>
<c:set var="fruits" value="西瓜,苹果-梨-香蕉,西红柿,芒果-水蜜桃-柚子,猕猴桃-橙子,菠萝-樱桃"/>
<h4>"-"作为分隔符</h4>
```

```
<c:forTokens var="fruit" items="${fruits}" delims="-" varStatus="s">
  ${s.count}:${fruit}
</c:forTokens>
<h4>"-"作为分隔符,begin=2</h4>
<c:forTokens var="fruit" items="${fruits}" delims="-" varStatus="s" begin="2">
  ${s.count}:${fruit}
</c:forTokens>
<h4>","作为分隔符</h4>
<c:forTokens var="fruit" items="${fruits}" delims="," varStatus="s">
  ${s.count}:${fruit}
</c:forTokens>
<h4>","作为分隔符,end=3</h4>
<c:forTokens var="fruit" items="${fruits}" delims="," varStatus="s" end="3">
  ${s.count}:${fruit}
</c:forTokens>
<h4>"-,"作为分隔符</h4>
<c:forTokens var="fruit" items="${fruits}" delims="-," varStatus="s">
  ${s.count}:${fruit}
</c:forTokens>
<h4>"-,"作为分隔符,step=4</h4>
<c:forTokens var="fruit" items="${fruits}" delims="-," varStatus="s" step="4">
  ${s.count}:${fruit}
</c:forTokens>
```

例 12-9 的运行结果如图 12-9 所示。

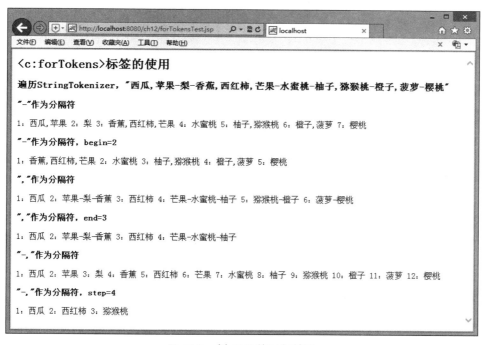

图 12-9 例 12-9 的运行结果

12.2.4 URL 相关标签

URL 相关标签用于实现资源导入、格式化 URL、参数传递和重定向等功能,这类标签共有 4 个,分别是<c:import>、<c:url>、<c:param>和<c:redirect>。

1. <c:import>标签

<c:import>标签用于在 JSP 页面中导入资源,其功能类似于<jsp:include>动作,但它的功能更强大。<c:import>标签的属性如表 12-9 所示。

表 12-9 <c:import>标签的属性

属性名	描述	是否必需	默认值
url	导入资源的 URL	是	无
context	加上本地 Web 应用的名称,当 URL 属性的值为相对地址时使用	否	当前 Web 应用
charEncoding	导入资源时使用的编码字符集	否	ISO-8859-1
var	保存导入内容的变量	否	输出到页面
scope	变量的使用范围	否	page
varReader	保存导入内容的 java.io.Reader 对象	否	无

在例 12-10 中,使用<c:import>标签实现了导入其他服务器资源的功能。

【例 12-10】 importTest1.jsp,<c:import>导入其他服务器资源。

```
<%@ page pageEncoding="utf-8"%>
<%@ taglib prefix="c" uri="http://java.sun.com/jsp/jstl/core"%>
<h2>&lt;c:import&gt;标签的使用</h2>
<c:import url="http://www.baidu.com" charEncoding="utf-8" />
```

例 12-10 的运行结果如图 12-10 所示。

例 12-11 使用<c:import>标签导入同一容器内的资源,并将导入内容保存在一个变量中,然后显示变量内容。

【例 12-11】 importTest2.jsp,<c:import>导入本地资源。

```
<%@ page pageEncoding="utf-8"%>
<%@ taglib prefix="c" uri="http://java.sun.com/jsp/jstl/core"%>
<h2>&lt;c:import&gt;标签的使用</h2>
<c:import url="/scopeTest.jsp" context="/ch11" var="v"/>
${v}
```

由于例 12-11 中实现的是跨应用访问,即在 Web 应用 ch12 中访问 Web 应用 ch11 的资源,因此需要在 tomcat 的配置文件 server.xml 的<Context docBase="ch12"…>这个标签中添加属性:

第 12 章 标准标签库 265

图 12-10 例 12-10 的运行结果

```
crossContext="true"
```

例 12-11 的运行结果如图 12-11 所示。

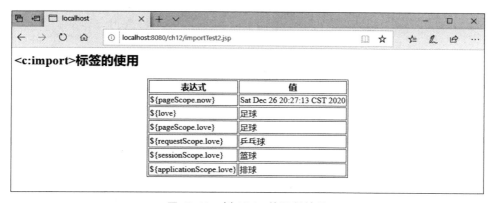

图 12-11 例 12-11 的运行结果

在例 12-11 中还可以用＜c:import＞标签的 varReader 属性指定保存导入内容的 Reader 对象,并用 scope 属性指明使用范围,所得到的结果是一样的。

＜c:import＞标签内部还可以使用＜c:param＞标签指明 URL 的参数,但这种情况比较少见,更常用的方式是使用＜c:url＞标签。

2. ＜c:url＞标签

＜c:url＞标签用于格式化 URL,格式化后的结果既可以输出也可以保存到变量中。

<c:url>标签的属性如表 12-10 所示。

表 12-10 <c:url>标签的属性

属性名	描述	是否必需	默认值
value	用于输出或格式化的 URL	是	无
context	加上本地 Web 应用的名字，当 URL 属性的值为相对地址时使用	否	当前 Web 应用
var	保存格式化后 URL 的变量	否	输出到页面
scope	变量的使用范围	否	page

<c:url>标签的用法有如下几种：

（1）格式化 value 所指定的 URL 并输出。如果为相对地址，可以用 context 属性指明 Web 应用的名称。

```
<c:url value="value" [context="context"] />
```

（2）将 value 所指定的 URL 带上<c:param>子标签所指定的参数一起格式化后输出。如果为相对地址，可以用 context 属性指明 Web 应用的名称。

```
<c:url value="value" [context="context"] >
    若干<c:param>子标签
</c:url>
```

（3）格式化 value 所指定的 URL，格式化后的结果保存在 var 属性指明的变量中，还可以为变量指明使用范围。

```
<c:url value="value" [context="context"] var="varName"
    [scope=" page|request|session|application"] />
```

（4）将 value 所指定的 URL 带上<c:param>子标签所指定的参数一起格式化，格式化后的结果保存在 var 属性指明的变量中，还可以为变量指明使用范围。

```
<c:url value="value" [context="context"] var="varName"
    [scope=" page|request|session|application"] >
    若干<c:param>子标签
</c:url>
```

<c:url>的使用如例 12-12 所示。

【例 12-12】 urlTest.jsp，<c:url>标签的使用。

```
<%@ page pageEncoding="utf-8"%>
<%@ taglib prefix="c" uri="http://java.sun.com/jsp/jstl/core"%>
<h2>&lt;c:url&gt;标签的使用</h2>
```

例 12-12 的运行结果如图 12-12 所示。

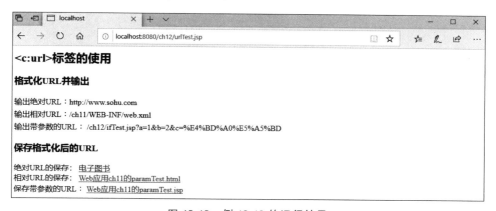

图 12-12　例 12-12 的运行结果

在例 12-12 中，<c:url>标签对其 value 属性指定的 URL 进行了格式化。如果标签体的参数中含有中文，还会对中文进行编码。如果浏览器不支持 Cookies，格式化后的 URL 还会自动包含 session ID，即支持自动 URL 重写。

3．<c:param>标签

<c:param>标签不能独立使用，只能用于在<c:import>、<c:url>和<c:redirect>标签体内添加请求参数。<c:param>标签的属性如表 12-11 所示。

表 12-11 ＜c:param＞标签的属性

属性名	描述	是否必需	默认值
name	参数的名称	是	无
value	参数的值	否	标签体的内容

4. ＜c:redirect＞标签

＜c:redirect＞标签用于将用户的请求重新定向到一个新的 URL。＜c:redirect＞标签的功能与 response 对象的 sendRedirect()方法很相似,但它的能力更强。它支持中文参数的自动编码,支持自动 URL 重写,并且允许使用不同 Web 应用的相对 URL。＜c:redirect＞标签的属性如表 12-12 所示。

表 12-12 ＜c:redirect＞标签的属性

属性名	描述	是否必需	默认值
url	请求被重新定向的 URL	是	无
context	加上本地 Web 应用的名字,当 URL 属性的值为相对地址时使用	否	当前 Web 应用

＜c:redirect＞的使用如例 12-13 所示。

【例 12-13】 redirectTest.jsp,＜c:redirect＞标签的使用。

```
<%@ page pageEncoding="utf-8"%>
<%@ taglib prefix="c" uri="http://java.sun.com/jsp/jstl/core"%>
<h2>&lt;c:redirect&gt;标签的使用,此段文字不会显示</h2>
<h3>重新定向到 ch11 的 paramTest.jsp,此段文字不会显示</h3>
<c:redirect url="/paramTest.jsp" context="/ch11">
    <c:param name="usr">
        红
    </c:param>
    <c:param name="gender">
        女
    </c:param>
    <c:param name="fav">
        唱歌
    </c:param>
    <c:param name="fav">
        跳舞
    </c:param>
</c:redirect>
```

例 12-13 的运行结果如图 12-13 所示。

图 12-13　例 12-13 的运行结果

12.2.5　项目 1：使用 JSTL 实现图书管理系统的视图层

1. 项目构思

使用 JSTL 实现第 9 章项目 5 基于 Model2 的图书管理系统的视图层。

2. 项目设计

第 9 章中基于 Model2 的图书管理系统的视图层文件共有 5 个，其中 list.jsp 和 edit.jsp 文件需要用 JSTL 改写，以达到在页面实现中不出现任何 Java 脚本的目的。设计的基本思想是使用 EL 表达式和 JSTL 中的＜c:forEach＞标签实现对象属性的访问以及循环迭代操作。

3. 项目实施

```
文件名:list_jstl.jsp
<%@ page pageEncoding="utf-8" %>
<%@ taglib uri="http://java.sun.com/jsp/jstl/core" prefix="c"%>
<html>
<head>
<title>图书管理系统</title>
<link rel="stylesheet" href="book.css" type="text/css">
</head>
<body>
<h2 align="center">图书管理系统</h2>
<p align="center"><a href="add.html">添加图书信息</a><p>
<table align="center" width="50%" border="1">
    <tr><th>书名</th><th>作者</th><th>出版社</th><th>价格</th><th>管理</th></tr>
    <c:forEach items="${books }" var="book">
        <tr><td>${book.bookname }</td>
            <td>${book.author }</td>
            <td>${book.press }</td>
            <td>${book.price }</td>
            <td><a href="edit.book?id=${book.id }">修改</a> 
    < a href="del.book?id=${book.id }" onclick="return confirm('确定要删除吗?')">删除</a></td></tr>
```

```
        </c:forEach>
</table>
</body>
</html>
```

文件名:edit_jstl.jsp
```
<%@ page pageEncoding="utf-8" %>
<%@ taglib uri="http://java.sun.com/jsp/jstl/core" prefix="c"%>
<html>
<head>
<title>修改图书信息</title>
<link rel="stylesheet" href="book.css" type="text/css">
<script type="text/javascript" src="book.js"></script>
</head>
<body>
<c:if test="${!empty bookinfo }">
        <h2 align="center">修改图书信息</h2>
        <form name="form1" onSubmit="return check()" action="edit_do.book" method="post">
            <input type="hidden" name="id" value="${bookinfo.id }">
            <table align="center" width="30%" border="1">
              <tr><th width="30%">书名:</th>
                  <td><input type="text" name="bookname" value="${bookinfo.bookname }"></td></tr>
              <tr><th>作者:</th>
                  <td><input type="text" name="author" value="${bookinfo.author }"></td></tr>
              <tr><th>出版社:</th>
                  <td><input type="text" name="press" value="${bookinfo.press }"></td></tr>
              <tr><th>价格:</th>
                  <td><input type="text" name="price" value="${bookinfo.price }"></td></tr>
              <tr><th colspan="2">
                  <input type="submit" value="修改">
                  <input type="reset" value="重置"></th></tr>
            </table>
        </form>
</c:if>
</body>
</html>
```

4. 项目运行

视图层用 JSTL 实现不会改变图书管理系统的运行结果,因此这里不再赘述。

12.3 格式标签库

Web 应用的国际化使得来自不同地域、使用不同语言的用户可以使用本地语言访问同一 Web 应用，而无须分别为不同语言的用户开发单独的 Web 应用。JSTL 格式标签库用于处理与国际化相关的问题，还提供了格式化数字和日期的功能。根据用途不同，格式标签又可以分为国际化（I18N）标签、日期处理标签和数字处理标签。在 JSP 页面中引入格式标签库需要使用如下指令：

```
<%@ taglib prefix="fmt" uri="http://java.sun.com/jstl/fmt" %>
```

12.3.1 国际化（I18N）标签

国际化，又称为 I18N（internationalization），因为从 I 开始到 N 结束共 18 个字母而得名。格式标签库的国际化（I18N）标签实现了 Web 应用的国际化和本地化（localization，又称 L10N），它可以针对特定的语言和地域定义应用进行处理。这类标签包括＜fmt：setLocale＞、＜fmt：requestEncoding＞、＜fmt：bundle＞、＜fmt：setBundle＞、＜fmt：message＞和＜fmt：param＞。

1.＜fmt：setLocale＞标签

＜fmt：setLocale＞标签用于设定区域属性。＜fmt：setLocale＞标签的属性如表 12-13 所示。

表 12-13　＜fmt：setLocale＞标签的属性

属性名	描　　述	是否必需	默认值
value	区域属性，可以是类型为 java.util.Locale 的表达式，也可以是一个字符串，字符串的格式为"ll"或"ll_CC"或"ll-CC"。其中 ll 为语言代码，CC 为国家代码。语言代码由 ISO 639 标准定义，具体内容参见 http://www.sil.org/iso639-3/codes.asp。国家代码由 ISO 3166 标准定义，具体内容参见 http://www.iso.org/iso/country_codes/iso_3166_code_lists/english_country_names_and_code_elements.htm	是	无
variant	厂商或浏览器的特定变量，如 WIN、MAC 等	否	无
scope	区域设定的适用范围	否	page

如果页面中没有使用＜fmt：setLocale＞标签，则根据客户端浏览器中的语言首选项设定页面的区域属性。下面的语句将会话范围内的区域属性设置为"英语-美国"，该语句执行后，浏览器中的语言选项将在整个会话期间被忽略。

```
<fmt:setLocale value="en_US" scope="session"/>
```

在 Web 应用的配置文件 web.xml 中，可以使用＜context-param＞标签设置整个 Web

应用所使用的区域属性,代码如下:

```
<context-param>
    <param-name>javax.servlet.jsp.jstl.fmt.locale</param-name>
    <param-value>de_AT</param-value>
</context-param>
```

2. ＜fmt:requestEncoding＞标签

＜fmt:requestEncoding＞标签用于设置请求中字符的编码格式,它与 request 对象的 setCharacterEncoding()方法的功能完全相同。＜fmt:requestEncoding＞标签的属性如表 12-14 所示。

表 12-14 ＜fmt:requestEncoding＞标签的属性

属性名	描 述	是否必需	默认值
value	请求中字符的编码格式。字符编码名称参见 http://www.iana.org/assignments/character-sets	是	无

如果没有指定编码格式,则采用默认编码格式"ISO-8859-1"。

3. ＜fmt:bundle＞标签

Web 应用的国际化使得用户在浏览器端可以看到符合本地区域属性的内容,这就需要开发人员为每个支持的区域都提供一个资源集合(用于本地化显示的文本、消息和图像等)。这个资源集合通常被称为资源束或资源包。

资源包可以由 Java 文件或文本属性文件实现,文件中需要包含标准的"键-值"对。用 Java 文件实现的资源包要求文件中必须有一个 java.util.ResourceBundle 的子类,通常的做法是继承类 java.util.ListResourceBundle,如例 12-14 所示。用属性文件实现的资源包是 Web 应用中比较常见的方式,如例 12-15 所示。

【例 12-14】 Java 文件实现的资源包。

```
文件名:LoginInfo_zh.java
说明:Java 文件实现的登录信息中文资源包,源文件在 Web 应用的 src 目录下
package resources;
import java.util.ListResourceBundle;
public class LoginInfo_zh extends ListResourceBundle{

    private static final Object[][] contents={
        {"title","请输入登录信息"},
        {"form.namePrompt","用户名"},
        {"form.passPrompt","密码"},
        {"form.submitButton","提交"},
        {"form.resetButton","重置"}
    };
```

```
    public Object[][] getContents() {
        return contents;
    }
}
```

文件名:LoginInfo_en.java
说明:Java 文件实现的登录信息英文资源包的源文件在 Web 应用的 src 目录下
```
package resources;
import java.util.ListResourceBundle;
public class LoginInfo_en extends ListResourceBundle {

    private static final Object[][] contents={
        {"title","Please Input the Login Information"},
        {"form.namePrompt","username"},
        {"form.passPrompt","password"},
        {"form.submitButton","submit"},
        {"form.resetButton","reset"}
    };

    public Object[][] getContents() {
        return contents;
    }
}
```

【例 12-15】 文本属性文件实现的资源包。

文件名:loginInfo_zh.properties
说明:属性文件实现的登录信息中文资源包,源文件在 Web 应用的 src\resources_files 目录下
```
title=请输入登录信息
form.namePrompt=用户名
form.passPrompt=密码
form.submitButton=提交
form.restButton=重置
```

文件名:loginInfo_en.properties
说明:属性文件实现的登录信息英文资源包,源文件在 Web 应用的 src\resources_files 目录下
```
title=Please Input the Login Information
form.namePrompt=username
form.passPrompt=password
form.submitButton=submit
form.restButton=reset
```

资源包文件的命名为"基本名称_表示区域属性的后缀.扩展名"。属性文件实现的资源

包的扩展名为 properties。对于属于同一个系列的资源包,文件名中只有表示区域属性的后缀不同。没有区域属性串后缀的资源包文件将被作为默认资源包文件。当找不到符合区域属性的资源包文件时,默认资源包文件被使用。

对于属于同一个系列的资源包,资源包文件中的项要包含相同的“键”以及不同的基于区域属性的“值”。

使用 Java 文件实现的资源包在编译后需要放置在 Web 应用的 WEB-INF\classes 目录下,使用文本属性文件实现的资源包可以直接放置在 Web 应用的 WEB-INF\classes 目录或其子目录下。由于 JSP 容器是按照 Unicode 格式来处理资源包的相关内容的,因此需要将含有中文的文本属性文件转换为 Unicode 格式。可以使用 JDK 提供的转换工具 native2ascii 完成转换,命令格式为“native2ascii source_file_name>dest_file_name”,或者使用 Eclipse 的属性文件编辑器插件 PropertiesEditor(下载地址:http://propedit.sourceforge.jp/eclipse/updates),将输入的中文直接转换成 Unicode 格式。转换后的 loginInfo_zh.properties 文件内容如图 12-14 所示。

loginInfo_zh.properties
title=\u8bf7\u8f93\u5165\u767b\u5f55\u4fe1\u606f
form.namePrompt=\u7528\u6237\u540d
form.passPrompt=\u5bc6\u7801
form.submitButton=\u63d0\u4ea4
form.resetButton=\u91cd\u7f6e

图 12-14 转换后的 loginInfo_zh.properties 文件内容

<fmt:bundle>标签用于在 JSP 页面内指定所使用的资源包文件。<fmt:bundle>标签的属性如表 12-15 所示。

表 12-15 <fmt:bundle>标签的属性

属性名	描　述	是否必需	默认值
basename	资源包文件的基本名称,后缀由 JSP 容器根据页面的区域属性来确定	是	无
prefix	文件项中“键”的前缀	否	无

在 JSP 页面中使用例 12-14 中的资源包,可使用如下语句:

```
<fmt:bundle basename="resources.LoginInfo">
  ...
</fmt:bundle>
```

在 JSP 页面中使用例 12-5 中的资源包,可使用如下语句:

```
<fmt:bundle basename="resources_files.loginInfo">
  ...
```

```
</fmt:bundle>
```

<fmt:bundle>标签体内需要使用<fmt:message>标签以获取资源文件中的内容。

4．<fmt:setBundle>标签

<fmt:setBundle>标签用于将一个资源包赋值给一个变量供以后使用。<fmt:setBundle>标签的属性如表 12-16 所示。

表 12-16　<fmt:setBundle>标签的属性

属性名	描　　述	是否必需	默　认　值
basename	资源包文件的基本名称,后缀由 JSP 容器根据页面的区域属性确定	是	无
var	存储资源包的变量	否	默认存储在 javax.servlet.jsp.jstl.fmt.localizatinoContext 中
scope	变量的使用范围	否	page

当使用<fmt:setBundle>标签而没有指定 var 属性时,basename 所指定的资源包将作为默认资源包,并被存储在 javax.servlet.jsp.jstl.fmt.LocalizationContext 中。默认资源包还可以在 Web 应用的 web.xml 文件中通过<context-param>标签指定,例如：

```
<context-param>
  <param-name>javax.servlet.jsp.jstl.fmt.LocalizationContext</param-name>
  <param-value>resources_files.loginInfo</param-value>
</context-param>
```

5．<fmt:message>标签

<fmt:message>标签用于获取资源包文件中指定键的值,既可以输出到页面也可以保存到变量中。<fmt:message>标签的属性如表 12-17 所示。

表 12-17　<fmt:message>标签的属性

属性名	描　　述	是否必需	默认值
key	资源文件中的键,如果<fmt:message>标签是在<fmt:bundle>标签的内部使用,键的前面会自动加上<fmt:bundle>标签中 prefix 属性指定的前缀	否	标签体的内容
bundle	值为表达式,当<fmt:message>标签独立使用时,该属性指明所使用的资源包	否	默认资源包
var	存储键所对应的值的变量	否	输出到页面
scope	变量的使用范围	否	page

当<fmt:message>标签在<fmt:bundle>标签内部使用时,获取的是<fmt:bundle>标签指定的资源包的键值;当<fmt:message>标签独立使用时,获取的是其 bundle 属性指定的资源包的键值,如果没有 bundle 属性,则获取的是默认资源包的键值。

<fmt:bundle>、<fmt:setBundle>和<fmt:message>标签的使用如例 12-16 所示。

【例 12-16】 login_multiLanguage.jsp,多种语言的登录页面。

```jsp
<%@ page pageEncoding="utf-8"%>
<%@ taglib prefix="c" uri="http://java.sun.com/jsp/jstl/core"%>
<%@ taglib prefix="fmt" uri="http://java.sun.com/jsp/jstl/fmt"%>
<p align="right">
<a href="?locale=zh">中文</a>
<a href="?locale=en">Engilsh</a>
</p>
<!-- 默认使用中文登录页面 -->
<c:set var="locale" value="zh"/>
<c:if test="${! empty param.locale}">
   <c:set var="locale" value="${param.locale}"/>
</c:if>
<fmt:setLocale value="${locale}"/>
<fmt:setBundle basename="resources_files.loginInfo"/>
<h2 align="center"><fmt:message key="title"/></h2>
<fmt:bundle basename="resources_files.loginInfo" prefix="form.">
<table border align="center">
<tr>
<td align="right"><fmt:message key="namePrompt"/></td>
<td><input type="text" name="username"></td>
</tr>
<tr>
<td align="right"><fmt:message key="passPrompt"/></td>
<td><input type="password" name="password"></td>
</tr>
<tr>
<td align="center" colspan="2">
<input type="submit" value="<fmt:message key="submitButton"/>">
  
<input type="reset" value="<fmt:message key="resetButton"/>">
</td>
</tr>
</table>
</fmt:bundle>
```

在浏览器地址栏中输入 URL:"http://localhost:8080/ch12/fmt/login_multiLanguage.jsp",运行结果如图 12-15 所示。在图 12-15 页面中单击 English 链接,得到的结果如图 12-16 所示。

6. <fmt:param>标签

在<fmt:message>标签内部可以使用<fmt:param>标签,用于在获取键值时动态地

第 12 章 标准标签库 277

图 12-15 例 12-16 的运行结果(1)

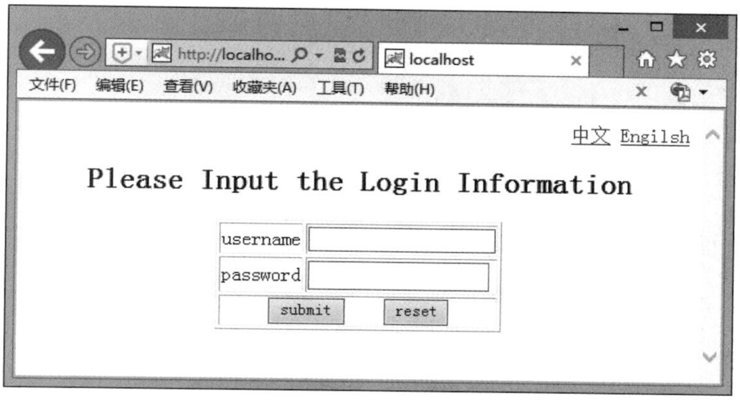

图 12-16 例 12-16 的运行结果(2)

设置参数。＜fmt:param＞标签的属性如表 12-18 所示。

表 12-18 ＜fmt:param＞标签的属性

属性名	描 述	是否必需	默认值
value	参数的值	否	标签体的内容

＜fmt:param＞的使用如例 12-17 所示。

【例 12-17】 ＜fmt:param＞的使用。

```
文件名:resources_test.properties
说明:资源包文件,源文件位于 Web 应用的 src\resources_files 目录下
currentTime=当前时间是:{0}
compareValue=比较值的大小:{0}>{1}
resources.test.hello=您好,{0},欢迎你!
resources.test.bye={0},欢迎下次光临!
```

```
文件名:resourcesTest.jsp
<%@ page pageEncoding="utf-8"%>
<%@ taglib prefix="fmt" uri="http://java.sun.com/jsp/jstl/fmt"%>
<jsp:useBean id="now" class="java.util.Date"/>
<h2>资源相关标签的使用</h2>
浏览器支持的语言:${header["accept-language"]}
<p>
<fmt:setBundle var="resource" basename="resources_files.resources_test"/>
<fmt:message bundle="${resource}">
   currentTime
   <fmt:param>
      ${now}
   </fmt:param>
</fmt:message>
<p>
<fmt:message bundle="${resource}" key="compareValue">
   <fmt:param value="${param.a}"/>
   <fmt:param value="${param.b}"/>
</fmt:message>
,结果为:${param.a>param.b}
<p>
<fmt:bundle basename="resources_files.resources_test" prefix="resources.test.">
   <fmt:message key="hello">
      <fmt:param>
         ${param.name}
      </fmt:param>
   </fmt:message>
   <p>
   <fmt:message>
      bye
      <fmt:param>
         ${param.name}
      </fmt:param>
   </fmt:message>
   <p>
   不存在的键的值:<fmt:message key="undefinedKey"/>
</fmt:bundle>
```

在浏览器地址栏中输入 URL:"http://localhost:8080/ch12/fmt/resourcesTest.jsp?a=68&b=-3&name=Kitty",运行结果如图 12-17 所示。

12.3.2 日期处理标签

JSTL 格式标签库提供了日期处理的相关标签,主要用于读写日期对象以及设置读写日

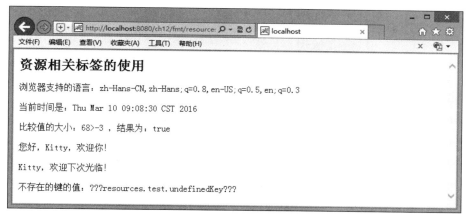

图 12-17　例 12-17 的运行结果

期对象时所用时区。这类标签包括＜fmt：formatDate＞、＜fmt：parseDate＞、＜fmt：timeZone＞和＜fmt：setTimeZone＞。

1. ＜fmt：timeZone＞标签

＜fmt：timeZone＞标签用于设置时区，所设置时区的影响范围为其标签体的内容。＜fmt：timeZone＞标签的属性如表 12-19 所示。

表 12-19　＜fmt：timeZone＞标签的属性

属性名	描述	是否必需	默认值
value	表示时区名的字符串或者 java.util.TimeZone 类型的对象	是	无

对于时区的命名目前还没有被广泛接受的标准，因此 value 属性的时区名是特定于 Java 平台的。java.util.TimeZone 类的 getAvailableIDs() 可以返回时区名列表，如 GMT＋8、GMT-8、PRC、HongKong、America/Mexico_City、Asia/Colombo 等。

如果 value 的值为空或 null，则采用默认时区 GMT。

2. ＜fmt：setTimeZone＞标签

＜fmt：setTimeZone＞标签用于设置时区，还可以将指定的时区存储在变量中供以后使用。＜fmt：setTimeZone＞标签的属性如表 12-20 所示。

表 12-20　＜fmt：setTimeZone＞标签的属性

属性名	描述	是否必需	默认值
value	表示时区名的字符串或者 java.util.TimeZone 类型的对象	是	无
var	存储时区的变量	否	默认被存储在 javax.servlet.jsp.jstl.fmt.timeZone 中
scope	变量的使用范围	否	page

例如，下面的语句将时区值 America/Los_Angeles 保存在请求范围内的变量

myTimeZone 中。

```
<fmt:setTimeZone value="America/Los_Angeles" var="myTimeZone" scope="request"/>
```

如果 value 的值为空或 null,则采用默认时区 GMT。

如果没有指定 var 属性,则所指定的时区被保存在 javax.servlet.jsp.jstl.fmt.timeZone 中,作为指定使用范围内的默认时区。

3. <fmt:formatDate> 标签

<fmt:formatDate> 标签用于将日期对象格式化成字符串,格式化后的结果既可以输出到页面也可以保存在变量中。<fmt:formatDate> 标签的属性如表 12-21 所示。

表 12-21 <fmt:formatDate> 标签的属性

属性名	描述	是否必需	默认值
value	用于格式化的日期对象	是	无
type	date、time 或 both	否	date
dateStyle	default、short、medium、long 或 full	否	default
timeStyle	default、short、medium、long 或 full	否	default
pattern	自定义格式化时的格式,如:yyyy-MM-dd,格式字符参见表 12-22	否	无
timeZone	格式化时使用的时区	否	默认时区
var	存储格式化结果的变量	否	输出到页面
scope	变量的使用范围	否	page

表 12-22 <fmt:formatDate> 标签 pattern 属性中的格式匹配字符表

字符	描述	字符	描述
G	公元(如:公元、AD 等)	H	小时(按天计,0~23)
y	年(yy 为两位年,yyyy 为四位年)	k	小时(按天计,1~24)
M	月(MM 为数字格式的月,MMM 为月名)	K	小时(按上下午计,0~11)
w	周(一年中的第几周)	h	小时(按上下午计,1~12)
W	周(一个月中的第几周)	m	分
D	日(一年中的第几天)	s	秒
d	日(一个月中的第几天)	S	毫秒
F	月份中的星期	z	时区名(如:GMT+08:00)
E	一周内的星期几	Z	时区编号(如:+0800)
a	上下午指示(如上午、AM 等)		

<fmt:formatDate> 标签的使用如例 12-18 所示。

【例 12-18】 formatDateTest.jsp，<fmt:formatDate>的使用。

```
<%@ page pageEncoding="utf-8"%>
<%@ taglib prefix="fmt" uri="http://java.sun.com/jsp/jstl/fmt"%>
<jsp:useBean id="now" class="java.util.Date"/>
<h2>&lt;fmt:formatDate&gt;标签的使用</h2>
使用当前时区(GMT+8)、完全格式输出当前日期时间：
<fmt:formatDate value="${now}" type="both" timeStyle="full" dateStyle="full"/><p>
使用时区 GMT、完全格式输出当前日期时间(区域属性为 fr)：
<fmt:setLocale value="fr"/>
<fmt:formatDate value="${now}" type="both" timeStyle="full" dateStyle="full" timeZone="GMT"/><p>
<fmt:setLocale value="zh_CN"/>
使用当前时区(GMT+8)、长格式输出当前日期时间：
<fmt:formatDate value="${now}" type="both" timeStyle="long" dateStyle="long"/><p>
使用当前时区(GMT+8)、默认格式输出当前日期时间：
<fmt:formatDate value="${now}" type="both" timeStyle="default" dateStyle="default"/><p>
使用当前时区(GMT+8)、短格式输出当前日期：
<fmt:formatDate value="${now}" type="date" dateStyle="short"/><p>
使用时区 GMT-8、短格式输出当前时间：
<fmt:timeZone value="GMT-8">
<fmt:formatDate value="${now}" type="time" timeStyle="short"/><p>
</fmt:timeZone>
使用时区 GMT+8、自定义格式保存当前时间到变量 date,并输出：
<fmt:setTimeZone value="GMT+8" var="tz"/>
<fmt:formatDate value="${now}" pattern="G yyyy年 MM月 dd日 E a HH:mm:ss z" var="date" timeZone="${tz}"/>
${date}
```

例 12-18 的运行结果如图 12-18 所示。

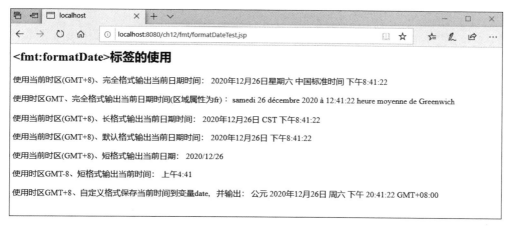

图 12-18 例 12-18 的运行结果

4. ＜fmt:parseDate＞标签

＜fmt:parseDate＞标签用于将字符串表示的日期和时间解析成日期对象。＜fmt:parseDate＞标签的属性如表 12-23 所示。

表 12-23　＜fmt:parseDate＞标签的属性

属性名	描　　述	是否必需	默认值
value	用于解析的字符串	否	标签体的内容
type	date、time 或 both	否	date
dateStyle	default、short、medium、long 或 full	否	default
timeStyle	default、short、medium、long 或 full	否	default
parseLocale	解析字符串时使用的区域属性	否	默认区域属性
pattern	自定义解析格式	否	无
timeZone	所解析的字符串的时区	否	默认时区
var	存储解析后日期对象的变量	否	输出到页面
scope	变量的使用范围	否	page

＜fmt:parseDate＞标签的使用如例 12-19 所示。

【例 12-19】　parseDateTest.jsp，＜fmt:parseDate＞的使用。

```
<%@ page pageEncoding="utf-8"%>
<%@ taglib prefix="fmt" uri="http://java.sun.com/jsp/jstl/fmt"%>
<jsp:useBean id="now" class="java.util.Date"/>
<h2>&lt;fmt:parseDate&gt;标签的使用</h2>
以当前时区(GMT+8)解析自定义格式的字符串 12-06-2008 22:12:56:
<fmt:parseDate type="both"  pattern="MM-dd-yyyy HH:mm:ss">
    12-06-2008 22:12:56
</fmt:parseDate><p>
以时区 GMT 解析自定义格式的字符串 12-06-2008 22:12:56:
<fmt:parseDate type="both" pattern="MM-dd-yyyy HH:mm:ss" timeZone="GMT">
    12-06-2008 22:12:56
</fmt:parseDate><p>
<fmt:formatDate value="${now}" type="both" timeStyle="long" dateStyle="long"
 var="datetime"/>
以当前时区(GMT+8)解析长格式的当前时间:
<fmt:parseDate value="${datetime}" type="both" timeStyle="long" dateStyle=
"long"/><p>
以时区 GMT 解析长格式的当前时间:
<fmt:parseDate value="${datetime}" type="both" timeStyle="long" dateStyle=
"long" timeZone="GMT"/><p>
以时区 GMT-8 解析长格式的当前时间:
```

```
<fmt:parseDate value="${datetime}" type="both" timeStyle="long" dateStyle=
"long" timeZone="GMT-8"/>
```

例 12-19 的运行结果如图 12-19 所示。

图 12-19　例 12-19 的运行结果

12.3.3　数字处理标签

JSTL 格式标签库提供了数字处理的相关标签,主要用于显示和读取数值。这类标签包括＜fmt:formatNumber＞和＜fmt:parseNumber＞。

1. ＜fmt:formatNumber＞标签

同＜fmt:formatDate＞标签类似,＜fmt:formatNumber＞标签用于将数值格式化成字符串,格式化的类型还可以为百分数或货币。格式化后的结果既可以输出到页面也可以保存在变量中。＜fmt:formatNumber＞标签的属性如表 12-24 所示。

表 12-24　＜fmt:formatNumber＞标签的属性

属 性 名	描　　述	是否必需	默 认 值
value	用于格式化的数值	否	标签体的内容
type	number、curency 或 percent	否	number
pattern	自定义格式化时的格式,如:"＄#,＃＃00.0＃"	否	无
currencyCode	当类型为 currency 时,指定货币代码	否	取决于默认区域属性
currencySymbol	当类型为 currency 时,指定货币符号	否	取决于默认区域属性
groupingUsed	是否对数值分组,取值为 true 或 false	否	true
maxIntegerDigits	最大整数位	否	无
minIntegerDigits	最小整数位	否	无
maxFractionDigits	最大小数位	否	无
minFractionDigits	最小小数位	否	无

续表

属 性 名	描 述	是否必需	默 认 值
var	存储格式化结果的变量	否	输出到页面
scope	变量的使用范围	否	page

<fmt:formatNumber>的使用如例 12-20 所示。

【例 12-20】 formatNumberTest.jsp，<fmt:formatNumber>的使用。

```
<%@ page pageEncoding="utf-8" %>
<%@ taglib prefix="fmt" uri="http://java.sun.com/jsp/jstl/fmt"%>
<h2>&lt;fmt:formatNumber&gt;标签的使用</h2>
格式化 3456.789,最小整数位为 5,最大小数位为 2:
<fmt:formatNumber value="3456.789" minIntegerDigits="5" maxFractionDigits=
"2"/><p>
格式化 3456.789,自定义格式为"#,##00.0#":
<fmt:formatNumber value="3456.789" pattern="#,##0.0#"/><p>
格式化 3456.789,类型为 currency:
<fmt:formatNumber value="3456.789" type="currency"/><p>
格式化 3456.789,类型为 currency,区域属性为 en_CA:
<fmt:setLocale value="en_CA"/>
<fmt:formatNumber value="3456.789" type="currency"/><p>
<fmt:setLocale value="zh_CN"/>
格式化 3456.789,类型为 currency,自定义格式为"$#,00.0000":
<fmt:formatNumber value="3456.789" type="currency" pattern="$#,00.0000"/><p>
格式化 3456.789,类型为 currency,自定义格式为"$#,00.0000",指定不分组:
<fmt:formatNumber value="3456.789" type="currency" pattern="$#,00.0000"
groupingUsed="false"/><p>
格式化 3456.789,类型为 percent:
<fmt:formatNumber value="3456.789" type="percent"/>
```

例 12-20 的运行结果如图 12-20 所示。

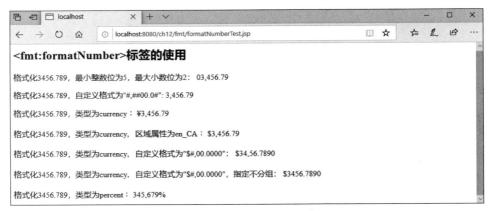

图 12-20 例 12-20 的运行结果

2. ＜fmt:parseNumber＞标签

＜fmt:parseNumber＞标签用于将一个表示数值、货币或百分比的格式化字符串解析成数值对象。＜fmt:parseNumber＞标签的属性如表 12-25 所示。

表 12-25 ＜fmt:parseNumber＞标签的属性

属性名	描　　述	是否必需	默认值
value	用于解析的字符串	否	标签体的内容
type	number、currency 或 percent	否	number
parseLocale	解析时使用的区域属性	否	默认区域属性
integerOnly	解析成整型(true)或解析成浮点型(false)	否	false
pattern	自定义解析格式	否	无
var	存储解析后数值类型的变量	否	输出到页面
scope	变量的使用范围	否	page

例如：＜fmt:parseNumber value="2,345.567" integerOnly="true"/＞的结果为 2345。

12.4　函数标签库

JSTL 函数标签库提供了大量的标准函数，其中绝大多数是用于字符串处理的。函数标签库中的函数应用在 EL 表达式中，有时也被称为 EL 函数。这些函数能实现获取字符串长度，改变字符串大小写，获取子串，替换字符串中字符，合并和分割字符串等功能。在 JSP 页面中引入函数标签库需要使用如下指令：

```
<%@ taglib prefix="fn" uri="http://java.sun.com/jstl/functions" %>
```

在 EL 表达式中使用标准函数需采用如下格式：

```
${fn:函数名(参数列表)}
```

函数标签库中用于字符串处理的函数如表 12-26 所示，它们的使用方法如例 12-21 所示。

表 12-26　用于字符串处理的标准函数

函　　数	说　　明
contains(s1,s2)	判断字符串 s2 是否在字符串 s1 中
containsIgnoreCase(s1,s2)	同上，但判断时忽略大小写
startsWith(s1,s2)	判断字符串 s1 是否以字符串 s2 开头

续表

函　　数	说　　明
endsWith(s1,s2)	判断字符串 s1 是否以字符串 s2 开头
escapeXml(s)	忽略字符串 s 中的 XML 标签
indexOf(s1,s2)	返回字符串 s2 在字符串 s1 中第一次出现的位置
split(s1,s2)	用 s2 指定的分割字符集分割字符串 s1,返回值为字符串数组
join(String[] s1,s2)	将字符串数组 s1 中的所有字符串按照字符串 s2 中指定的连接符组合
replace(s1,s2,s3)	将字符串 s1 中的子串 s2 用字符串 s3 代替
trim(s)	去除字符串 s 两端空格
substring(s,i1,i2)	返回字符串 s 中从 i1 开始到 i2-1 结束的子串
substringAfter(s1,s2)	抽取字符串 s1 中子串 s2 之后的字符串
substringBefore(s1,s2)	抽取字符串 s1 中子串 s2 之前的字符串
toLowerCase(s)	转换字符串 s 中的所有字符为小写字符
toUpperCase(s)	转换字符串 s 中的所有字符为大写字符
length(s)	返回字符串 s 的长度

【例 12-21】　functionTest.jsp,函数标签库的使用方法。

```
<%@ page pageEncoding="utf-8"%>
<%@ taglib prefix="fn" uri="http://java.sun.com/jsp/jstl/functions"%>
<h2 align="center">函数标签库的使用</h2>
<table width="65%" border align="center">
<tr><th width="70%">表达式</th><th>结果</th></tr>
<tr>
<td>\${fn:contains("abc123defg","3d")}</td>
<td>${fn:contains("abc123defg","3d")}</td>
</tr>
<tr>
<td>\${fn:contains("abc123defg","3D")}</td>
<td>${fn:contains("abc123defg","3D")}</td>
</tr>
<tr>
<td>\${fn:containsIgnoreCase("abc123defg","3D")}</td>
<td>${fn:containsIgnoreCase("abc123defg","3D")}</td>
</tr>
<tr>
<td>\${fn:startsWith("abc123defg","ab")}</td>
<td>${fn:startsWith("abc123defg","ab")}</td>
</tr>
```

```html
<tr>
<td>\${fn:endsWith("abc123defg","G")}</td>
<td>${fn:endsWith("abc123defg","G")}</td>
</tr>
<tr>
<td>\${fn:escapeXml("&lt;b&gt;Hello&lt;/b&gt;")}</td>
<td>${fn:escapeXml("<b>Hello</b>")}</td>
</tr>
<tr>
<td>\${fn:indexOf("abc123defg","123")}</td>
<td>${fn:indexOf("abc123defg","123")}</td>
</tr>
<tr>
<td>\${fn:join(fn:split("a#bc1*23#d*e#fg","#*"),"@")}</td>
<td>${fn:join(fn:split("a#bc1*23#d*e#fg","#*"),"@")}</td>
</tr>
<tr>
<td>\${fn:replace("abc123defg","123","45")}</td>
<td>${fn:replace("abc123defg","123","45")}</td>
</tr>
<tr>
<td>\${fn:trim("  abc123defg ")}</td>
<td>${fn:trim("  abc123defg ")}</td>
</tr>
<tr>
<td>\${fn:substring("abc123defg",2,8)}</td>
<td>${fn:substring("abc123defg",2,8)}</td>
</tr>
<tr>
<td>\${fn:substringAfter("abc12 3defg","abc1")}</td>
<td>${fn:substringAfter("abc12 3defg","abc1")}</td>
</tr>
<tr>
<td>\${fn:substringBefore("abc12 3defg","defg")}</td>
<td>${fn:substringBefore("abc12 3defg","defg")}</td>
</tr>
<tr>
<td>\${fn:toLowerCase("AbcDEFg")}</td>
<td>${fn:toLowerCase("AbcDEFg")}</td>
</tr>
<tr>
<td>\${fn:toUpperCase("AbcDEFg")}</td>
<td>${fn:toUpperCase("AbcDEFg")}</td>
```

```
</tr>
<tr>
<td>\${fn:length("abc123defg")}</td>
<td>${fn:length("abc123defg")}</td>
</tr>
</table>
```

例 12-21 的运行结果如图 12-21 所示。

图 12-21　例 12-21 的运行结果

12.5　SQL 标签库

Web 应用在开发过程中要经常使用数据库。访问数据库的代码可以直接写在 JSP 页面的 Java 脚本中,但这样做导致了代码维护困难,可重用性差;通常的做法是把数据库访问逻辑封装到 JavaBean 中,这样既改善了代码的可维护性,又提高了重用性,但也存在代码量较大的缺点。JSTL 的 SQL 标签库提供了用于访问数据库的大量标签,这些标签直接在 JSP 页面或标记文件中使用,简单易用,也减少了代码的使用。

SQL 标签库支持数据库查询、更新、事务处理、查询结果处理和设置数据源等操作。在 JSP 页面中引入 SQL 标签库需要使用如下指令:

```
<%@ taglib prefix="sql" uri="http://java.sun.com/jstl/sql" %>
```

12.5.1　<sql:setDataSource>标签

在进行具体的数据库操作之前,需先确定要访问的数据库,<sql:setDataSource>标签通过设置数据源来指定操作的数据库。＜sql：setDataSource＞标签的属性如表 12-27 所示。

表 12-27　＜sql：setDataSource＞标签的属性

属性名	描　　述	是否必需	默　认　值
dataSource	JNDI 中 DataSource 的名字或 DataSource 对象	否	无
driver	JDBC 驱动程序名	否	无
url	数据库连接的 JDBC URL	否	无
user	访问数据库的用户名	否	无
password	访问数据库的密码	否	无
var	存储数据源的变量	否	设置默认的数据源变量
scope	变量的使用范围	否	page

例如，访问第 9 章中用到的数据库 ch09，语句如下：

```
<sql:setDataSource driver="com.MySQL.jdbc.Driver" user="root" password="root"
url=" jdbc: MySQL://localhost: 3306/ch09? autoReconnect = true&amp; useUnicode
=true&amp;
charsetEncoding=utf-8" var="ds" />
```

12.5.2　＜sql：query＞标签

＜sql：query＞标签用于执行数据库查询操作，它的属性如表 12-28 所示。

表 12-28　＜sql：query＞标签的属性

属性名	描　　述	是否必需	默认值
sql	执行查询的 SQL 语句	否	标签体的内容
dataSource	用于指明所使用的数据源	否	默认数据源
maxRows	查询结果的最大行数	否	无限制
startRow	查询结果的起始行索引值（第一行的索引值为 0）	否	0
var	存储查询结果的变量	是	无
scope	变量的使用范围	否	page

例如，查询数据库 ch09 中 users 表的所有数据并显示，语句如下：

```
<sql:query sql="select * from users" var="results" dataSource="${ds}"/>
<c:forEach var="row" items="${results.rows}">
   ${row.username}
   ${row.password}
   ${row.nickname}<br>
</c:forEach>
```

12.5.3 ＜sql:update＞标签

＜sql:update＞标签用于执行数据库更新操作,包括表的创建、删除,数据的插入、删除和修改等。＜sql:update＞标签的属性如表 12-29 所示。

表 12-29　＜sql:update＞标签的属性

属性名	描　　述	是否必需	默认值
sql	执行更新的 SQL 语句	否	标签体的内容
dataSource	用于指明所使用的数据源	否	默认数据源
var	存储更新操作所影响的行数的变量	是	无
scope	变量的使用范围	否	page

例如,在数据库 ch09 的 users 表中插入一条数据,语句如下:

```
<sql:update dataSource="${ds}">
    insert into users values(null, '金刚石', '123456', 'diamond')
</sql:update>
```

12.5.4 ＜sql:param＞和＜sql:dateParam＞标签

如果在＜sql:query＞和＜sql:update＞标签中使用了带参数的 SQL 语句(参数用"?"表示),则需要在其标签体内使用＜sql:param＞标签或＜sql:dateParam＞标签设置执行时传递的参数值。＜sql:param＞标签只有一个属性 value,用于指明参数值,这个属性是可选属性,也可以用标签体指明参数值。

＜sql:dateParam＞标签用于设置日期类型的参数的值,它的属性如表 12-30 所示。

表 12-30　＜sql:dateParam＞标签的属性

属性名	描　　述	是否必需	默认值
value	用于指明日期类型参数的值	否	标签体的内容
type	参数的具体类型,取值为 date、time 或 timestamp	否	timestamp

例如,根据用户输入的参数修改数据库 ch09 中 users 表中 id=1 的用户的昵称,语句如下:

```
<sql:update dataSource="${ds}">
    update users set nickname=? where id=1
    <sql:param value="${param.nickname}"/>
</sql:update>
```

12.5.5 ＜sql:transaction＞标签

＜sql:transaction＞标签用于事务处理,它将其标签体内的一组＜sql:query＞语句和

<sql:update>语句组合成一个事务,这些语句或者全部执行,或者全部不执行(即任何一条语句的执行发生错误时,会回滚到所有语句都没有执行时的状态)。<sql:transaction>标签的属性如表12-31所示。

表12-31 <sql:transaction>标签的属性

属性名	描 述	是否必需	默认值
dataSource	用于指明所使用的数据源	否	默认数据源
isolationLevel	事务处理的隔离级别,取值为 read_committed、read_uncommitted、repeatable_read 或 serializable	否	数据源指定的数据库的默认隔离级别

12.5.6 项目2:SQL标签库的使用

1. 项目构思

使用SQL标签库实现对数据库ch09中users表数据的显示、修改和删除功能。

2. 项目设计

(1) 使用<sql:setDataSource>标签设置数据源,并将设置的数据源存储在session对象中。

(2) 使用<sql:query>标签完成数据查询功能,查询的结果使用<c:forEach>标签进行遍历显示。

(3) <sql:update>标签完成数据修改和删除功能。数据修改前,需要用<sql:query>标签执行单条记录的查询操作,查询后的内容显示在form表单中。

3. 项目实施

```
文件名:userList.jsp
说明:用户信息的显示页面
<%@ page pageEncoding="utf-8"%>
<%@ taglib prefix="c" uri="http://java.sun.com/jsp/jstl/core"%>
<%@ taglib prefix="sql" uri="http://java.sun.com/jsp/jstl/sql"%>
<sql:setDataSource driver="com.mysql.jdbc.Driver" user="root" password="root"
url="jdbc:mysql://localhost:3306/ch09?characterEncoding=utf8&serverTimezone=UTC"
var="ds" scope="session"/>
< sql: query sql =" select id, username, nickname from users" var =" results"
dataSource="${ds}"/>
<h2 align="center">用户信息列表</h2>
<table border align="center">
    <tr><th>序号<th>用户名<th>昵称<th>操作</tr>
    <c:forEach var="row" items="${results.rows}" varStatus="vs">
        <tr>
        <td>${vs.count}</td>
        <td>${row.username}</td>
        <td>${row.nickname}</td>
```

```
        <td><a href="editUser.jsp?id=${row.id}">修改</a>
     <a href="delUser.jsp?id=${row.id}" onClick="return confirm('确定要删除吗?
')">删除</a></td>
        </tr>
    </c:forEach>
</table>
```

文件名:editUser.jsp
说明:用户信息的修改页面
```
<%@ page pageEncoding="utf-8"%>
<%@ taglib prefix="c" uri="http://java.sun.com/jsp/jstl/core"%>
<%@ taglib prefix="sql" uri="http://java.sun.com/jsp/jstl/sql"%>
<script>
  function checkUsername(){
    if(document.f.username.value==""){
       alert("用户名不能为空");
       return false;
    }else{
       return true;
    }
  }
</script>
<sql:query var="results" dataSource="${ds}">
 select username,nickname from users where id=?
 <sql:param value="${param.id}"/>
</sql:query>
<div align="center">
  <h2>用户信息修改</h2>
  <form name="f" action="dealEditUser.jsp" method="post" onSubmit="return checkUsername()">
   <input type="hidden" name="id" value="${param.id}">
   <table border>
   <c:forEach items="${results.rows}" var="row">
   <tr>
     <td>用户名</td><td><input type="text" name="username" value="${row.username}"></td>
   </tr>
   <tr>
     <td>昵称</td><td><input type="text" name="nickname" value="${row.nickname}"></td>
   </tr>
   </c:forEach>
   <tr>
```

```
      <td colspan="2" align="center">
        <input type="submit" value="修改"/>
      </td>
    </tr>
  </table>
</form>
</div>
```

文件名:dealEditUser.jsp
说明:处理用户信息的修改页面
```
<%@ page pageEncoding="utf-8"%>
<%@ taglib prefix="c" uri="http://java.sun.com/jsp/jstl/core"%>
<%@ taglib prefix="fmt" uri="http://java.sun.com/jsp/jstl/fmt"%>
<%@ taglib prefix="sql" uri="http://java.sun.com/jsp/jstl/sql"%>
<fmt:requestEncoding value="utf-8"/>
<sql:update dataSource="${ds}" var="i">
 update users set username=?,nickname=? where id=?
  <sql:param value="${param.username}"/>
  <sql:param value="${param.nickname}"/>
  <sql:param value="${param.id}"/>
</sql:update>
<c:choose>
  <c:when test="${i==1}">修改成功!</c:when>
  <c:otherwise>修改失败!</c:otherwise>
</c:choose>
<a href="userList.jsp">返回</a>
```

文件名:delUser.jsp
说明:用户信息的删除页面
```
<%@ page pageEncoding="utf-8"%>
<%@ taglib prefix="c" uri="http://java.sun.com/jsp/jstl/core"%>
<%@ taglib prefix="sql" uri="http://java.sun.com/jsp/jstl/sql"%>
<sql:update dataSource="${ds}" var="i">
  delete from users where id=?
  <sql:param value="${param.id}"/>
</sql:update>
<c:choose>
  <c:when test="${i==1}">删除成功!</c:when>
  <c:otherwise>删除失败!</c:otherwise>
</c:choose>
<a href="userList.jsp">返回</a>
```

4. 项目运行

在浏览器地址栏中输入 URL："http://localhost:8080/ch12/sql/userList.jsp"，运行结果如图 12-22 所示。

图 12-22　用户信息显示界面

在图 12-22 所示的界面中单击最后一个"修改"链接，得到如图 12-23 所示的页面。输入修改信息后，单击"修改"按钮，如果信息修改成功，则看到如图 12-24 所示的页面。

图 12-23　用户信息修改页面

图 12-24　信息修改成功页面

在图 12-22 所示的界面中单击最后一个"删除"链接，得到如图 12-25 所示的页面。单击"确定"按钮后，信息将被删除。如果删除成功，则看到如图 12-26 所示的页面。

图 12-25　删除前确认页面

图 12-26　信息删除成功页面

单击"返回"链接，观察到指定信息被删除掉，如图 12-27 所示。

图 12-27　删除后的用户信息列表

12.6　XML 标签库

在 Web 应用中越来越多地使用 XML 文件保存结构化数据。这种做法的好处在于数据意义表达直观，易于转换并且具有很好的跨平台性。JSTL 的 XML 标签库提供了解析 XML 文档、提取 XML 文档中的数据、流程控制和 XSLT 转换等功能。根据用途的不同又可以分为 XML 核心标签、XML 流程控制标签和 XML 转换标签。

XML 核心标签包括＜x:parse＞、＜x:out＞和＜x:set＞。

XML 流程控制标签包括＜x:if＞、＜x:choose＞、＜x:when＞、＜x:otherwise＞和＜x:forEach＞。

XML 转换标签包括＜x:transform＞和＜x:param＞。

＜x:parse＞标签用于解析 XML 文档，它解析的可以是代表 XML 文档的 String 或 Reader 对象，也可以是其标签体内的 XML 数据。＜x:parse＞标签的属性如表 12-32 所示。

表 12-32　＜x:parse＞标签的属性

属性名	描　　述	是否必需	默认值
doc(xml)	用于解析的 XML 文件，可以是 String 或 Reader 对象，推荐使用 doc 属性	否	标签体的内容

续表

属性名	描 述	是否必需	默认值
systemId	为解析的 XML 文档指定系统标识 URI	否	无
filter	解析 XML 之前使用的 XMLFilter 类型的过滤器	否	无
var	存储解析结果的变量	否	无
scope	var 变量的使用范围	否	page
varDom	存储解析结果为 DOM 类型的变量	否	无
scopeDom	varDom 变量的使用范围	否	page

<x:out>标签用于计算 XPath 表达式的值并输出。<x:out>标签的属性如表 12-33 所示。

表 12-33　<x:out>标签的属性

属性名	描 述	是否必需	默认值
select	用于计算的 XPath 表达式	是	无
escapeXml	输出表达式值时,是否忽略其中的 XML 标签	否	true

<x:set>标签用于计算 XPath 表达式并将其结果保存在变量中。<x:set>标签的属性如表 12-34 所示。

表 12-34　<x:set>标签的属性

属性名	描 述	是否必需	默认值
select	用于计算的 XPath 表达式	是	无
var	存储表达式结果的变量	是	无
scope	变量的使用范围	否	page

注：XPath 表示数据在 XML 文档中的存储位置,通过计算 XPath 表达式的值,可以提取 XML 文档中的数据。

XML 核心标签的使用如例 12-22 所示。

【例 12-22】 XML 核心标签库的使用。

```
文件名:users.xml
说明:用于解析的 XML 文件,和下面的文件 xmlCoreTest.jsp 放在同一目录下。
<?xml version="1.0" encoding="utf-8"?>
<users>
  <user id="1">
    <username>超人</username>
    <gender>男</gender>
    <age>35</age>
```

```
        <nickname>superman</nickname>
    </user>
    <user id="2">
        <username>花仙子</username>
        <gender>女</gender>
        <age>12</age>
        <nickname>flower faerie</nickname>
    </user>
    <user id="3">
        <username>圆圆</username>
        <gender>女</gender>
        <age>22</age>
        <nickname>yuanyuan</nickname>
    </user>
    <user id="4">
        <username>刀郎</username>
        <gender>男</gender>
        <age>35</age>
        <nickname>sword</nickname>
    </user>
</users>
```

文件名:xmlCoreTest.jsp
```
<%@ page pageEncoding="utf-8"%>
<%@ taglib prefix="c" uri="http://java.sun.com/jsp/jstl/core"%>
<%@ taglib prefix="x" uri="http://java.sun.com/jsp/jstl/xml"%>
<h2>XML 核心标签的使用</h2>
<h4>解析 XML 文档 user.xml</h4>
<c:import url="users.xml" charEncoding="utf-8" var="file"/>
<x:parse xml="${file}" var="xmlDoc"/>
<h4>输出所有用户信息</h4>
<x:out select="$xmlDoc/users"/>
<h4>输出 id=3 的用户信息</h4>
<x:out select="$xmlDoc/users/user[@id=3]"/>
<h4>输出 id=4 的用户的 nickname</h4>
<x:set select="$xmlDoc//user[@id=4]/nickname" var="temp"/>
<x:out select="$temp"/>
```

为使 Tomcat 支持对 XML 文档的处理，需要下载处理 XML 文档的 Java 类库，下载地址为 http://archive.apache.org/dist/xml/xalan-j/xalan-j_2_7_1-bin.zip（同名文件也可以在本书配套资源的开发工具目录下找到）。将下载后的文件解压，并将其中的 xalan.jar 文件、serializer.jar 文件和 xercesImpl.jar 文件复制到 Web 应用的 WEB-INF/lib 目录下，启动

Tomcat,在地址栏中输入 URL："http://localhost:8080/ch12/xml/xmlCoreTest.jsp",运行结果如图 12-28 所示。

图 12-28 例 12-22 的运行结果

由于篇幅的限制,本节只介绍 XML 核心标签。对其他标签有兴趣的读者可以自行研究。

本章小结

JSTL 是一个不断完善的开放源码的 JSP 标签库,它实现了 Web 应用中常见的通用功能。它的出现既避免了页面中 Java 脚本的使用,又免去了自定义标签中功能的重复定义。

JSTL 包含 5 类标准标签库:核心标签库、格式标签库、函数标签库、SQL 标签库和 XML 标签库。它们实现了内容输出、循环迭代、国际化显示、日期数字格式化、字符串处理、数据库访问及 XML 文档解析等主要功能。

JSTL 和 EL 的结合使用可以让 JSP 页面中不再出现任何 Java 脚本,简化了 JSP 页面的开发,使得页面清晰简洁,便于理解和维护。

习题

1. 什么是 JSTL?
2. JSTL 分成几类?各实现哪些功能?
3. JSTL 中用于实现多个条件选择的标签有哪些?
4. JSTL 中用于实现资源文件读取的标签有哪些?
5. JSTL 中用于日期处理的标签有哪些?
6. JSTL 中哪个标签用于建立与数据库的连接?

实验

1. 编程实现输出 1 到 1000 中能被 2 整除但不能被 3 整除的数字的总和。要求使用 JSTL 标准标签库中的＜c:forEach＞标签、＜c:if＞标签和＜c:set＞、＜c:out＞等标签。
2. 编程实现项目 2 中的用户注册功能。

第 13 章 Java Web 开发常用功能

【学习目标】

- 理解 Java Web 开发常用的功能，如文件上传、分页、Email、树形菜单的基本概念、功能和优点。
- 掌握文件上传、分页、Email、树形菜单的实现以及在实际开发中的应用。

13.1 文件上传

13.1.1 jspSmartUpload 组件

Servlet 3.0 规范发布之前，基于 Java 的 Web 开发中没有对文件上传功能的封装，需要自己开发一个 Servlet 或者 JavaBean 处理上传或下载的任务。具体的做法是在 Servlet 或 JavaBean 中从 HttpServletRequest 获得客户端请求的输入流，然后从这个输入流中读取指定的文件，将文件保存在指定的位置。要设计一个功能完备的、能够执行文件上传的类是比较复杂的任务。幸运的是，有许多成熟、性能稳定的组件在实际工作中可供采用。本节介绍一种早期比较流行的 jspSmartUpload 组件。

jspSmartUpload 组件是一种免费的文件上传组件，它的用法简单，功能齐备。通过该组件，可以获得上传文件的全部信息（包括文件名、大小、类型、扩展名、文件数据等），同时还可以对上传文件的大小、类型等方面进行限制。注意：在使用时需要把该组件的 jar 文件放到站点 WEB-INF 目录的 lib 中。

jspSmartUpload 组件中包括 File、Files、Request、SmartUpload 等类。其主要功能如下：

（1）File：包括上传文件的所有信息，如上传的文件名、大小、扩展名、文件数据等，其主要方法如表 13-1 所示。

表 13-1　File 类的主要方法

方　法	用　　途
isMissing	用于判断用户是否选择了文件,即对应的表单项是否有值。选择文件时,返回 false;未选文件时,返回 true
getFieldName	获取 HTML 表单中对应于此上传文件的表单项的名字
getFileName	获取文件名(不含目录信息)
getFilePathName	获取文件全名(带目录)
getFileExt	获取文件扩展名(后缀)
getSize	获取文件长度(以字节计)
getBinaryData	获取文件数据中指定位移处的一个字节,用于检测文件等处理
saveAs	将文件换名另存

(2) Files：所有上传文件的集合。从中可以获得上传文件的数目和大小等,其主要方法如表 13-2 所示。

表 13-2　Files 类的主要方法

方　法	用　　途
getCount	获取上传文件的数目
getFile	获取指定位移处的文件对象 com.jspsmart.upload.File
getSize	获取上传文件的总长度,可用于限制一次性上传的数据量大小
getCollection	将所有上传文件对象以 Collection 的形式返回,以便其他应用程序引用,浏览上传文件信息
getEnumeration	将所有上传文件对象以 Enumeration(枚举)的形式返回,以便其他应用程序浏览上传文件信息

(3) Request：相当于 JSP 中的 request 对象。如果在上传的表单中还有其他表单项的值,必须通过 jspSmartUpload 组件中的 Request 对象获取,其主要方法如表 13-3 所示。

表 13-3　Request 类的主要方法

方　法	用　　途
getParameter	获取指定参数之值。当参数不存在时,返回值为 null
getParameterValues	当一个参数可以有多个值时,用此方法来取值。它返回的是一个字符串数组。当参数不存在时,返回值为 null
getParameterNames	取得 Request 对象中所有参数的名字,用于遍历所有参数。它返回的是一个枚举型的对象
getCollection	将所有上传文件对象以 Collection 的形式返回,以便其他应用程序引用,浏览上传文件信息
getEnumeration	将所有上传文件对象以 Enumeration 的形式返回,以便其他应用程序浏览上传文件信息

（4）SmartUpload：完成文件上传，其主要方法如表 13-4 所示。

表 13-4　SmartUpload 类的主要方法

方　　法	用　　途
initialize	执行上传下载的初始化工作，必须第一个执行
upload	上传文件数据
save	将全部上传文件保存到指定目录下，并返回保存的文件个数
getSize	取上传文件数据的总长度
getFiles	取全部上传文件，以 Files 对象形式返回，可以利用 Files 类的操作方法来获得上传文件的数目等信息
getRequest	取得 com.jspsmart.upload.Request 对象，获得上传表单其他表单项的值
setAllowedFilesList	设定允许上传带有指定扩展名的文件，当上传过程中有文件名不允许时，组件将抛出异常
setDeniedFilesList	用于限制上传带有指定扩展名的文件。若有文件扩展名被限制，则上传时组件将抛出异常
setMaxFileSize	设定每个文件允许上传的最大长度
setTotalMaxFileSize	设定允许上传的文件的总长度，用于限制一次性上传的数据量大小

13.1.2　项目 1：采用 jspSmartUpload 组件上传文件

1. 项目构思

采用 jspSmartUpload 组件将客户端的 doc 和 txt 文件上传到 Web 服务器。

2. 项目设计

（1）创建一个 JSP 文件用于客户端的文件上传界面。
（2）将 jspSmartUpload 组件加入到项目中。
（3）创建一个 Servlet 用于处理上传的文件。

3. 项目实施

步骤一：在 Dynamic Web Project ch13 中创建一个 JSP 文件 upload.jsp。

```
文件名：upload.jsp
<%@ page contentType="text/html;charset=utf-8" %>
<html>
<head><title>upload.jsp</title></head>
<body>
    <b>文件上传----使用jspsmart upload组件</b>
    <form action="upload" method="post" enctype="multipart/form-data">
        文件描述：<input type="text" name="desc" size="20" maxlength="80"><br>
        文件名称：<input type="file" name="file" size="20" maxlength="80"><br>
        <input type="submit" value="上传">
```

```
        </form>
    </body>
</html>
```

在这里要注意 form 表单的属性。method 属性必须是 post，并且必须添加 enctype＝"multipart/form-data"属性，否则不能上传。

步骤二：将 jsmartcom_UTF-8.jar(同名文件也可以在本书配套资源的开发工具目录下找到)文件复制到 ch13 的 WEB-INF/lib 目录下。

步骤三：创建 UploadServlet，在 Servlet 中处理上传的文件，具体代码如下：

```
文件名：UploadServlet.java
package servlets;

import java.io.IOException;
import java.io.PrintWriter;
import javax.servlet.ServletException;
import javax.servlet.annotation.WebServlet;
import javax.servlet.http.HttpServlet;
import javax.servlet.http.HttpServletRequest;
import javax.servlet.http.HttpServletResponse;
import com.jspsmart.upload.File;
import com.jspsmart.upload.Request;
import com.jspsmart.upload.SmartUpload;

@WebServlet("/upload")
public class UpLoadServlet extends HttpServlet {

    private static final long serialVersionUID = 1L;

    public UpLoadServlet() {
        super();
    }

    public void doPost(HttpServletRequest request, HttpServletResponse response)
            throws ServletException, IOException {
        response.setContentType("text/html;charset=utf-8");
        PrintWriter out = response.getWriter();
        out.println("<HTML>");
        out.println("<BODY>");
        out.println("<H3>jspSmartUpload : Servlet Sample</H3>");
        out.println("<HR>");
        SmartUpload mySmartUpload = new SmartUpload();
        int count = 0;           //上传文件的数量
        try {
```

```
            mySmartUpload.initialize(this.getServletConfig(), request, response);
            //限制每个上传文件的最大长度。
            mySmartUpload.setMaxFileSize(50 * 1024 * 1024);
            //设定允许上传的文件(通过扩展名限制),仅允许doc,txt文件。
            mySmartUpload.setAllowedFilesList("doc,txt");
            mySmartUpload.upload();
            //保存文件的目录
            count = mySmartUpload.save("/upload");
            //获得文件的描述信息
            Request re=mySmartUpload.getRequest();
            String desc=re.getParameter("desc");
            out.println(count + " file uploaded.<br>");
            out.println("file description:"+desc);
        } catch (Exception e) {
            out.println("Unable to upload the file.<br>");
            out.println("Error : " + e.toString());
        }
        out.println("</BODY>");
        out.println("</HTML>");
    }
}
```

4. 项目运行

运行结果如图 13-1、图 13-2 所示。

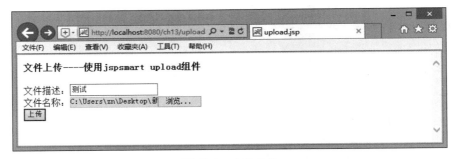

图 13-1　上传文件

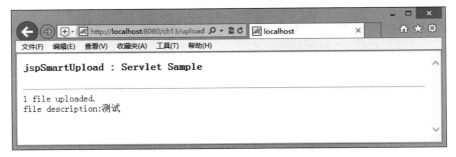

图 13-2　上传文件成功

采用 jspSmartUpload 组件只需要极小的代码量就可以完成文件的上传。根据以上程序,上传任务完成后,上传的文件将保存在站点的 upload 文件夹中。

13.1.3 commons-fileupload 组件

jspSmartUpload 组件使用比较灵活,但是只适合较小文件的传输。如果传输的数据量较大,则采用 commons-fileupload 组件比较好。Commons 是 Apache 开发源码组织中的一个 Java 子项目,fileupload 就是其中用来处理基于表单的文件上传的子项目。

commons-fileupload 组件的下载地址为:

http://commons.apache.org/proper/commons-fileupload/download_fileupload.cgi(commons-fileupload-1.4-bin.zip,同名文件也可以在本书配套资源的开发工具目录下找到)。使用 commons-fileupload 组件的时候,还需要用到 commons-io 组件,它的下载地址为 http://commons.apache.org/proper/commons-io/download_io.cgi(commons-io-2.8.0-bin.zip,同名文件也可以在本书配套资源的开发工具目录下找到),使用时需要把 commons-fileupload-1.4.jar 和 commons-io-2.8.0.jar 文件放到 Web 应用的 WEB-INF/lib 目录下。

在 commons-fileupload 组件中,所有的类都在 org.apache.commons.fileupload 包中,其中主要的类和接口有 DiskFileItemFactory、ServletFileUpload、FileItem。

(1) DiskFileItemFactory:代表本地的硬盘磁盘文件,用来配置上传组件 ServletFileUpload,主要的方法如下:

① setSizeThreshold(int sizeThreshold):设置上传文件时用于临时存放文件的内存大小。

② setRepository(java.io.File repository):设置存放临时文件的目录。

(2) ServletFileUpload:用来获得上传文件,主要方法如下:

① parseRequest(javax.servlet.http.HttpServletRequest request):返回表单中所用的内容。

② isMultipartContent(javax.servlet.http.HttpServletRequest request):判断请求中 Form 表单是否是 multipart 数据(Form 表单是否设置 enctype="multipart/form-data"属性)。

(3) FileItem:代表每组数据的接口,主要方法如下:

① getName():获得上传文件在客户机的全名名称(包括路径)。

② getSize():获得上传文件的大小。

③ isFormField():判断上传内容是否是普通文本域(<input type="text">)。

④ getString():将请求内容以字符串返回,主要用于获取上传的普通文本域的值。

⑤ write(java.io.File file):将上传的内容写入磁盘。

13.1.4 项目 2:采用 commons-fileupload 组件上传文件

1. 项目构思

采用 commons-fileupload 组件将客户端的文件上传到 Web 服务器。

2. 项目设计

（1）创建一个 JSP 文件用于客户端的文件上传界面。

（2）将 commons-fileupload 组件加入到项目中。

（3）创建一个 Servlet 用于处理上传的文件。

3. 项目实施

步骤一：在 Dynamic Web Project ch13 中创建一个 JSP 文件 fileupload.jsp。

```
文件名:fileupload.jsp
<%@ page contentType="text/html;charset=utf-8" %>
<html>
<head><title> fileupload.jsp </title></head>
<body>
    <b>文件上传----使用 commons-fileupload 组件</b>
    <form action="fileupload" method="post" enctype="multipart/form-data">
        文件描述:<input type="text" name="desc" size="20" maxlength="80"><br>
        文件名称:<input type="file" name="file" size="20" maxlength="80"><br>
        <input type="submit" value="上传">
    </form>
</body>
</html>
```

步骤二：将 commons-fileupload-1.4.jar 和 commons-io-2.8.0.jar 文件复制到 ch13 的 WEB-INF/lib 目录下。

步骤三：创建一个 Servlet FileUploadServlet，实现文件上传。具体代码如下：

```
文件名:FileUploadServlet.java
package servlets;

import java.io.BufferedInputStream;
import java.io.BufferedOutputStream;
import java.io.File;
import java.io.FileOutputStream;
import java.io.IOException;
import java.io.PrintWriter;
import javax.servlet.ServletException;
import javax.servlet.annotation.WebServlet;
import javax.servlet.http.HttpServlet;
import javax.servlet.http.HttpServletRequest;
import javax.servlet.http.HttpServletResponse;
import org.apache.commons.fileupload.FileItemIterator;
import org.apache.commons.fileupload.FileItemStream;
import org.apache.commons.fileupload.FileUploadException;
```

```java
import org.apache.commons.fileupload.disk.DiskFileItemFactory;
import org.apache.commons.fileupload.servlet.ServletFileUpload;
import org.apache.commons.fileupload.util.Streams;

@WebServlet("/fileupload")
public class FileUploadServlet extends HttpServlet {

    private static final long serialVersionUID = 1L;

    public FileUploadServlet() {
        super();
    }

    public void doPost(HttpServletRequest request, HttpServletResponse response)
            throws ServletException, IOException {
        response.setContentType("text/html;charset=utf-8");
        PrintWriter out = response.getWriter();
        out.println("<HTML>");
        out.println("<BODY>");
        out.println("<H3>FileUpload : Servlet Sample</H3>");
        out.println("<HR>");
        try {
            //实例化一个硬盘文件工厂,用来配置上传组件 ServletFileUpload
            DiskFileItemFactory factory = new DiskFileItemFactory();
            factory.setSizeThreshold(4096);         //设置缓冲区大小,这里是 4kb
            //用以上工厂实例化上传组件
            ServletFileUpload upload = new ServletFileUpload(factory);
            upload.setSizeMax(4194304);              //设置最大文件尺寸,这里是 4MB
            //设置上传的地址
            String uploadPath = this.getServletContext().getRealPath("/upload");
            //解析 request 请求
            FileItemIterator fii = upload.getItemIterator(request);
            //逐条处理
            while (fii.hasNext()) {
                //得到当前文件流
                FileItemStream fis = fii.next();
                //检查当前项目是普通表单项目还是上传文件
                if (fis.isFormField()) {//如果是普通表单项目,显示表单内容.
                    if ("desc".equals(fis.getFieldName())) {
                        out.println("file description:"+fis.getFieldName()+"<br>");
                    }
                }else{
                    //得到文件的完整路径
```

```
                    String path = fis.getName();
                    //得到去除路径的文件名
                    String filename = path.substring(path.lastIndexOf("\\") + 1);
                    //将文件保存在 Web 目录的 upload 文件夹中
                    BufferedInputStream bis = new BufferedInputStream(fis.openStream());
                    BufferedOutputStream bos = new BufferedOutputStream(
                    new FileOutputStream(new File(uploadPath + "\\" + filename)));
                    //开始把文件写到指定的上传文件夹
                    Streams.copy(bis, bos, true);
                    out.println(filename + " file uploaded.<br>");
                }
            }
        } catch (FileUploadException e) {
            e.printStackTrace();
        } catch (Exception e) {
            e.printStackTrace();
        }
        out.println("</BODY>");
        out.println("</HTML>");
    }
}
```

4. 项目运行

运行结果与项目 1 类似，不再截图赘述。

13.1.5　Servlet 3.0 中的文件上传

Servlet 3.0 较之以往版本增加了一些实用的新功能。其中一个比较大的改进就是 HttpServletRequest 对象增加了对文件上传的支持。

HttpServletRequest 提供了如下两种方法来处理文件上传问题：

（1）Part getPart(String name)：根据名称获取文件上传域。

（2）Collection<Part> getParts()：获取所有的文件上传域。

这两个方法都涉及到了一个新的 API——Part。每一个 Part 对象对应于一个文件上传域，它是 javax.servlet.http.Part 类型的对象。该对象提供的主要方法如下：

（1）String getContentType()：获得上传文件的内容类型。

（2）long getSize()：获得上传文件的大小。

（3）String getHeader(String name)：获取指定 name 的头部信息，例如：头部 content-disposition 的信息中包含上传文件的文件名。

（4）InputStream getInputStream()：获得读取上传文件内容的输入流。

（5）void write(String filename)：将上传文件写到磁盘。

13.1.6 项目 3：使用 Servlet 3.0 上传文件

1. 项目构思

使用 Servlet 3.0 将客户端的文件上传到 Web 服务器。

2. 项目设计

（1）创建一个 JSP 文件用于客户端的文件上传界面。

（2）创建一个 Servlet 用于处理上传的文件，使用注解@MultipartConfig 将这个 Servlet 标识为支持文件上传。

3. 项目实施

步骤一：在 Dynamic Web Project ch13 中创建一个 JSP 文件 partupload.jsp。

```jsp
文件名:partupload.jsp
<%@ page contentType="text/html;charset=utf-8" %>
<html>
<head><title> partupload.jsp </title></head>
<body>
    <b>文件上传----使用 Servlet3.0</b>
    <form action="partupload" method="post" enctype="multipart/form-data">
        文件描述:<input type="text" name="desc" size="20" maxlength="80"><br>
        文件名称:<input type="file" name="file" size="20" maxlength="80"><br>
        <input type="submit" value="上传">
    </form>
</body>
</html>
```

步骤二：创建一个 Servlet PartUploadServlet，实现文件上传。具体的代码如下：

```java
文件名:PartUploadServlet.java
package servlets;

import java.io.File;
import java.io.IOException;
import java.io.PrintWriter;
import javax.servlet.ServletException;
import javax.servlet.annotation.MultipartConfig;
import javax.servlet.annotation.WebServlet;
import javax.servlet.http.HttpServlet;
import javax.servlet.http.HttpServletRequest;
import javax.servlet.http.HttpServletResponse;
import javax.servlet.http.Part;

@WebServlet("/partupload")
```

```java
@MultipartConfig
public class PartUploadServlet extends HttpServlet {
    private static final long serialVersionUID = 1L;

    public PartUploadServlet() {
        super();
    }

    protected void doGet(HttpServletRequest request, HttpServletResponse response) throws ServletException, IOException {
        doPost(request, response);
    }

    protected void doPost(HttpServletRequest request, HttpServletResponse response) throws ServletException, IOException {
        request.setCharacterEncoding("utf-8");
        response.setContentType("text/html;charset=utf-8");
        PrintWriter out = response.getWriter();
        out.println("<HTML>");
        out.println("<BODY>");
        out.println("<H3>Servlet3.0 Upload : Servlet Sample</H3>");
        out.println("<HR>");
        String desc = request.getParameter("desc");
        Part file = request.getPart("file");
        //从 Part 对象的头部信息中获得上传文件名
        String header = file.getHeader("content-disposition");
        //从上传文件名中分离出文件的扩展名
        String filename =((header.split(";")[2]).split("=")[1]).replaceAll("\"", "");
        String extname = filename.substring(filename.lastIndexOf('.')+1);
        //构造新的文件名
        String newfilename = System.currentTimeMillis()+extname;
        //设置上传的地址
        String uploadpath = getServletContext().getRealPath("/upload");
        //完成上传
        try{
            file.write(uploadpath+File.separator+newfilename);
            out.println("1 file uploaded.<br>");
            out.println("file description:"+desc);
        }catch (IOException e) {
            out.println("Unable to upload the file.<br>");
            out.println("Error : " + e.toString());
        }
    }
}
```

4. 项目运行

运行结果与项目 1 类似,不再截图赘述。

13.2 分页处理

在 Web 开发中,分页处理显示数据是最基本的功能。分页显示是将数据库中的数据依次部分地显示出来。通过分页处理可以提高页面访问速度,美化页面。在实际开发中有很多分页的解决方案,大致可以分为以下两种:

(1) 利用结果集(ResultSet)处理:通过 ResultSet 的 absolute() 方法获得指定行位置的记录。当用户第一次请求数据查询时,就执行 SQL 语句查询,获得的 ResultSet 对象及其要使用的连接对象都保存到其对应的会话对象中。以后的分页查询都通过第一次执行 SQL 获得的 ResultSet 对象定位取得指定行位置的记录。最后在用户不再进行分页查询时或会话关闭时,释放数据库连接和 ResultSet 对象等数据库访问资源。这种方式的缺点是对数据库的访问资源占用较多,并且利用率不高;其优点是减少了数据库连接对象的多次分配获取,减少了对数据库的 SQL 查询执行。

(2) 采用 SQL 语句处理:在用户的分页查询请求中,每次可取得查询请求的行范围的参数,然后使用这些参数取得指定行范围的 SQL 查询语句,并执行 SQL 查询,把查询的结果返回给用户,最后释放数据库访问资源。这种方式需要每次请求时都执行数据库的 SQL 查询语句。其优点是对数据库的访问资源使用完毕就立即释放,不占用数据库访问资源。其缺点是对不同的数据库使用的查询语句也不同。另外,执行多次数据库 SQL 查询操作,对数据库有一定的影响。

下面使用第二种分页方式,采用 MVC 模式实现分页功能。

13.2.1 项目 4:用户信息的分页显示

1. 项目构思

采用 MVC 模式实现第 9 章中用户信息的分页显示功能。

将数据库 ch09 中 users 表的数据按照分页的方式显示到页面中。

2. 项目设计

根据 MVC 的分层原则,将分页显示的功能分为 3 个层次。

(1) 模型层:用于在视图层和控制层之间传输数据的工具类 PageBean,用于连接数据库读取分页信息的方法(可以在 7.3 节的 util.DBUtil 类中添加),用于读取分页用户信息的业务方法(可以在 9.5 节的 beans.UserInfo 类中添加)。

(2) 控制层:用 UserInfoServlet 完成用户信息的分页控制操作。

(3) 视图层:采用 userInfoListByPage.jsp 显示分页数据。

3. 项目实施

步骤一:创建用于在视图层和控制层之间传输数据的 PageBean。具体代码如下:

文件名：PageBean.java
```java
package util;
import java.util.List;
import java.util.Map;
public class PageBean {
    private int curPage;                             //当前页数
    private int totalPages;                          //总页数
    private int totalRows;                           //总行数
    private int pageSize;                            //每页显示行数
    private List<Map<String,String>> data;           //每页显示的数据
    public int getCurPage() {
        if (curPage > getTotalPages()) {             //当前行数大于总行数
            curPage = getTotalPages();
        }
        else if(curPage<1){                          //当前行数小于1
            curPage=1;
        }
        return curPage;
    }
    public void setCurPage(int curPage) {
        this.curPage = curPage;
    }
    public int getTotalPages() {
        if(totalRows%pageSize==0){
            totalPages=totalRows/pageSize;
        }else{
            totalPages=totalRows/pageSize+1;
        }
        return totalPages;
    }
    public void setTotalPages(int totalPages) {
        this.totalPages = totalPages;
    }
    public int getTotalRows() {
        return totalRows;
    }
    public void setTotalRows(int totalRows) {
        this.totalRows = totalRows;
    }
    public int getPageSize() {
        return pageSize;
    }
    public void setPageSize(int pageSize) {
```

```
        this.pageSize = pageSize;
    }
    public List<Map<String,String>> getData() {
        return data;
    }
    public void setData(List<Map<String,String>> data) {
        this.data=data;
    }
}
```

PageBean 的主要功能是在视图和控制层之间传输数据,里面封装了需要显示的分页信息和分页的数据。PageBean 中的 data 属性用于表示页面中显示的数据。

步骤二:为 DBUtil 类添加读取分页信息的方法,添加表示每页记录数的属性。代码如下:

```
文件名:DBUtil.java(省略的内容同 7.3 节的 DBUtil)
...
    //每页显示的记录数
    private int pageSize = 3;

    //执行数据库查询操作时,返回结果的记录总数。
    private int getTotalRows(String sql, String[] params) {
        int totalRows = 0;
        sql = sql.toLowerCase();
        String countSql = "";
        if(sql.indexOf("group")>=0){
            countSql = "select count(*) as tempNum from (" + sql + ") as temp";
        }else{
            countSql = "select count(*) as tempNum "+ sql.substring(sql.indexOf("from"));
        }
        //count 中存放总记录数
        String count = (String)getMap(countSql,params).get("tempNum");
        totalRows = Integer.parseInt(count);
        return totalRows;
    }

    //分页显示查询结果时,将当前页中的所有信息封装到 PageBean 中
    public PageBean getPageBean(String sql, String[] params, int curPage){
        String newSql = sql + " limit " + (curPage - 1) * pageSize + "," + pageSize;
        List<Map<String,String>> data = this.getList(newSql, params);
        PageBean pb = new PageBean();
        pb.setCurPage(curPage);
```

```
        pb.setPageSize(pageSize);
        pb.setTotalRows(getTotalRows(sql, params));
        pb.setData(data);
        return pb;
    }
...
```

步骤三:为 UserInfo 添加读取分页用户信息的业务方法。代码如下:

文件名:UserInfo.java(省略的内容同 9.5 节的 DBUtil)
```
...
    //返回数据库中分页用户信息的方法
    public PageBean getUserList(int curPage){
        String sql = "select * from users";
        PageBean pb = db.getPageBean(sql, null, curPage);
        return pb;
    }
...
```

步骤四:创建 Servlet 控制层,用 UserInfoServlet 完成分页的控制操作。具体代码如下:

文件名:UserInfoServlet.java
```
package servlets;

import java.io.IOException;
import javax.servlet.ServletException;
import javax.servlet.annotation.WebServlet;
import javax.servlet.http.HttpServlet;
import javax.servlet.http.HttpServletRequest;
import javax.servlet.http.HttpServletResponse;
import beans.UserInfo;

@WebServlet("/uis")
public class UserInfoServlet extends HttpServlet {

    private static final long serialVersionUID = 1L;

    public UserInfoServlet() {
        super();
    }

    public void doPost(HttpServletRequest request, HttpServletResponse response)
            throws ServletException, IOException {
```

```
        doGet(request,response);
    }

    public void doGet(HttpServletRequest request, HttpServletResponse response)
            throws ServletException, IOException {
        //获得要显示的页数
        String page = request.getParameter("page");
        //当前的页数
        int curPage = 1;
        //如没有传入的页数
        if (page != null && page.length() > 0) {
            curPage = Integer.parseInt(page);
        }
        //调用模型
        UserInfo ui = new UserInfo();
        //将 PageBean 放入到 request 中转发
        request.setAttribute("pageBean", ui.getUserList(curPage));
        request.getRequestDispatcher("userInfoListByPage.jsp").forward(request,
response);
    }
}
```

控制层 UserInfoServlet 中完成的功能是：接收页面传来的需要显示页数的参数，调用模型层 UserInfo 的业务方法，将返回的 PageBean 放入到 request 对象中转发给页面显示。

步骤五：创建视图层 userInfoListByPage.jsp。具体代码如下：

```
文件名：userInfoListByPage.jsp
<%@ page contentType="text/html; charset=utf-8"%>
<%@ taglib prefix="c" uri="http://java.sun.com/jsp/jstl/core" %>
<html>
<head><title>用户信息分页显示</title></head>
<body>
<h2 align="center">用户信息分页显示</h2>
<table border="1" align="center" width="50%">
<tr><th>序号<th>用户名<th>昵称</tr>
<c:forEach var="user" items="${pageBean.data}" varStatus="vs">
<tr>
    <td align="center"><c:out value="${vs.count}" /></td>
    <td align="center"><c:out value="${user.username}" /></td>
    <td align="center"><c:out value="${user.nickname}" /></td>
<tr>
</c:forEach>
</table>
```

```
<p align="center">
    每页${pageBean.pageSize}行
    共${pageBean.totalRows}行
    页数 ${pageBean.curPage}/${pageBean.totalPages}
    <br>
    <c:choose>
        <c:when test="${pageBean.curPage==1}">首页 上一页</c:when>
        <c:otherwise>
            <a href="uis?page=1">首页</a>
        <a href="uis?page=${pageBean.curPage-1}">上一页</a>
        </c:otherwise>
    </c:choose>
    <c:choose>
        <c:when test="${pageBean.curPage==pageBean.totalPages}">下一页 尾页</c:when>
        <c:otherwise>
        <a href="uis?page=${pageBean.curPage+1}">下一页</a>
        <a href="uis?page=${pageBean.totalPages}">尾页</a>
        </c:otherwise>
    </c:choose>
</p>
</body>
</html>
```

视图层 userInfoListByPage.jsp 把控制层中放入 request 对象中的 PageBean 迭代显示出来，并且将需要显示的页数传回到 UserInfoServlet 控制器中。

4. 项目运行

在浏览器地址栏中输入 URL："http://localhost:8080/ch13/uis"，运行结果如图 13-3 和图 13-4 所示。

图 13-3 用户信息的分页显示(1)

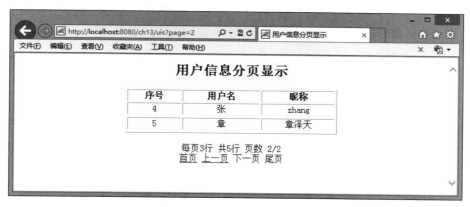

图 13-4　用户信息的分页显示(2)

13.2.2　几种用于分页的数据库查询语句

（1）SQL Server 数据库

从数据库表中的第 M 条记录开始取 N 条记录，利用 Top 关键字。

```
SELECT * FROM ( SELECT Top N * FROM (SELECT Top (M + N - 1) * FROM 表名称
ORDER BY 主键 desc) t1 ) t2
```

（2）Oracle 数据库

从数据库表中第 M 条记录开始检索 N 条记录，利用 ROWNUM。

```
SELECT * FROM (SELECT ROWNUM r,t1.* FROM 表名称 t1 WHERE ROWNUM <
M + N) t2 WHERE t2.r >= M
```

（3）MySQL 数据库

从数据库表中第 M 条记录开始检索 N 条记录，利用 MySQL 的 LIMIT 函数。

```
SELECT * FROM 表名称 LIMIT M,N
```

13.3　JavaMail

Email 是一种常用的互联网服务，就是利用计算机网络交换的电子媒体信件。通常 Internet 上的个人用户不能直接接收电子邮件，而要通过申请 ISP 邮件服务器的电子信箱，由 ISP 邮件服务器负责电子邮件的接收。一旦收到用户的电子邮件，ISP 邮件服务器就将邮件移到用户的电子信箱内，并通知用户有新邮件。当用户发送一封电子邮件给另一人时，电子邮件首先从用户计算机发送到 ISP 邮件服务器，再到 Internet，再到收件人的 ISP 邮件服务器，最后到收件人的个人计算机。

电子邮件在发送与接收过程中都要遵循 SMTP、POP3 等协议，这些协议确保了电子邮件在各种不同系统之间的传输。其中,SMTP 负责电子邮件的发送,而 POP3 则用于接收 Internet 上的电子邮件,如图 13-5 所示。

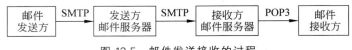

图 13-5　邮件发送接收的过程

13.3.1　Email 的相关协议

1. 简单传输协议

简单传输协议(Simple Mail Transfer Protocol,SMTP)是电子邮件从客户机传输到服务器或从某一个服务器传输到另一个服务器使用的传输协议。该协议基于 TCP 协议端口 25 工作。

2. 邮箱协议

邮箱协议(POP3)是将个人计算机连接到 Internet 的邮件服务器和下载电子邮件的协议。它允许用户从服务器上把邮件存储到本地主机(即自己的计算机),同时删除保存在邮件服务器上的邮件。这个协议工作的 TCP 协议端口是 110。

3. 网络消息访问协议

Internet 消息访问协议(IMAP)与 POP3 协议类似,也提供面向用户的邮件收取服务。它使用的 TCP 端口是 143。这两个协议的不同之处是 IMAP 将很多客户端的功能转移到服务器端。

4. 多用途互联网邮件扩展

因特网邮件扩展标准(MIME)本身不是邮件传输协议,但它为传输的消息、附件以及其他内容定义了格式,例如,扩充了非文本邮件主体;邮件主体不再局限于 ASCII 字符,而是所有的字符等。

13.3.2　JavaMail API 简介

Email 系统是相对复杂的体系结构。如果开发人员想要在程序中发送或接收邮件,就必须使用 TCP 的套接字,选择合适的协议直接与邮件服务器进行对话,这个过程相对比较复杂。Java EE 提供的 JavaMail API 则提供了比较方便的解决方案。

JavaMail 是 Java EE 中的标准 API,它在接口中封装了访问邮件服务器的详细过程。因此,采用 JavaMail API 可以在程序中以一种独立于平台和协议的方式发送和接收邮件。另外,JavaMail 还允许创建不同类型的邮件,如普通的文本或带有附件的邮件,或者带有混合的二进制内容的邮件。

JavaMail API 主要包括四部分:Session、Message、Transport 和 InternetAddress。

1. Session

Session 类代表了一个基本的邮件会话,其他的对象均依赖于 Session。它是与一组用户邮件配置设置有关的方法提供者。通过配置这些属性完成客户机和服务器之间的交流。主要的配置属性如表 13-5 所示。

表 13-5 邮件环境属性

属　　性	描　　述
mail.store.protocol	指定默认的邮件访问协议。可以是 POP3 或 IMAP
mail.trasport.protocol	指定默认的邮件传输协议,可以是 SMTP
mail.host	访问的邮件服务器的主机名
mail.user	连接到邮件服务器的用户名
mail.protocol.host	指定具体的发送和接收邮件服务器的名称,不指定则使用 mail.host
mail.protocol.user	指定连接到特定协议邮件服务器的用户名

Session 对象使用 java.util.Properties 获得配置的信息,通过 getDefaultInstance()方法创建邮件会话。例如:

```
Properties props=new Properties();
props.put("mail.host","邮件服务器的名字");
…
Session session=Session.getDefaultInstance(props,null);
```

null 参数是 javax.mail.Authenticator 类,用来访问受保护的资源。创建好邮件会话对象后,就可以创建邮件消息了。

2. Message

Message 类代表一个邮件消息,但它是一个抽象类,所以必须通过它的子类实现。通常采用的类是 java.mail.internet.MimeMessage,它代表了一个标准的 MIME 风格的邮件消息,通过一个接受 Session 对象的构造函数创建实例。例如:

```
MimeMessage  message=new MimeMessage(session);
```

Message 类的主要方法可以分为两部分。第一部分主要用于发送邮件,设置邮件的相关信息,包括邮件的发送者、接收者、主题和发送时间等。第二部分用于接收邮件,用来获取邮件的相关信息。主要的方法如表 13-6 所示。

表 13-6 Message 类的主要方法

方　法　名	描　　述
setFrom()	设置邮件的发送者,从 mail.user 中获取
setSubject()	设置邮件的主题
setContent()	设置邮件的内容类型
setSentDate()	设置邮件发送的时间

续表

方 法 名	描 述
addRecipient(Message.RecipientType type,Address address)	设置邮件的接收者。第一个参数是收件人的类型，Message 中有一个内部类 RecipientType，这个类定义了邮件中收件人的类型：TO 为直接收件人，CC 为抄送人，BBC 为复写副本收件人；第二个参数是接收者的邮箱地址
setText()	邮件的文本内容，如果内容不是文本，则需要通过 setContext()方法设置内容类型
Flages getFlag()	获取邮件相关的标记属性
Floder getFolder()	获取邮件所在的文件夹
Address getForm()	获取邮件的发送者

3. Transport

Transport 是消息发送传输类，提供了两个静态的 send()方法用于发送消息。第一种方法使用一个 Message 对象和 Address 数组作参数，它发送消息给所有 Address 类定义的收件人。第二种形式只有一个 Message 对象参数，但是必须预先定义收件人的地址。例如：

```
Transport.send(message);
```

还可以通过一个邮件会话获得 Transport 类的实例，通过调用 connect()方法，发送邮件。具体代码如下：

```
Transport tran=session.getTransport("smtp");
tran.connect("邮件服务器地址","用户名","密码");
tran.send(msg);
```

4. InternetAddress

InternetAddress 代表用户的邮箱地址，它的父类是 Address。可以通过传入一个正确的邮箱地址的构造函数创建实例。

```
InternetAddress address=new InternetAddress("abc@sohu.com");
```

13.3.3 项目5：创建第一封电子邮件

1. 项目构思

利用 JavaMail API，通过程序将邮件发送到邮箱中。

2. 项目设计

JavaMail API 的 jar 包可以在本书配套资源的开发工具目录下找到，文件名为 javax.mail.jar，也可以从 https://javaee.github.io/javamail/#Download_JavaMail_Release 网站下载。

3. 项目实施

步骤一：将 JavaMail API 的 jar 包复制到 ch13 的 WEB-INF\lib 目录下。

步骤二：新建一个 mail_txt.jsp 文件。具体代码如下：

```jsp
文件名:mail_txt.jsp
<%@ page pageEncoding="utf-8" import="javax.mail.*,java.util.*,javax.mail.internet.*,java.io.*" %>
<html>
<head><title>First Text Email</title></head>
<body>
<%
    Properties props = new Properties();
    //设置邮件服务器地址
    props.put("mail.host", "219.216.128.8");
    //创建邮件会话对象
    Session ses = Session.getDefaultInstance(props, null);
    //从 Session 创建 MimeMessage
    MimeMessage msg = new MimeMessage(ses);
    //发送的邮箱地址
    InternetAddress from=new InternetAddress("jinyan_t@neusoft.edu.cn");
    //接收的邮箱地址
    InternetAddress to=new InternetAddress("zhangna@neusoft.edu.cn");
    //设置发送邮箱地址
    msg.setFrom(from);
    //添加邮箱接收者
    msg.addRecipient(Message.RecipientType.TO,to);
    //设置邮件主题
    msg.setSubject("first mail");
    msg.setText("这是第一封邮件","utf-8");
    //获得传输类的实例
    Transport tran=ses.getTransport("smtp");
    //建立连接
    tran.connect("219.216.128.8","jinyan_t@neusoft.edu.cn","***");
    //发送邮件
    Transport.send(msg);
    out.println("邮件发送成功");
%>
</body>
</html>
```

4. 项目运行

使用 JavaMail API 可以在程序中非常方便地完成一个邮件发送程序。它还可以发送多媒体的电子邮件，也就是 HTML 格式的邮件。

13.3.4 项目 6：创建 HTML 格式的邮件

1. 项目构思

HTML 格式的邮件可以为收件人呈现更精彩的内容，这种格式的邮件中可以插入视频、音频、图片、动画等多媒体内容。HTML 格式的邮件和文本类型的邮件发送过程基本相同，不同之处是在 Message 对象中传输的是 HTML 格式的文件，并且要设置邮件内容的格式。

可以通过文件流读取要发送的 HTML 邮件，然后将内容添加到 Message 对象中，同时设置内容的格式。

2. 项目设计

通过一个 JSP 文件将 HTML 格式的邮件发送到邮箱中。

3. 项目实施

步骤一：创建一个 HTML 文件 source.html。

```
文件名:source.html
<html>
<head>
    <title>source.html</title>
    <meta http-equiv="content-type" content="text/html; charset=utf-8">
</head>
<body>
    <h1>HTML 邮件</h1>
    <img src="http://h.hiphotos.baidu.com/zhidao/pic/item/
f31fbe096b63f624fc76a3bf8644ebf81a4ca367.jpg">
</body>
</html>
```

步骤二：创建一个 JSP 文件 mail_html.jsp，它读取 source.html 的内容并作为邮件发送出去。

```
文件名:mail_html.jsp
<%@ page pageEncoding="utf-8" import="javax.mail.*,java.util.*,javax.mail.
internet.*,java.io.*" %>
<html>
<head><title>First HTML Email</title></head>
<body>
<%
    Properties props = new Properties();
    //设置邮件服务器地址
    props.put("mail.host", "219.216.128.8");
    //创建邮件会话对象
```

```
Session ses = Session.getDefaultInstance(props, null);
//从 Session 创建 MimeMessage
MimeMessage msg = new MimeMessage(ses);
//发送的邮箱地址
InternetAddress from=new InternetAddress("jinyan_t@neusoft.edu.cn");
//接收的邮箱地址
InternetAddress to=new InternetAddress("zhangna@neusoft.edu.cn");
//设置发送邮箱地址
msg.setFrom(from);
//添加邮箱接收者
msg.addRecipient(Message.RecipientType.TO,to);
//设置邮件主题
msg.setSubject("first mail");
String source=application.getRealPath("")+"\\"+"source.html";
String content="";
String line=null;
BufferedReader br=new BufferedReader(new FileReader(source));
while((line=br.readLine())!=null){
    content+=line;
}
br.close();
System.out.println(content);
msg.setContent(content,"text/html;charset=utf-8");
//获得传输类的实例
Transport tran=ses.getTransport("smtp");
//建立连接
tran.connect("219.216.128.8","jinyan_t@neusoft.edu.cn","***");
//发送邮件
Transport.send(msg);
out.println("邮件发送成功");
%>
</body>
</html>
```

4. 项目运行

使用 HTML 格式的邮件要注意，在 HTML 文件中引用的资源如图片、视频、音频等要使用完整的 URL 路径，这样可以缩小邮件规模。如果要将引用资源和 HTML 邮件一起传输，必须创建一个包含多个部分的邮件。在 13.3.5 节中将介绍如何创建这样的邮件。

13.3.5 项目 7：创建带附件的邮件

1. 项目构思

通过一个 JSP 文件将带有 doc 文件附件的邮件发送到邮箱中。

2. 项目设计

采用 JavaMail API 也可以像使用 OutLook 一样在邮件中添加附件。通过创建包含多个部分的邮件，可以在邮件中携带附件。JavaMail API 中的 BodyPart 对象代表着邮件主体的一部分，首先可以在程序中创建多个 BodyPart 对象，使用本身的 setContent() 方法存放附件、视频、音频、图片等。然后使用 addBodyPart() 方法将该对象加入到 MimeMultipart 对象中，把创建的每一个 BodyPart 对象都加入到 MimeMultipart 对象中以后，再调用 setContent() 方法将 MimeMultipart 对象加入到 MimeMessage 对象中去，如图 13-6 所示。

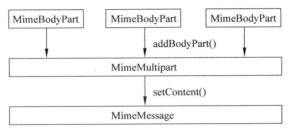

图 13-6 创建多个部分的邮件

BodyPart 对象是抽象类，具体使用的是 MimeBodyPart 对象。如果要向 MimeBodyPart 对象添加附件，需要获得这个附件的数据句柄。此数据句柄通过 DataSource 对象和具体的附件文件关联。如果附件文件的名称包含中文，可以用 MimeUtility.encodeWord() 方法解码，避免附件名称中文乱码。

发送带有附件的邮件需要使用 activation.jar。这个 jar 文件可以在本书配套资源的开发工具目录下找到。

3. 项目实施

步骤一：在 ch13 目录下添加"Java 技术培训.doc"的文件作为发送邮件的附件。
步骤二：将 activation.jar 复制到 ch13 的 WEB-INF\lib 目录下。
步骤三：新建一个 JSP 文件 mail_attach.jsp。具体代码如下：

```
文件名：mail_attach.jsp
<%@ page contentType="text/html;charset=utf-8" %>
<%@ page import="javax.mail.*,java.util.*,javax.mail.internet.*,java.io.
*,javax.activation.*"%>
<html>
<head><title>First Attatchment Email</title></head>
<body>
<%
    Properties props = new Properties();
    //设置邮件服务器地址
    props.put("mail.host", "219.216.128.8");
    //创建邮件会话对象
    Session ses = Session.getDefaultInstance(props, null);
```

```jsp
//从 Session 创建 MimeMessage
MimeMessage msg = new MimeMessage(ses);
//发送的邮箱地址
InternetAddress from=new InternetAddress("jinyan_t@neusoft.edu.cn");
//接收的邮箱地址
InternetAddress to=new InternetAddress("zhangna@neusoft.edu.cn");
//设置发送邮箱地址
msg.setFrom(from);
//添加邮箱接收者
msg.addRecipient(Message.RecipientType.TO,to);
//设置邮件主题
msg.setSubject("带有附件的邮件");
//创建一个邮件主体内容
BodyPart body=new MimeBodyPart();
body.setText("带有附件的邮件");
Multipart multpart=new MimeMultipart();
//加入到 MimeMultipart 中
multpart.addBodyPart(body);
//创建附件
BodyPart attachment=new MimeBodyPart();
//附件文件的名称
String filename="Java 技术培训.docx";
//附件的路径
String source=application.getRealPath("")+"\\"+filename;
//创建数据源指向附件的文件
DataSource ds=new FileDataSource(source);
//获得附件文件的指针
attachment.setDataHandler(new DataHandler(ds));
//设置附件的文件名
attachment.setFileName(MimeUtility.encodeWord(filename));
//加入到 MimeMultipart 中
multpart.addBodyPart(attachment);
//将 MimeMultipart 加入到 Message 中
msg.setContent(multpart);
//获得传输类的实例
Transport tran=ses.getTransport("smtp");
//建立连接
tran.connect("219.216.128.8","jinyan_t@neusoft.edu.cn","***");
//发送邮件
Transport.send(msg);
out.println("邮件发送成功");
%>
</body>
</html>
```

4. 项目运行

请读者自行实验。

13.3.6　项目 8：在 JSP 页面中显示接收的邮件

1. 项目构思

将接收到的邮件通过 JSP 文件显示出来。

2. 项目设计

JavaMail API 除了可以发送邮件之外，还支持很多其他常见的邮件操作，如接收邮件等。下面具体介绍检索邮件的过程。

（1）创建邮件会话。和发送邮件相同，检索邮件也需要创建相关的邮件会话。相关代码如下：

```
Properties props = new Properties();
props.put("mail.host", "219.216.128.8");
Session session = Session.getDefaultInstance(props, null);
```

（2）创建 Store 对象。要检索邮件服务器的邮件，需要连接到邮件服务器。这是通过 Store 对象完成的，通过邮件会话对象可以创建 Store 对象。Store 对象的 connect()方法用来连接邮件服务器，该方法需要三个参数：第一个参数是邮件服务器的地址；第二个参数是能够登录邮件服务器的用户名；第三个参数是密码。

```
Store store= session.getStore("pop3");
store.connect("邮件服务器地址","用户名","密码");
```

（3）文件夹对象 Folder。

连接到邮箱后，需要打开存放邮件的文件夹。Folder 代表文件夹对象，需要先创建 Folder 对象。Folder 对象可以通过调用 Store 对象的 getFolder()方法创建。这个方法有一个参数，代表要打开的文件夹的名称。

```
Folder folder=store.getFolder("INBOX");
```

（4）打开文件夹。获得文件夹对象后，要使用 open()方法打开文件夹。这种方法有一个参数，可以指定打开文件夹的模式。共有两个可选值：READ_ONLY 和 READ_WRITE。

```
folder.open(Folder.READ_ONLY);
```

（5）取出文件夹中的邮件。Folder 对象的 getMessage()或 getMessages()提供了在文件夹中收取邮件的方法。

```
Message[] messages=folder.getMessages();
```

(6) 读取邮件。通过 Message 对象提供的方法可以获得整个邮件的信息。例如：getSubject()获得邮件的主题，getSentData()获得发送的时间，getContent()获得具体内容等。

(7) 关闭资源。完成接收过程后，需要关闭 Folder 和 Store 对象。

```
folder.close(false);
store.close();
```

3. 项目实施

```
文件名:mail_receive.jsp
<%@ page contentType="text/html;charset=utf-8" %>
<%@ page import="javax.mail.*,java.util.*,javax.mail.internet.*,java.io.*" %>
<html>
<head><title>receive mail sample</title></head>
<body>
<%
    Properties props = new Properties();
    //设置邮件服务器地址
    props.put("mail.host", "219.216.128.8");
    //创建邮件会话对象
    Session ses = Session.getDefaultInstance(props, null);
    Store store=ses.getStore("pop3");
    store.connect("219.216.128.8","jinyan_t@neusoft.edu.cn","***");
    //创建文件夹对象
    Folder folder=store.getFolder("INBOX");
    folder.open(Folder.READ_ONLY);
    Message[] messages=folder.getMessages();
    for(int i=0;i<messages.length;i++){
        //读取文件夹中所有的邮件信息
        Message msg=messages[i];
        out.println("主题:"+msg.getSubject()+"<br>");
        out.println("发送时间:"+msg.getSentDate()+"<br>");
        out.println("内容:"+msg.getContent());
        out.println("<hr>");
    }
    folder.close(false);
    store.close();
%>
</body>
</html>
```

4. 项目运行

读者请自行实验。

13.3.7 邮件的删除

上面的示例从邮件服务器接收邮件,但是并没有在服务器中把它删除。如果在收取邮件时要删除邮件服务器上的邮件,可进行以下操作。

1. 以 READ_WRITE 模式打开文件夹

要在收取之后删除邮件,必须使用 READ_WRITE 模式打开文件夹。可以用下面的代码代替项目 8 中打开文件夹的代码。

```
folder.open(Folder.READ_WRITE);
```

2. 设置邮件状态

删除邮件前必须用系统标记标识邮件的状态。标记描述了邮件在其所在文件夹中的状态。Message.getFlags()方法返回一个 Flag 对象,该对象拥有该邮件所有当前设置的标记。邮件可以包含系统和用户定义的多个标记。Flags.Flag 类的静态成员变量提供了系统定义的标记,共有以下 7 种标记:

(1) ANSWERED:表示用户回复了这封邮件。

(2) DELETED:表示邮件删除。

(3) DRAFT:表示邮件是草稿,这样不会发送邮件。

(4) FLAGGED:标记没有明确定义语义,客户端可以根据自己的需要使用该标记。

(5) RECENT:表示是上次文件夹打开后到达的邮件。

(6) SEEN:表示邮件已经被收取。

(7) USER:表示该文件夹支持用户定义的标记。

Message 对象的 setFlag()方法用于设置邮件的状态,它共有两个参数。第一个参数是所设置的标识的类型,第二个参数是指示标识值的布尔变量。要删除一封邮件,需要通过 setFlag()方法将 DELETED 标记设置为 true。修改项目 8 的代码,将收到邮件的标记设置为待删除状态。

```
for(int i=0;i<messages.length;i++){
    //读取文件夹中所有的邮件信息
    Message msg=messages[i];
    out.println("主题:"+msg.getSubject()+"<br>");
    out.println("发送时间:"+msg.getSentDate()+"<br>");
    out.println("内容:"+msg.getContent());
    out.println("<hr>");
    //标识邮件删除
    msg.setFlag(Flags.Flag.DELETED,true);
}
```

3. 完成删除操作

要完成删除操作,还必须给关闭文件夹的方法一个 true 值的参数,这样在文件夹关闭时所有标记是 DELETED 的邮件将被删除。修改项目 8 的代码:

```
folder.close(true);
```

将项目 8 的程序按照上面的步骤修改,就可以在浏览邮件后删除邮件了,读者可以自行实验。

13.4 树形菜单

树形菜单常用来提供内容导航功能,它的实现可以分为静态和动态两个部分。静态菜单的内容固定不变或基本不变,可以采用 JavaScript 实现。这种方法的特点是速度快,编程难度小,有许多开发好的程序。如果树形菜单的内容经常变化就需要动态生成,称为动态树形菜单。主要采用动态网页技术(如 JSP 或 Servlet)生成 JavaScript 代码和网页内容代码。

13.4.1 项目 9:采用菜单组件创建静态树形菜单

1. 项目构思

在一个 JSP 页面中通过 dtree 组件创建一个树形菜单。

2. 项目设计

静态树形菜单可以采用 JavaScript 开发。网上有许多优秀的代码示例,这里使用一种比较简单实用的免费树形菜单 dtree 组件。它的主要优点是:可以设置无限级的菜单,可以设置多种状态(如:图标的显示和隐藏等),支持目前主流的浏览器,节点图片可以设置切换图片的效果等。Dtree 组件可以在本书配套资源的开发工具目录下找到,文件名为 dtree.zip,也可以从 http://www.destroydrop.com/javascripts/tree/dtree.zip 网站下载。下载的文件中主要包括 dtree.js、dtree.css 和图片文件夹 img。

创建树形菜单和添加节点比较简单,主要的方法包括如下几种。

(1) add()方法:添加节点的方法,功能是为树形菜单添加一个节点。例如:

```
var mytree = new dTree('d');
mytree.add(0,-1,'My example tree');
```

这个方法共有 9 个参数,其中前 3 个参数是必需的,参数描述如下:

① id:Number 类型,当前节点的 ID。
② pid:Number 类型,父类节点的 ID,如果是根节点为-1。
③ name:String 类型,在节点上显示的文字。
④ url:String 类型,节点的 URL。
⑤ title:String 类型,鼠标移到该节点时显示的文字。
⑥ target:String 类型,指定所链接的页面在浏览器窗口中的打开方式,它的参数值主

要有_blank、_parent、_self、_top。_blank 在新浏览器窗口中打开链接文件。_parent 将链接的文件载入含有该链接框架的父框架集或父窗口中。如果含有该链接的框架不是嵌套的，则在浏览器全屏窗口中载入链接的文件,就像_self 参数一样。_self 在同一框架或窗口中打开所链接的文档。_top 在当前的整个浏览器窗口中打开所链接的文档。

⑦ icon：String 类型,用作节点的图标,节点没有指定图标时使用默认值。
⑧ iconOpen：String 类型,用作节点打开的图标,节点没有指定图标时使用默认值。
⑨ open：Boolean 类型,判断节点是否打开。
(2) openAll()方法：打开所有节点,在树菜单被创建以前或以后调用。例如：

```
mytree.openAll();
```

(3) closeAll()方法：关闭所有节点,可在树形菜单被创建以前或以后调用。例如：

```
mytree.closeAll();
```

(4) openTo()方法：用于打开指定的节点,只能在树被创建以后调用。共有两个参数：
① id：Number 类型,指定节点的 ID。
② select：Boolean 类型,判断节点是否被选中。
例如：

```
mytree.openTo(5, true);
```

(5) config 属性：对 dtree 的配置。主要有下面几项参数：
① target ：类型 String,指定所有节点的链接的页面在浏览器窗口中的打开方式。
② folderLinks：类型 Boolean,指定文件夹可链接,默认是 true。
③ useSelection：类型 Boolean,节点可被选择(高亮显示),默认是 true。
④ useCookies：类型 Boolean,dtree 树可以使用 cookies 记住状态,默认是 true。
⑤ useLines：类型 Boolean,树的节点之间是否有连线,默认是 true。
⑥ useIcons：类型 Boolean,dtree 树的节点带有图标,默认是 true。
⑦ useStatusText：类型 Boolean,用节点名替代显示在状态栏的节点 URL,默认是 false。
⑧ closeSameLevel：类型 Boolean,只有一个有父级的节点可以被展开,默认是 false。当这个配置是 true 时 openAll() 和 closeAll() 函数将不可用。
⑨ inOrder：类型 Boolean,如果父级节点总是添加在子级节点之前,使用这个参数可以加速菜单显示。默认是 false。
例如：

```
mytree.config.target ='_self';    //所用节点的链接在同一个窗体打开
```

3. 项目实施

步骤一：在 ch13 下新建 dtree 文件夹,将下载的 dtree 组件 dtree.js、dtree.css、img 复制

到 dtree 文件夹下。

步骤二：在 dtree 文件夹下，新建一个 tree.jsp 文件。其代码如下：

```jsp
文件名：tree.jsp
<%@ page contentType="text/html;charset=utf-8" %>
<html>
  <head>
    <title>dtree sample</title>
    <!-- 导入 dtree 组件的样式表 dtree.css 和 js 文件 dtree.js -->
    <link rel="stylesheet" href="dtree.css" type="text/css" />
    <script type="text/javascript" src="dtree.js"></script>
  </head>
<body>
<div class="dtree">
    <h2>树形菜单 dtree 组件的例子</h2>
    <p><a href="javascript:d.openAll();">全部展开</a> |
    <a href="javascript:d.closeAll();">全部折叠</a></p>
    <script type="text/javascript">
        d = new dTree('d');
        d.add(0,-1,'我的树形菜单');
        d.add(1,0,'节点 1','tree.jsp');
        d.add(2,0,'节点 2','tree.jsp');
        d.add(3,1,'节点 1.1','tree.jsp');
        d.add(4,0,'节点 3','tree.jsp');
        d.add(5,3,'节点 1.1.1','tree.jsp');
        d.add(6,5,'节点 1.1.1.1','tree.jsp');
        d.add(7,0,'节点 4','tree.jsp');
        d.add(8,1,'节点 1.2','tree.jsp');
        d.add(9,0,'我的相册','tree.jsp','这是我的相册','','','img/imgfolder.gif');
        d.add(10,9,'我的生日','tree.jsp','我的生日照片');
        d.add(11,9,'北京旅游','tree.jsp');
        d.add(12,0,'回收站','tree.jsp','','','img/trash.gif');
        document.write(d);
    </script>
</div>
</body>
</html>
```

注意：在程序中使用 dtree 组件，要将 dtree.js 和 dtree.css 文件导入到程序中。

4. 项目运行

在浏览器地址栏中输入 URL："http://localhost:8080/ch13/dtree/tree.jsp"，其结果如图 13-7 所示。

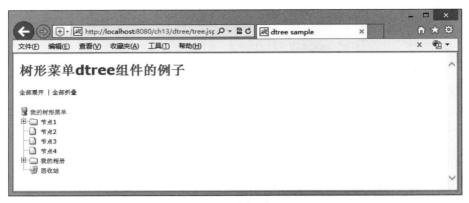

图 13-7 树形菜单

13.4.2 项目 10：采用菜单组件创建动态树形菜单

1．项目构思

创建动态树形菜单，它的内容通过程序生成，需要在 JSP 或 Servlet 中生成 JavaScript 代码。

2．项目设计

（1）根据 dtree 组件生成节点的参数，在数据库中创建一个树状结构表，作为树形菜单节点的参数。

（2）创建一个 JavaBean，在 JavaBean 的方法中读取表中的数据，生成相应的 JavaScript 代码，创建树形菜单。

（3）在 JSP 页面中利用 JSP 动态标签调用 JavaBean，在页面显示生成的树形菜单。

3．项目实施

步骤一：创建 MySQL 数据库 ch13，新建树状结构表 dtree，其字段为生成树状节点中的 8 个参数。数据库脚本如下：

```
create table dtree (
    id int(11) not null default 0,
    pid int(11) not null default -1,
    name varchar(50) not null,
    url varchar(50) default '',
    title varchar(50) default '',
    target varchar(50) default '_self',
    icon varchar(50) default null,
    iconopen varchar(50) default null,
    primary key (id)
) ENGINE=InnoDB DEFAULT CHARSET=utf8
```

步骤二：在创建的表中插入相应的数据，这些数据将作为生成树形菜单节点的参数。

在程序中通过读取表中的数据生成树形菜单的节点。数据库脚本如下：

```sql
insert into dtree values ('0', '-1', '我的电脑', '', '', '_self', 'base.gif', null);
insert into dtree values ('1', '0', '本地文件夹', '', '', '_self', 'folder.gif', 'folderopen.gif');
insert into dtree values ('2', '0', '我的图片', '', '', '_self', 'folder.gif', 'imgfolder.gif');
insert into dtree values ('3', '0', '我的音乐', '', '', '_self', 'folder.gif', 'musicfolder.gif');
insert into dtree values ('4', '1', '我的文档', '', '', '_self', 'page.gif', null);
insert into dtree values ('5', '2', '旅游', '', '', '_self', 'folder.gi', 'folderopen.gif');
insert into dtree values ('6', '3', '音乐1', '', '', '_self', 'page.gif', null);
insert into dtree values ('7', '5', '图片1', '', '', '_self', 'page.gif', null);
```

步骤三：创建一个JavaBean，通过JavaBean读取数据库中的数据，根据表中的数据生成相应树形菜单的JavaScript代码，返回到页面。具体代码如下：

```java
文件名:TreeUtil.java
package util;

import java.util.List;
import java.util.Map;

public class TreeUtil {

    private DBUtil db;
    public TreeUtil(){
        db = new DBUtil();
        db.setUrl("jdbc:mysql://localhost:3306/ch13");
    }
    public String getTreeNodes() {
        StringBuffer buf = new StringBuffer();              //保存生成的 JavaScript 代码
        buf.append("<script type='text/javascript'>");      //生成 JavaScript 标记
        buf.append("d = new dTree('d');");                  //创建一个 dtree
        String sql = "select * from dtree";
        List<Map<String,String>> l = db.getList(sql, null);
        for(Object o:l){
            Map<String,String> m = (Map<String,String>)o;
            buf.append("d.add(");
            buf.append(m.get("id") + ",");
            buf.append(m.get("pid") + ",'");
            buf.append(m.get("name") + "','");
```

```
                buf.append(m.get("url")+ "','");
                buf.append(m.get("title")+ "','");
                buf.append(m.get("target")+ "','");
                buf.append("img/"+m.get("icon")+ "','");
                buf.append("img/"+m.get("iconopen"));
                buf.append("');");
            }
            buf.append("document.write(d);");
            buf.append("</script>");
            return buf.toString();
        }
    }
```

TreeUtil 类通过 getTreeNodes()方法,根据从数据库取出的数据生成相应的 JavaScript 代码,保存在 StringBuffer 对象中。在页面中可以通过调用其方法,生成树形菜单。

步骤四:新建 JSP 页面 dtree.jsp,调用 JavaBean 生成树形菜单。

文件名:dtree.jsp
```
<%@ page contentType="text/html; charset=utf-8" %>
<html>
  <head>
    <title>dtree sample</title>
    <!-- 导入 dtree 组件的样式表 dtree.css 和 js 文件 dtree.js -->
    <link rel="stylesheet" href="dtree.css" type="text/css" />
    <script type="text/javascript" src="dtree.js"></script>
  </head>
  <body>
    <div class="dtree">
      <a href="javascript:d.openAll();">全部展开</a> |
      <a href="javascript:d.closeAll();">全部折叠</a><p>
      <jsp:useBean id="tree" class="util.TreeUtil">
          <jsp:getProperty name="tree" property="treeNodes" />
      </jsp:useBean>
    </div>
  </body>
</html>
```

4. 项目运行

在浏览器地址栏中输入 URL:"http://localhost:8080/ch13/dtree/dtree.jsp",其结果如图 13-8 所示。

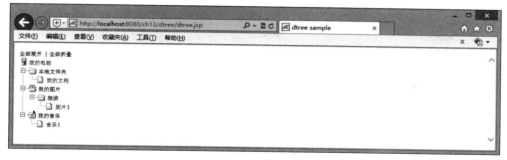

图 13-8　动态树形菜单

13.4.3　项目 11：隐藏和显示树形菜单

1．项目构思

通过 JavaScript 代码和 CSS 样式表隐藏或显示树形菜单。

2．项目设计

针对项目 10 的动态树形菜单，编写 JavaScript 代码，通过调用样式表的 display 属性来隐藏（none）或者显示（block）树形菜单。

3．项目实施

```
文件名:dtree_hide_show.jsp
<%@ page contentType="text/html; charset=utf-8" %>
<html>
<head>
    <title>可折叠树形菜单</title>
    <!-- 导入 dtree 组件的样式表 dtree.css 和 js 文件 dtree.js -->
    <link rel="stylesheet" href="dtree.css" type="text/css" />
    <script type="text/javascript" src="dtree.js"></script>
    <script>
        function ShowHideDiv(div,img){
            if(div.style.display == "none"){
                img.src="img/bookopen.png";
                div.style.display="block";
                img.title="折叠";
            }else{
                img.src="img/book.png";
                div.style.display="none";
                img.title="展开";
            }
        }
    </script>
```

```html
</head>
<body>
<h2>树形菜单</h2>
<table width="180">
    <tr bgcolor="#F2F2F2">
        <td align="center" width="90%">
            <a href="#" onclick="javascript:ShowHideDiv(divTree,iImg);return false;">
                <b>我的栏目</b>
            </a>
        </td>
        <td align="right">
            <img src="img/bookopen.png"
                onclick="javascript:ShowHideDiv(divTree,this)"
                title="折叠" id="iImg" />
        </td>
    </tr>
    <tr><td colspan="2">
        <div class="dtree" id="divTree">
            <a href="javascript:d.openAll();">全部展开</a> |
            <a href="javascript:d.closeAll();">全部折叠</a><p>
            <jsp:useBean id="tree" class="util.TreeUtil">
                <jsp:getProperty name="tree" property="treeNodes" />
            </jsp:useBean>
        </div>
    </td></tr>
</table>
</body>
</html>
```

4. 项目运行

在浏览器地址栏中输入 URL："http://localhost:8080/ch13/dtree/dtree_hide_show.jsp"，其结果如图 13-9 和图 13-10 所示。

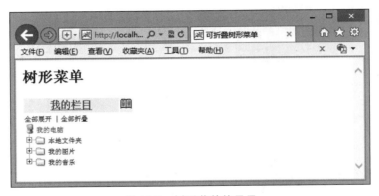

图 13-9　树形菜单的显示

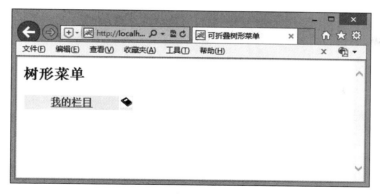

图 13-10　树形菜单的隐藏

本章小结

Servlet 3.0 规范发布之前，基于 Java 的 Web 开发中没有对文件上传功能的封装，需要自己开发一个 Servlet 或者 JavaBean 处理上传或下载的任务。jspSmartUpload 和 commons-fileupload 组件是常用的文件上传组件，它们用法简单，功能齐备。

Servlet 3.0 较之以往版本增加了一些实用的新功能，其中一个比较大的改进就是 HttpServletRequest 对象增加了对文件上传的支持。

在 Web 开发中，分页处理显示数据是最基本的功能。分页可以采用利用结果集处理和利用 SQL 语句处理两种方式实现。

JavaMail 是 Java EE 中的标准 API。采用 JavaMail API 可以在程序中以一种独立于平台和协议的方式发送和接收邮件。

实验

1. 使用 Servlet 3.0 实现多个文件的上传。
2. 编写两个 JSP 页面，一个用于发送邮件，一个用于接收邮件。

第 14 章 项目实战

【学习目标】
- 了解基于 MVC 模式开发 Web 应用的流程,综合运用 Java Web 开发的相关知识和技术完成项目开发。
- 掌握文件的上传下载功能和分页处理功能。
- 运用软件工程的相关知识对项目进行构思、设计、实施和运行。

14.1 项目构思

本章综合运用前面章节所讲述的内容,开发一个基于 MVC 模式的 Java Web 项目——娱乐无限下载中心,实现娱乐信息的共享和管理。

本系统有两类用户角色、普通用户和管理员用户。普通用户可以直接访问网站内容,包括浏览排行榜、浏览所有信息、分类浏览和分类搜索,同时可以对喜欢的信息进行下载。当浏览信息内容较多时,可以进行分页浏览。管理员用户除具有普通用户的权限外,还可以通过登录来管理各项娱乐信息,包括信息的添加、修改和删除。

14.2 项目设计

14.2.1 选择开发模型

本系统的开发基于 MVC 模式,其中模型层(M)负责业务数据的表示和实现业务逻辑,用 Java 类实现;视图层(V)用于与用户交互,由 JSP 页面实现,通过在 JSP 页面中使用 EL 和 JSTL,使 Java 脚本免于出现;控制层(C)完成流程控制,它接收视图层用户输入的数据并调用相应的模型进行处理,最后选择合适的视图去响应用户。控制层用 Servlet 实现。

14.2.2 数据库设计

本系统的数据信息存储在 MySQL 数据库服务器的 ch14 数据库中。ch14 数据库共有 2

张数据表 admin 和 files，其中 admin 表用于存储管理员的登录信息，files 表用于存储娱乐信息。admin 表和 files 表的结构分别如表 14-1 和表 14-2 所示。

表 14-1 admin 表结构

字 段 名 称	类　　型	说　　明	是否可以为空
id	int	自动增长字段，主键	否
username	varchar(20)	管理员用户名	否
password	varchar(30)	管理员密码	否

表 14-2 files 表结构

字 段 名 称	类　　型	说　　明	是否可以为空
id	int	自动增长字段，主键	否
name	varchar(20)	文件说明	否
lastModified	varchar(30)	文件的上传或最后修改时间	否
size	int	文件大小	否
hits	int	下载次数	否
type	char(1)	文件类型：1 图片，2 Flash，3 音乐，4 小视频，5 其他	否
description	mediumtext	文件的详细描述	是
filePath	varchar(50)	保存上传文件的地址	是
fileName	varchar(100)	保存上传文件的名称	是

14.3 项目实施

14.3.1 创建 Dynamic Web Project

利用 Eclipse 创建新的 Dynamic Web Project ch14。ch14 的目录结构如图 14-1 所示，其中 src 目录的 service 包保存模型层的 Java 类，servlets 包保存控制层的 Servlet，util 包保存实现通用功能的 Java 类。WebContent 目录下的 admin 文件夹保存与管理员操作相关的 JSP 页面，用户相关的 JSP 页面直接保存在 WebContent 目录下，software 文件夹保存上传的文件。

14.3.2 通用功能实现

系统的通用功能包括数据库访问、分页处理和文件的上传下载。这些功能在模型层通过 Java 语言实现。

图 14-1 Project ch14 的目录结构

1. 数据库访问

数据库访问操作封装在 util.DBUtil 类中，包括创建数据库连接、创建语句对象、设置 SQL 语句的参数、返回查询操作的单条记录、返回查询操作的多条记录、返回分页数据信息、执行更新语句、关闭数据库连接等功能。

```java
文件名:DBUtil.java
package util;
import java.sql.Connection;
import java.sql.DriverManager;
import java.sql.PreparedStatement;
import java.sql.ResultSet;
import java.sql.ResultSetMetaData;
import java.sql.SQLException;
import java.util.ArrayList;
import java.util.HashMap;
import java.util.List;
import java.util.Map;

public class DBUtil {
    private String driver;
    private String url;
    private String username;
    private String password;
    private Connection con;
    private PreparedStatement pstmt;
    private ResultSet rs;
    //每页显示的记录数
    private int pageSize = 3;

    public void setDriver(String driver) {
        this.driver = driver;
    }

    public void setUrl(String url) {
        this.url = url;
    }

    public void setUsername(String username) {
        this.username = username;
    }

    public void setPassword(String password) {
        this.password = password;
```

```java
    }
    //构造方法,定义驱动程序连接用户名和密码信息
    public DBUtil() {
        driver = "com.mysql.cj.jdbc.Driver";
        url = "jdbc:mysql://localhost:3306/ch14?characterEncoding=utf8&serverTimezone=UTC";
        username = "root";
        password = "root";
    }

    //获取连接对象
    private Connection getConnection() {
        try {
            Class.forName(driver);
            con = DriverManager.getConnection(url, username, password);
        } catch (ClassNotFoundException e) {
            e.printStackTrace();
        } catch (SQLException e) {
            e.printStackTrace();
        }
        return con;
    }

    //获取语句对象
    private PreparedStatement getPrepareStatement(String sql) {
        try {
            pstmt = getConnection().prepareStatement(sql);
        } catch (SQLException e) {
            e.printStackTrace();
        }
        return pstmt;
    }

    //给 pstmt 的 SQL 语句设置参数(要求参数以数组形式给出)
    private void setParams(String sql, String[] params) {
        pstmt = this.getPrepareStatement(sql);
        if (params != null) {
            for (int i = 0; i < params.length; i++) {
                try {
                    pstmt.setString(i + 1, params[i]);
                } catch (SQLException e) {
                    e.printStackTrace();
```

```java
            }
        }
    }
}

//执行数据库查询操作时,将返回的结果封装到List对象中
public List<Map<String, String>> getList(String sql, String[] params) {
    List<Map<String, String>> list = new ArrayList<Map<String, String>>();
    try {
        this.setParams(sql, params);
        ResultSet rs = pstmt.executeQuery();
        ResultSetMetaData rsmd = rs.getMetaData();
        while (rs.next()) {
            Map<String, String> m = new HashMap<String, String>();
            for (int i = 1; i <= rsmd.getColumnCount(); i++) {
                String colName = rsmd.getColumnName(i);
                m.put(colName, rs.getString(colName));
            }
            list.add(m);
        }
    } catch (SQLException e) {
        e.printStackTrace();
    } finally {
        close();
    }
    return list;
}

//执行数据库查询操作时,将返回的结果封装到List对象中
public Map<String, String> getMap(String sql, String[] params) {
    List<Map<String, String>> list = getList(sql, params);
    if (list.isEmpty())
        return null;
    else
        return (Map<String, String>) list.get(0);

}

//更新数据库时调用update方法
public int update(String sql, String[] params) {
    int recNo = 0;                              //表示受影响的记录行数
    try {
        setParams(sql, params);                 //根据sql语句和params,设置pstmt对象
```

```java
            recNo = pstmt.executeUpdate();    //执行更新操作
        } catch (Exception e) {
            e.printStackTrace();
        } finally {
            close();
        }
        return recNo;
    }

    //关闭对象
    private void close() {
        try {
            if (rs != null)
                rs.close();
            if (pstmt != null)
                pstmt.close();
            if (con != null)
                con.close();
        } catch (SQLException e) {
        }
    }

    //执行数据库查询操作时,返回结果的记录总数
    private int getTotalRows(String sql, String[] params) {
        int totalRows = 0;
        sql = sql.toLowerCase();
        String countSql = "";
        if (sql.indexOf("group") >= 0) {
            countSql = "select count(*) as tempNum from (" + sql + ") as temp";
        } else {
            countSql = "select count(*) as tempNum " + sql.substring(sql.indexOf("from"));
        }
        //count 中存放总记录数
        String count = (String) getMap(countSql, params).get("tempNum");
        totalRows = Integer.parseInt(count);
        return totalRows;
    }

    //分页显示查询结果时,将当前页中的所有信息封装到 PageBean 中
    public PageBean getPageBean(String sql, String[] params, int curPage) {
        String newSql = sql + " limit " + (curPage - 1) * pageSize + "," + pageSize;
        List<Map<String,String>> data = this.getList(newSql, params);
```

```java
        PageBean pb = new PageBean();
        pb.setCurPage(curPage);
        pb.setPageSize(pageSize);
        pb.setTotalRows(getTotalRows(sql, params));
        pb.setData(data);
        return pb;
    }
}
```

2. 分页处理

分页后的数据信息保存在 util.PageBean 中,该信息通过 util.DBUtil 类的 PageBean getPageBean()方法获得。

文件名:PageBean.java
```java
package util;
import java.util.List;
import java.util.Map;
public class PageBean {
    private int curPage;                                //当前页数
    private int totalPages;                             //总页数
    private int totalRows;                              //总行数
    private int pageSize;                               //每页显示行数
    private List<Map<String,String>> data;              //每页显示的数据
    public int getCurPage() {
        if (curPage > getTotalPages()) {                //当前行数大于总行数
            curPage = getTotalPages();
        }
        else if(curPage<1){                             //当前行数小于1
            curPage=1;
        }
        return curPage;
    }
    public void setCurPage(int curPage) {
        this.curPage = curPage;
    }
    public int getTotalPages() {
        if(totalRows%pageSize==0){
            totalPages=totalRows/pageSize;
        }else{
            totalPages=totalRows/pageSize+1;
        }
        return totalPages;
    }
```

```java
    public void setTotalPages(int totalPages) {
        this.totalPages = totalPages;
    }
    public int getTotalRows() {
        return totalRows;
    }
    public void setTotalRows(int totalRows) {
        this.totalRows = totalRows;
    }
    public int getPageSize() {
        return pageSize;
    }
    public void setPageSize(int pageSize) {
        this.pageSize = pageSize;
    }
    public List<Map<String,String>> getData() {
        return data;
    }
    public void setData(List<Map<String,String>> data) {
        this.data=data;
    }
}
```

3. 文件的上传和下载

文件的上传和下载功能封装在 util.FileUtil 类中，提供了实现文件上传（使用 commons-fileupload 组件）和下载的通用方法。

```java
文件名：FileUtil.java
package util;
import java.io.*;
import java.util.*;
import javax.servlet.*;
import javax.servlet.http.*;
import org.apache.commons.fileupload.FileItem;
import org.apache.commons.fileupload.FileUploadException;
import org.apache.commons.fileupload.FileUploadBase.SizeLimitExceededException;
import org.apache.commons.fileupload.disk.DiskFileItemFactory;
import org.apache.commons.fileupload.servlet.ServletFileUpload;

public class FileUtil {

        //存储表单信息
```

```java
        private Map<String,String> parameters = null;
        //存储上传文件信息
        private Map<String,String> file = null;
        //最大的上传文件大小
        private long max_size = 30 * 1024 * 1024;

        public FileUtil() {
            parameters = new HashMap<String,String>();
            file = new HashMap<String,String>();
        }

        //上传文件的方法
        public int upload(HttpServletRequest request, String uploadPath) throws IOException{

            //实例化一个硬盘文件工厂,用来配置上传组件ServletFileUpload
            DiskFileItemFactory diskFileItemFactory = new DiskFileItemFactory();
        //设置上传文件时用于临时存放文件的内存大小,这里是 4KB.多出的部分将临时存在硬盘中
            diskFileItemFactory.setSizeThreshold(4096);
            //用以上工厂实例化上传组件
            ServletFileUpload fileUpload = new ServletFileUpload(diskFileItemFactory);
            //设置最大上传文件大小
            fileUpload.setSizeMax(max_size);
            //解决路径或者文件名为乱码的问题
            fileUpload.setHeaderEncoding("utf-8");
            List<FileItem> fileList = null;
            try {
                fileList = fileUpload.parseRequest(request);
            } catch (FileUploadException e) {
                if (e instanceof SizeLimitExceededException) {
                    System.out.println("文件大小超过" + max_size + "字节");
                    return 0;
                }
                e.printStackTrace();
            }
            Iterator<FileItem> fileItr = fileList.iterator();
            while (fileItr.hasNext()) {
                FileItem fileItem = null;
                String sourceFilePath = null;
                String sourceFileName = null;
                String fileExt = null;
                String filePath= null;
```

```java
                    String realPath = null;
                    long size = 0;
                    fileItem = (FileItem) fileItr.next();
                    //如果是上传文件而不是表单信息
                    if (!fileItem.isFormField()) {
                        //得到源文件的完整路径
                        sourceFilePath = fileItem.getName();
                        size = fileItem.getSize();
                        if (!sourceFilePath.equals("") && size != 0) {
                            //得到去除路径的文件名
                            sourceFileName = sourceFilePath.substring
(sourceFilePath.lastIndexOf("\\") + 1);
                            //得到文件扩展名
                            fileExt = sourceFileName.substring(sourceFileName.
lastIndexOf(".") + 1);
                            //以当前系统时间保存上传文件
                            long systemTime=System.currentTimeMillis();
                            filePath=uploadPath+"/"+systemTime+"."+fileExt;
                            realPath = request.getServletContext().getRealPath
(filePath);
                            try {
                                fileItem.write(new File(realPath));
                            } catch (Exception e) {
                                e.printStackTrace();
                                return 0;
                            }
                            file.put("size", String.valueOf(size));
                            file.put("filePath",filePath);
                            file.put("fileName", sourceFileName);
                        }
                    } else {
                        //如果不是上传文件而是表单信息,则将信息保存在 parameters 中
                        String fieldName = fileItem.getFieldName();
                        String value = fileItem.getString("utf-8");
                        parameters.put(fieldName, value);
                    }
                }
            return 1;
    }

    //下载文件的方法,参数 Map<String,String>存储下载文件信息,包括文件地址
    //filePath 和名称 fileName
    public int download(ServletContext servletContext,HttpServletResponse response,Map<String,String> file) throws IOException{
```

```java
        java.io.BufferedInputStream bis = null;
        java.io.BufferedOutputStream bos = null;
        try {
            String filePath=(String)file.get("filePath");
            String realPath=servletContext.getRealPath(filePath);
            long fileLength = new File(realPath).length();
            response.setHeader("Content-disposition", "attachment; filename=" 
+ new String(file.get("fileName").getBytes("utf-8"),"ISO8859-1"));
            response.setHeader("Content-Length", String.valueOf(fileLength));
            bis = new BufferedInputStream(new FileInputStream(realPath));
            bos = new BufferedOutputStream(response.getOutputStream());
            byte[] buff = new byte[2048];
            int bytesRead;
            while ((bytesRead = bis.read(buff, 0, buff.length))!=-1) {
                bos.write(buff, 0, bytesRead);
            }
        } catch (IOException e) {
            e.printStackTrace();
            return 0;
        } finally {
            if (bis != null)
                bis.close();
            if (bos != null)
                bos.close();
        }
        return 1;
    }

    public Map<String,String> getFile() {
        return file;
    }

    public Map<String,String> getParameters() {
        return parameters;
    }

    public void setMax_size(long max_size) {
        this.max_size = max_size;
    }
}
```

4. 文件下载的业务处理

模型层的 service.CommonService 类提供了获得下载文件的信息及下载时更新下载次

数的通用方法。

```java
文件名:CommonService.java
package service;
import util.DBUtil;
import java.util.Map;

public class CommonService {

    private DBUtil db=new DBUtil();

    public Map<String,String> getDownLoadFile(String id){
        String sql="select filePath,fileName from files where id=?";
        return db.getMap(sql, new String[]{id});
    }
    public void updateHits(String id){
        String sql="update files set hits=hits+1 where id=?";
        db.update(sql, new String[]{id});
    }
}
```

5．文件下载的请求处理

控制层的 servlet.DownLoadSerlvet 类用于处理用户的下载请求，获取下载文件的信息，调用 util.FileUtil 类的下载方法完成下载动作以及更新文件的下载次数。

```java
文件名:DownLoadServlet.java
package servlets;
import java.io.IOException;
import javax.servlet.ServletException;
import javax.servlet.annotation.WebServlet;
import javax.servlet.http.HttpServlet;
import javax.servlet.http.HttpServletRequest;
import javax.servlet.http.HttpServletResponse;
import service.CommonService;
import java.util.Map;
import util.FileUtil;


@WebServlet("/dls")
public class DownLoadServlet extends HttpServlet {

    private static final long serialVersionUID = 1L;

    public DownLoadServlet() {
```

```java
        super();
    }
    public void doGet(HttpServletRequest request, HttpServletResponse response)
            throws ServletException, IOException {
        doPost(request, response);
    }

    public void doPost(HttpServletRequest request, HttpServletResponse response)
            throws ServletException, IOException {
        String id=request.getParameter("id");
        CommonService cs=new CommonService();
        //得到下载文件的信息,Map 对象封装了 filePath 和 fileName 信息
        Map<String,String> file=cs.getDownLoadFile(id);
        //实现文件下载动作
        FileUtil fu=new FileUtil();
        int r=fu.download(this.getServletContext(), response, file);
        //更新下载次数
        if(r==1)
          cs.updateHits(id);
    }
}
```

14.3.3 普通用户功能实现

普通用户功能包括浏览排行榜、浏览所有信息、分类浏览和分类搜索。

1. 模型层的实现

实现普通用户功能的业务逻辑被封装在模型层的 service.UserService 类中,其功能包括获得下载排名前 10 位的文件数据信息,获得数据库中的所有信息,获得指定类型的数据信息,获得指定类型和指定名称的数据信息等。

```java
文件名:UserService.java
package service;
import java.util.List;
import java.util.Map;
import util.DBUtil;
import util.PageBean;

public class UserService {

    private DBUtil db=new DBUtil();

    //获得所有信息的 PageBean 对象
    public PageBean listAll(int curPage){
```

```java
        String sql="select * from files order by lastModified desc";
        return db.getPageBean(sql, new String[]{}, curPage);
    }
    //获得下载次数排名前10位的文件数据信息
    public List< Map<String,String>> topList(){
        String sql="select id,name,hits from files where hits!=0 order by hits desc limit 0,10";
        return db.getList(sql, new String[]{});
    }
    //通过id获得单条数据信息
    public Map<String,String> getById(String id){
        String sql="select * from files where id=?";
        return db.getMap(sql, new String[]{id});
    }
    //获得指定类型的数据信息的PageBean对象
    public PageBean listSort(String type, int curPage) {
        String sql=null;
        if(type==null || type.equals("")){
            sql="select * from files order by type";
            return db.getPageBean(sql, new String[]{}, curPage);
        }else{
            sql="select * from files where type=?";
            return db.getPageBean(sql, new String[]{type}, curPage);
        }
    }
    //获得指定类型和指定名称的数据信息的PageBean对象
    public PageBean search(String type,String name,int curPage){
        String sql=null;
        if(type==null || type.equals("")){
            if(name==null || name.equals("")){
                sql="select * from files order by type";
                return db.getPageBean(sql, new String[]{}, curPage);
            }else{
                sql="select * from files where name like ?";
                return db.getPageBean(sql, new String[]{"%"+name+"%"}, curPage);
            }
        }else{
            if(name==null || name.equals("")){
                sql="select * from files where type=?";
                return db.getPageBean(sql, new String[]{type}, curPage);
            }else{
                sql="select * from files where type=? and name like ?";
```

```
                    return db.getPageBean(sql, new String[]{type,"%"+name+"%"},
curPage);
            }
        }
    }
}
```

2. 控制层的实现

普通用户功能的控制层由 servlets.UserServlet 类实现,根据用户的请求路径调用相应的模型处理请求,并选择合适的视图层文件响应用户。

```
package servlets;
import java.io.IOException;
import java.util.List;
import java.util.Map;
import javax.servlet.RequestDispatcher;
import javax.servlet.ServletException;
import javax.servlet.annotation.WebServlet;
import javax.servlet.http.HttpServlet;
import javax.servlet.http.HttpServletRequest;
import javax.servlet.http.HttpServletResponse;
import service.UserService;
import util.PageBean;

@WebServlet("/us/*")
public class UserServlet extends HttpServlet {

    private static final long serialVersionUID = 1L;

    public UserServlet() {
        super();
    }
    public void doGet(HttpServletRequest request, HttpServletResponse response)
            throws ServletException, IOException {

        doPost(request, response);
    }
    public void doPost(HttpServletRequest request, HttpServletResponse response)
            throws ServletException, IOException {

        request.setCharacterEncoding("utf-8");
        //分析文件路径,根据路径进行不同的处理
```

```java
String requestPath=request.getRequestURI();
int i=requestPath.lastIndexOf('/');
String path=requestPath.substring(i);
RequestDispatcher rd=null;
//创建模型层对象
UserService us=new UserService();
if(path.equals("/listAll")){
    //所有文件显示功能,带分页处理
    //获得要显示的页数
    String page = request.getParameter("page");
    //当前的页数
    int curPage = 0;
    //没有获得 page 值的处理
    if (page == null || page.length() < 1) {
        curPage = 1;
    } else {
        curPage = Integer.parseInt(page);
    }
    PageBean pageBean=us.listAll(curPage);
    request.setAttribute("pageBean", pageBean);
    rd=request.getRequestDispatcher("/listAll.jsp");
    rd.forward(request, response);
}else if(path.equals("/top")){
    //排行榜的显示,下载次数最高的前 10 位文件
    List<Map<String,String>> top=us.topList();
    request.setAttribute("top", top);
    rd=request.getRequestDispatcher("/topList.jsp");
    rd.forward(request, response);
}else if(path.equals("/show")){
    //显示单个文件的具体信息
    String id=request.getParameter("id");
    Map<String,String> file=us.getById(id);
    request.setAttribute("file", file);
    rd=request.getRequestDispatcher("/showFile.jsp");
    rd.forward(request, response);
}else if(path.equals("/sort")){
    //分类显示,带分页功能
    String type=request.getParameter("type");
    //所有文件显示功能,带分页处理
    //获得要显示的页数
    String page = request.getParameter("page");
    //当前的页数
    int curPage = 0;
```

```java
            //没有获得page值的处理
            if (page == null || page.length() < 1) {
                curPage = 1;
            } else {
                curPage = Integer.parseInt(page);
            }
            PageBean pageBean=us.listSort(type,curPage);
            request.setAttribute("pageBean", pageBean);
            rd=request.getRequestDispatcher("/sortList.jsp");
            rd.forward(request, response);
        }else if(path.equals("/search")){
            //分类搜索,带分页功能。搜索条件为类别+文件说明中的关键字
            String type=request.getParameter("type");
            String name=request.getParameter("name");
            //获得要显示的页数
            String page = request.getParameter("page");
            //当前的页数
            int curPage = 0;
            //没有获得page值的处理
            if (page == null || page.length() < 1) {
                curPage = 1;
            } else {
                curPage = Integer.parseInt(page);
            }
            PageBean pageBean=us.search(type,name,curPage);
            request.setAttribute("pageBean", pageBean);
            rd=request.getRequestDispatcher("/searchList.jsp");
            rd.forward(request, response);
        }
    }
}
```

3．视图层的实现

1）首页

文件名:index.jsp
```
<script>
location.replace("${pageContext.request.contextPath}/us/listAll");
</script>
```

2）导航

文件名:head.jsp
```
<%@ page pageEncoding="utf-8" %>
```

```
<div align="center">
| <a href="${pageContext.request.contextPath}/index.jsp">首页</a>
| <a href="${pageContext.request.contextPath}/us/top">下载排行</a>
| <a href="${pageContext.request.contextPath}/us/sort">分类显示</a>
| <a href="${pageContext.request.contextPath}/us/search">分类搜索</a>
| <a href="${pageContext.request.contextPath}/admin/login.jsp">管理功能</a>
|
</div>
<br>
<hr>
```

3）浏览所有信息

文件名：listAll.jsp

```
<%@ page pageEncoding="utf-8" %>
<%@ taglib prefix="c" uri="http://java.sun.com/jsp/jstl/core"%>
<%@ include file="/header.jsp" %>
<div align="center">
<h2>娱乐无限下载中心</h2>
<c:set var="url" value="${pageContext.request.contextPath}/ us/listAll"/>
<c:forEach var="file" items="${pageBean.data}">
  <table border width="70%">
  <tr>
  <td bgcolor="#CCCCCC" width="15%">文件说明</td>
  <td width="45%"><a href="${pageContext.request.contextPath}/dls?id=${file.id}">${file.name}</a></td>
  <td bgcolor="#CCCCCC" width="15%">文件大小</td>
  <td>${file.size}字节</td>
  </tr>
  <tr>
  <td bgcolor="#CCCCCC" width="15%">更新日期</td>
  <td width="45%">${file.lastModified}</td>
  <td bgcolor="#CCCCCC" width="15%">下载次数</td>
  <td>${file.hits}</td>
  </tr>
  <tr>
  <td bgcolor="#CCCCCC" width="15%">详细描述</td>
  <td colspan="3">${file.description}</td>
  </tr>
  </table>
  <p>
</c:forEach>
每页${pageBean.pageSize}行   共${pageBean.totalRows}行   页数 ${pageBean.curPage}/${pageBean.totalPages}
```

```
<c:choose>
    <c:when test="${pageBean.curPage==1}">首页 上一页</c:when>
    <c:otherwise>
        <a href="${url}?page=1">首页</a>
    <a href="${url}?page=${pageBean.curPage-1}">上一页</a>
    </c:otherwise>
</c:choose>
<c:choose>
    <c:when test="${pageBean.curPage>=pageBean.totalPages}">下一页 尾页</c:when>
    <c:otherwise>
    <a href="${url}?page=${pageBean.curPage+1}">下一页</a>
    <a href="${url}?page=${pageBean.totalPages}">尾页</a>
    </c:otherwise>
</c:choose>
</div>
```

listAll.jsp 的运行界面如图 14-2 所示。

图 14-2 listAll.jsp 的运行界面

4）排行榜

```
文件名:topList.jsp
<%@ page pageEncoding="utf-8" %>
<%@ taglib prefix="c" uri="http://java.sun.com/jsp/jstl/core"%>
<%@ include file="/header.jsp" %>
<h2 align="center">下载排行榜</h2>
<table border width="50%" align="center">
```

```
<tr><th width="15%" bgcolor="#CCCCCC">排名</th>
<th width="65%" bgcolor="#CCCCCC">文件说明</th>
<th width="20%" bgcolor="#CCCCCC">下载次数</th>
</tr>
<c:forEach var="file" items="${top}" varStatus="vs">
<tr>
<td align="center" bgcolor="#CCCCCC">${vs.count}</td>
<td align="center"><a href="${pageContext.request.contextPath}/us/show?id=${file.id}">${file.name}</a></td>
<td align="center">${file.hits}</td>
</tr>
</c:forEach>
</table>
```

topList.jsp 的运行界面如图 14-3 所示。

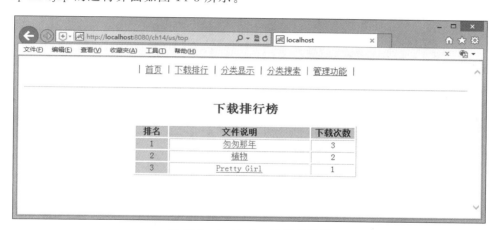

图 14-3　topList.jsp 的运行界面

5）查看排行榜中某文件的详细信息

```
文件名:showFile.jsp
<%@ page pageEncoding="utf-8"%>
<%@ taglib prefix="c" uri="http://java.sun.com/jsp/jstl/core"%>
<%@ include file="/header.jsp"%>
<h2 align="center">文件详细信息</h2>
<table border width="70%" align="center">
    <tr>
        <td bgcolor="#CCCCCC" width="15%">文件说明</td>
        <td width="45%">${file.name}</td>
        <td bgcolor="#CCCCCC" width="15%">文件大小</td>
        <td>${file.size}字节</td>
    </tr>
```

```
        <tr>
            <td bgcolor="#CCCCCC" width="15%">更新日期</td>
            <td width="45%">${file.lastModified}</td>
            <td bgcolor="#CCCCCC" width="15%">下载次数</td>
            <td>${file.hits}</td>
        </tr>
        <tr>
            <td bgcolor="#CCCCCC" width="15%">详细描述</td>
            <td colspan="3">${file.description}</td>
        </tr>
        <tr>
            <td colspan="4" align="center"><a
                href="${pageContext.request.contextPath}/dls?id=${file.id}">下载
</a>
                    <a
                href="${pageContext.request.contextPath}/us/top">返回</a></td>
        </tr>
</table>
```

showFile.jsp 的运行界面如图 14-4 所示。

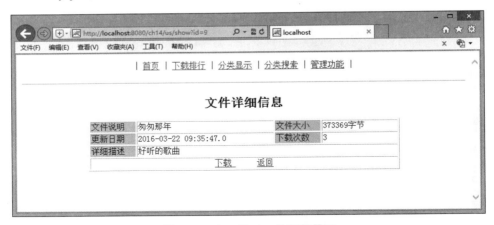

图 14-4　showFile.jsp 的运行界面

6）信息分类浏览

```
文件名：sortList.jsp
<%@ page pageEncoding="utf-8" %>
<%@ taglib prefix="c" uri="http://java.sun.com/jsp/jstl/core"%>
<%@ include file="/header.jsp" %>
<div align="center">
<h2>分类显示</h2>
<c:set var="url" value="${pageContext.request.contextPath}/us/sort" />
```

```
<form action="${url}" method="post">
请选择类别:
<select name="type">
  <option value="" <c:if test="${empty param.type}">selected</c:if>>全部类别
</option>
  <option value="1" <c:if test="${param.type==1}">selected</c:if>>图片
</option>
  <option value="2" <c:if test="${param.type==2}">selected</c:if>>Flash
</option>
  <option value="3" <c:if test="${param.type==3}">selected</c:if>>音乐
</option>
  <option value="4" <c:if test="${param.type==4}">selected</c:if>>小视频
</option>
  <option value="5" <c:if test="${param.type==5}">selected</c:if>>其他
</option>
</select>
<input type="submit" value="查看">
</form>
<c:forEach var="file" items="${pageBean.data}">
  <table border width="70%">
  <tr>
  <td bgcolor="#CCCCCC" width="15%">文件说明</td>
  <td width="45%"><a href="${pageContext.request.contextPath}/dls?id=${file.id}">${file.name}</a></td>
  <td bgcolor="#CCCCCC" width="15%">文件大小</td>
  <td>${file.size}字节</td>
  </tr>
  <tr>
  <td bgcolor="#CCCCCC" width="15%">更新日期</td>
  <td width="45%">${file.lastModified}</td>
  <td bgcolor="#CCCCCC" width="15%">下载次数</td>
  <td>${file.hits}</td>
  </tr>
  <tr>
  <td bgcolor="#CCCCCC" width="15%">详细描述</td>
  <td colspan="3">${file.description}</td>
  </tr>
  </table>
  <p>
</c:forEach>
每页${pageBean.pageSize}行  共${pageBean.totalRows}行  页数 ${pageBean.curPage}/${pageBean.totalPages}
<c:choose>
```

```
        <c:when test="${pageBean.curPage==1}">首页 上一页</c:when>
        <c:otherwise>
            <a href="${url}?page=1&type=${param.type}">首页</a>
            <a href="${url}?page=${pageBean.curPage-1}&type=${param.type}">上一页</a>
        </c:otherwise>
    </c:choose>
    <c:choose>
        <c:when test="${pageBean.curPage>=pageBean.totalPages}">下一页 尾页</c:when>
        <c:otherwise>
            <a href="${url}?page=${pageBean.curPage+1}&type=${param.type}">下一页</a>
            <a href="${url}?page=${pageBean.totalPages}&type=${param.type}">尾页</a>
        </c:otherwise>
    </c:choose>
</div>
```

sortList.jsp 的运行界面如图 14-5 所示。

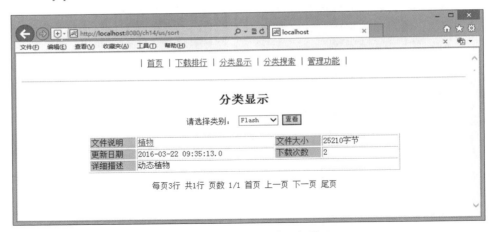

图 14-5　sortList.jsp 的运行界面

7）分类搜索

```
文件名：searchList.jsp
<%@ page pageEncoding="utf-8" %>
<%@ taglib prefix="c" uri="http://java.sun.com/jsp/jstl/core"%>
<%@ include file="/header.jsp" %>
<div align="center">
<h2>分类显示</h2>
<c:set var="url" value="${pageContext.request.contextPath}/us/search" />
<form action="${url}" method="post">
```

请选择类别：
```
<select name="type">
  <option value="" <c:if test="${empty param.type}">selected</c:if>>全部类别
</option>
  <option value="1" <c:if test="${param.type==1}">selected</c:if>>图片
</option>
  <option value="2" <c:if test="${param.type==2}">selected</c:if>>Flash
</option>
  <option value="3" <c:if test="${param.type==3}">selected</c:if>>音乐
</option>
  <option value="4" <c:if test="${param.type==4}">selected</c:if>>小视频
</option>
  <option value="5" <c:if test="${param.type==5}">selected</c:if>>其他
</option>
</select>
```
请输入关键字：
```
<input type="text" name="name" value="${param.name}">
<input type="submit" value="查看">
</form>
<c:forEach var="file" items="${pageBean.data}">
  <table border width="70%">
  <tr>
  <td bgcolor="#CCCCCC" width="15%">文件说明</td>
  <td width="45%"><a href="${pageContext.request.contextPath}/dls?id=${file.id}">${file.name}</a></td>
  <td bgcolor="#CCCCCC" width="15%">文件大小</td>
  <td>${file.size}字节</td>
  </tr>
  <tr>
  <td bgcolor="#CCCCCC" width="15%">更新日期</td>
  <td width="45%">${file.lastModified}</td>
  <td bgcolor="#CCCCCC" width="15%">下载次数</td>
  <td>${file.hits}</td>
  </tr>
  <tr>
  <td bgcolor="#CCCCCC" width="15%">详细描述</td>
  <td colspan="3">${file.description}</td>
  </tr>
  </table>
  <p>
</c:forEach>
每页${pageBean.pageSize}行  共${pageBean.totalRows}行  页数
${pageBean.curPage}/${pageBean.totalPages}
```

```
<c:url var="newUrl" value="/us/search">
    <c:param name="type">${param.type}</c:param>
    <c:param name="name">${param.name}</c:param>
</c:url>
<c:choose>
    <c:when test="${pageBean.curPage==1}">首页 上一页</c:when>
    <c:otherwise>
        <a href="${newUrl}&page=1">首页</a>
        <a href="${newUrl}&page=${pageBean.curPage-1}">上一页</a>
    </c:otherwise>
</c:choose>
<c:choose>
    <c:when test="${pageBean.curPage>=pageBean.totalPages}">下一页 尾页</c:when>
    <c:otherwise>
        <a href="${newUrl}&page=${pageBean.curPage+1}">下一页</a>
        <a href="${newUrl}&page=${pageBean.totalPages}">尾页</a>
    </c:otherwise>
</c:choose>
</div>
```

searchList.jsp 的运行界面如图 14-6 所示。

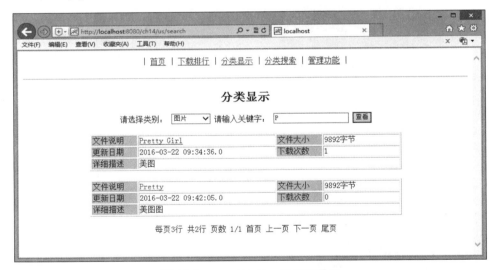

图 14-6　searchList.jsp 的运行界面

14.3.4　管理员功能实现

管理员登录后将看到所有信息，并且可以对信息进行添加、删除和修改。

1. 模型层的实现

实现管理员功能的业务逻辑被封装在模型层的 service.AdminService 类中，其功能包括验证登录信息、获得数据库中的所有信息、添加信息、检索单条信息、修改信息等。

文件名：AdminService.java

```java
package service;

import java.io.File;
import java.util.Map;
import util.DBUtil;
import util.PageBean;

public class AdminService {

    private DBUtil db=new DBUtil();
    //验证登录信息
    public boolean checkLogin(String username,String password){
        String sql="select * from admin where username=? and password=?";
        Map<String,String> m=db.getMap(sql, new String[]{username,password});
        if(m==null)
            return false;
        else
            return true;
    }
    //添加信息
    public int add(Map<String,String> file,Map<String,String> parameters){
        int result=0;
        String name=(String)parameters.get("name");
        String size=(String)file.get("size");
        String hits="0";
        String type=(String)parameters.get("type");
        String description=(String)parameters.get("description");
        String filePath=(String)file.get("filePath");
        String fileName=(String)file.get("fileName");
        String sql="insert into files values(null,?,now(),?,?,?,?,?,?)";
        result=db.update(sql, new String[]{name, size, hits, type, description, filePath, fileName});
        return result;
    }
    //获得所有信息的 PageBean 对象
    public PageBean list(int curPage){
        String sql="select id, name, lastModified, size, hits, description from files";
```

```
            return db.getPageBean(sql, new String[]{}, curPage);
    }
    //通过 id 检索单条信息
    public Map<String,String> getById(String id){
        String sql="select * from files where id=?";
        return db.getMap(sql, new String[]{id});
    }
    //更新上传文件信息
    public int updateFile(String realPath, Map<String,String> file, Map<String, String> parameters){
        int result=0;
        File f=new File(realPath);
        f.delete();
        String sql="update files set size=?,hits=?,filePath=?,fileName=? where id=?";
        result=db.update(sql, new String[]{(String)file.get("size"),"0",(String)file.get("filePath"),(String)file.get("fileName"),(String)parameters.get("id")});
        return result;
    }
    //更新信息
    public int updateInfo(Map<String,String> parameters){
        String id=(String)parameters.get("id");
        String name=(String)parameters.get("name");
        String type=(String)parameters.get("type");
        String description=(String)parameters.get("description");
        String sql="update files set name=?,lastModified=now(),type=?,description=? where id=?";
        return db.update(sql, new String[]{name,type,description,id});
    }
}
```

2. 控制层的实现

登录验证的控制层由 servlets.LoginServlet 实现。其他信息管理功能的控制层由 servlets.AdminServlet 实现。

```
文件名:LoginServlet.java
package servlets;
import java.io.IOException;
import javax.servlet.RequestDispatcher;
import javax.servlet.ServletException;
import javax.servlet.annotation.WebServlet;
import javax.servlet.http.HttpServlet;
```

```java
import javax.servlet.http.HttpServletRequest;
import javax.servlet.http.HttpServletResponse;
import service.AdminService;

@WebServlet("/ls")
public class LoginServlet extends HttpServlet {

    private static final long serialVersionUID = 1L;

    public LoginServlet() {
        super();
    }

    public void doGet(HttpServletRequest request, HttpServletResponse response)
            throws ServletException, IOException {

        doPost(request,response);
    }

    public void doPost(HttpServletRequest request, HttpServletResponse response)
            throws ServletException, IOException {

        request.setCharacterEncoding("utf-8");
        String username=request.getParameter("username");
        String password=request.getParameter("password");
        RequestDispatcher rd=null;
        if(username!=null && password!=null){
            AdminService as=new AdminService();
            //验证登录用户名、密码是否正确
            if(as.checkLogin(username, password)){
                request.getSession().setAttribute("login", "ok");
                rd=request.getRequestDispatcher("/as/list");
                rd.forward(request, response);
                return;
            }
        }
        //当用户名或密码为 null,或者用户名、密码不正确时,返回登录页面,并给出提示信息
        rd=request.getRequestDispatcher("/admin/login.jsp?error=yes");
        rd.forward(request, response);
    }
}
```

文件名:AdminServlet.java

```java
package servlets;
import java.io.IOException;
import java.util.Map;
import javax.servlet.RequestDispatcher;
import javax.servlet.ServletException;
import javax.servlet.annotation.WebServlet;
import javax.servlet.http.HttpServlet;
import javax.servlet.http.HttpServletRequest;
import javax.servlet.http.HttpServletResponse;
import service.AdminService;
import util.FileUtil;
import util.PageBean;

@WebServlet("/as/*")
public class AdminServlet extends HttpServlet {

    private static final long serialVersionUID = 1L;

    public AdminServlet() {
        super();
    }
    public void doGet(HttpServletRequest request, HttpServletResponse response)
            throws ServletException, IOException {
        doPost(request, response);
    }

    public void doPost(HttpServletRequest request, HttpServletResponse response)
            throws ServletException, IOException {
        request.setCharacterEncoding("utf-8");
        //分析文件路径,根据路径进行不同的处理
        String requestPath=request.getRequestURI();
        int i=requestPath.lastIndexOf('/');
        String path=requestPath.substring(i);
        RequestDispatcher rd=null;
        //创建模型层对象
        AdminService as=new AdminService();
        if(path.equals("/add")){
            //处理添加文件的操作,包括上传文件和把文件信息写入数据库
            String uploadPath="/software";
            FileUtil fu=new FileUtil();
            int r=fu.upload(request, uploadPath);
            //操作成功或失败后返回结果页面 result.jsp
            if(r==1 && as.add(fu.getFile(),fu.getParameters())==1){
```

```java
            request.setAttribute("result", "添加成功!");
        }else{
            request.setAttribute("result", "添加失败!");
        }
        rd=request.getRequestDispatcher("/admin/result.jsp");
        rd.forward(request, response);
    }else if(path.equals("/update")){
        //更新文件时,显示待更新的文件信息
        String id=request.getParameter("id");
        Map<String,String> file=as.getById(id);
        request.setAttribute("file", file);
        rd=request.getRequestDispatcher("/admin/update.jsp");
        rd.forward(request, response);
    }else if(path.equals("/dealUpdate")){
        //处理更新操作。更新分两个部分:更新上传文件和更新文件信息
        int result=0;
        String uploadPath="/software";
        FileUtil fu=new FileUtil();
        int r=fu.upload(request, uploadPath);
        if(r==1){
          Map<String,String> file=(Map<String,String>)fu.getFile();
          Map<String,String> parameters=(Map<String,String>)fu.getParameters();
            if(!file.isEmpty()){
              //更新上传文件
              //取得原有上传文件的绝对路径
              String realPath=this.getServletContext().getRealPath((String)parameters.get("filePath"));
              //删除原有文件,并更新数据库中的文件路径和文件名
              result=as.updateFile(realPath,file,parameters);
            }
            //更新文件信息
            result=as.updateInfo(parameters);
        }
        //操作成功或失败后返回结果页面 result.jsp
        if(result==1){
            request.setAttribute("result", "更新成功!");
        }else{
            request.setAttribute("result", "更新失败!");
        }
        rd=request.getRequestDispatcher("/admin/result.jsp");
        rd.forward(request, response);
```

```
    }else if(path.equals("/delete")){
        //删除上传文件及其信息,留给读者实现

    }else if(path.equals("/list")){
        //文件显示功能,带分页处理
        //获得要显示的页数
        String page = request.getParameter("page");
        //当前的页数
        int curPage = 0;
        //没有获得page值的处理
        if (page == null || page.length() < 1) {
            curPage = 1;
        } else {
            curPage = Integer.parseInt(page);
        }
        PageBean pageBean=as.list(curPage);
        request.setAttribute("pageBean", pageBean);
        rd=request.getRequestDispatcher("/admin/list.jsp");
        rd.forward(request, response);
    }
  }
}
```

3. 视图层的实现

1)登录页面(代码略)

login.jsp 的运行界面如图 14-7 所示。

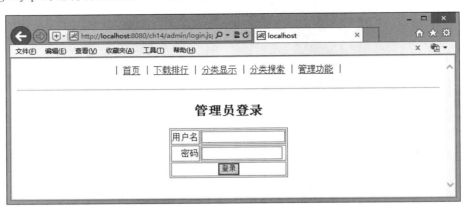

图 14-7　login.jsp 的运行界面

2)管理首页(代码略)

list.jsp 的运行界面如图 14-8 所示。

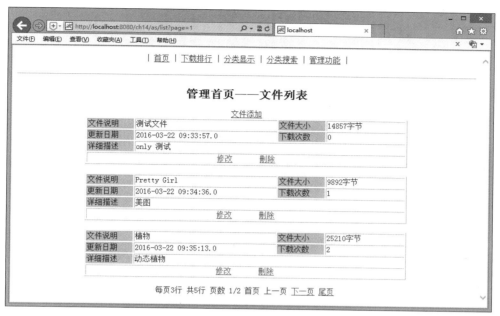

图 14-8　list.jsp 的运行界面

3）信息添加

文件名：add.jsp
```
<%@ page pageEncoding="utf-8"%>
<%@ include file="/header.jsp"%>
<script>
    function check() {
        name = document.f.name.value;
        file = document.f.file.value;
        if (name == "") {
            alert("软件名称不能为空!");
            return false;
        } else if (file == "") {
            alert("请选择要上传的软件!");
            return false;
        } else {
            return true;
        }
    }
</script>
<form method="post" action="${pageContext.request.contextPath}/as/add"
    enctype="multipart/form-data" name="f" onSubmit="return check()">
```

```html
    <div align="center">
        <h2>文件添加</h2>
        <table border="0" cellspacing="1" width="60%">
            <tr>
                <td width="20%" align="right" bgcolor="#CCCCCC"><b>文件说明</b></td>
                <td bgcolor="#CCCCCC"><input type="text" name="name" size="50">
                </td>
            </tr>
            <tr>
                <td align="right" bgcolor="#CCCCCC"><b>文件类型</b></td>
                <td bgcolor="#CCCCCC"><select name="type">
                    <option value="1">图片</option>
                    <option value="2">Flash</option>
                    <option value="3">音乐</option>
                    <option value="4">小视频</option>
                    <option value="5">其他</option>
                </select></td>
            </tr>
            <tr>
                <td align="right" bgcolor="#CCCCCC"><b>详细描述</b></td>
                <td bgcolor="#CCCCCC"><textarea rows="6" name="description"
                    cols="50"></textarea></td>
            </tr>
            <tr>
                <td align="right" bgcolor="#CCCCCC"><b>文件上传</b></td>
                <td bgcolor="#CCCCCC"><input type="file" name="file"></td>
            </tr>
        </table>
    </div>
    <div align="center">
        <p>
            <input type="submit" value="提交"> <input type="reset"
                value="重填">
        </p>
    </div>
</form>
```

add.jsp 的运行界面如图 14-9 所示。

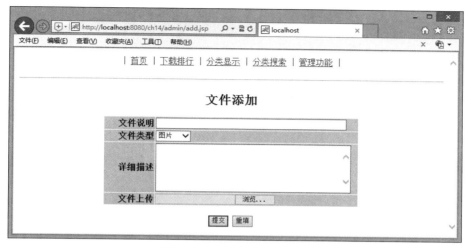

图 14-9　add.jsp 的运行界面

4）信息修改

文件名：update.jsp

```
<%@ page pageEncoding="utf-8"%>
<%@ taglib prefix="c" uri="http://java.sun.com/jsp/jstl/core"%>
<%@ include file="/header.jsp"%>
<script>
    function check() {
        name = document.f.name.value;
        file = document.f.file.value;
        if (name == "") {
            alert("软件名称不能为空!");
            return false;
        } else {
            return true;
        }
    }
</script>
<form method="post"
    action="${pageContext.request.contextPath}/as/dealUpdate"
    enctype="multipart/form-data" name="f" onSubmit="return check()">
    <input type="hidden" name="id" value="${file.id}">
    <input type="hidden" name="filePath" value="${file.filePath}">
    <div align="center">
        <h2>文件修改</h2>
        <table border="0" cellspacing="1" width="60%">
            <tr>
```

```html
                <td width="20%" align="right" bgcolor="#CCCCCC"><b>文件说明</b></td>
                <td bgcolor="#CCCCCC"><input type="text" name="name" size="50"
                    value="${file.name}"></td>
            </tr>
            <tr>
                <td align="right" bgcolor="#CCCCCC"><b>文件类型</b></td>
                <td bgcolor="#CCCCCC"><select name="type">
                    <option value="1" <c:if test="${file.type==1}">selected</c:if>>图片</option>
                    <option value="2" <c:if test="${file.type==2}">selected</c:if>>Flash</option>
                    <option value="3" <c:if test="${file.type==3}">selected</c:if>>音乐</option>
                    <option value="4" <c:if test="${file.type==4}">selected</c:if>>小视频</option>
                    <option value="5" <c:if test="${file.type==5}">selected</c:if>>其他</option>
                </select></td>
            </tr>
            <tr>
                <td align="right" bgcolor="#CCCCCC"><b>详细描述</b></td>
                <td bgcolor="#CCCCCC"><textarea rows="6" name="description"
                    cols="50">${file.description}</textarea></td>
            </tr>
            <tr>
                <td align="right" bgcolor="#CCCCCC"><b>现有文件</b></td>
                <td><font size="2"><a
                        href="${pageContext.request.contextPath}/dls? id=${file.id}">${file.fileName}</a></font>
            </tr>
            <tr>
                <td align="right" bgcolor="#CCCCCC"><b>重新上传</b></td>
                <td bgcolor="#CCCCCC"><input type="file" name="file"></td>
            </tr>
        </table>
    </div>
    <div align="center">
        <p>
            <input type="submit" value="提交"> <input type="reset"
                value="重填">
        </p>
    </div>
</form>
```

update.jsp 的运行界面如图 14-10 所示。

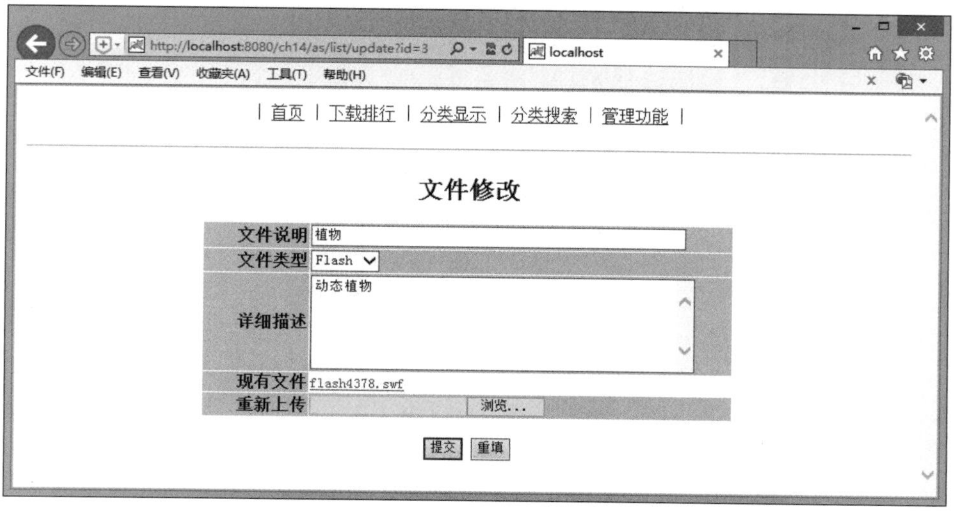

图 14-10 update.jsp 的运行界面

5）结果显示

```
文件名：result.jsp
<%@ page pageEncoding="utf-8" %>
${requestScope.result}
<a href="${pageContext.request.contextPath}/as/list">返回</a>
```

更新信息成功的运行界面如图 14-11 所示。

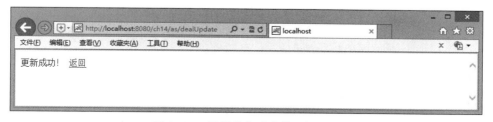

图 14-11 更新信息成功的运行界面

6）信息删除

请读者自行练习。

14.3.5 关键问题说明

1. 路径问题

在上面的实例中，不论是 JSP 中的页面跳转，将 form 表单提交到控制层，还是在控制层中转发请求或重新定向等情况，都必须给出准确的路径才能得到请求的资源。那么，Web 应用中究竟该如何正确书写访问路径呢？可以分为服务器端和客户端两种情况来讨论。

在服务器端中书写路径的情况包括 JSP 中的页面跳转、Servlet 中的请求转发和 web.xml 配置文件中的路径表示等。在上述情况中,"/"表示"http://IP:端口/Web 应用名",也就是 Web 应用的根路径。例如:

```
rd=request.getRequestDispatcher("/admin/update.jsp");
rd.forward(request, response);
```

在客户端中书写路径的情况包括超级链接中的 href 属性、form 表单的 action 属性、重定向中的地址等。在上述情况中,"/"表示"http://IP:端口"。在地址书写时,可以使用"/Web 应用的名称/请求的资源",或者"${pageContext.request.contextPath}/请求的资源",或者"request.getContextPath()+请求的资源"。其中,${pageContext.request.contextPath}和 request.getContextPath()都是获得 Web 应用的根路径。例如:

```
<a href="${pageContext.request.contextPath}/as/list">返回</a>
<form method="post" action="/ch14/as/add"/>
```

当然,在服务器端和客户端均可以使用相对路径。这种情况比较简单,这里不再举例描述。

2. 中文乱码问题

在访问 JSP 页面和使用 MySQL 数据库处理数据时,经常会出现中文乱码问题。在上面的实例中,使用了如下方式避免中文乱码的出现。

(1) 在所有 JSP 页面中使用如下指令:

```
<%@ page pageEncoding="utf-8" %>
```

(2) 在所有获得 post 方式提交的参数之前,使用如下语句:

```
request.setCharacterEncoding("utf-8");
```

(3) 在 MySQL 数据库中创建数据表时,指明编码方式为 utf8:

```
CREATE TABLE admin (
  id int(11) NOT NULL AUTO_INCREMENT,
  username varchar(20) NOT NULL COMMENT '管理员用户名',
  password varchar(20) NOT NULL COMMENT '管理员密码',
  PRIMARY KEY (id)
) ENGINE=InnoDB DEFAULT CHARSET=utf8;
```

出现中文乱码问题的原因有很多种,解决办法也不尽相同,这里就不再一一描述。

14.4 项目运行

14.4.1 Web Project 的目录结构

DynamicWeb Project ch14 的最终目录结构如图 14-12 所示。

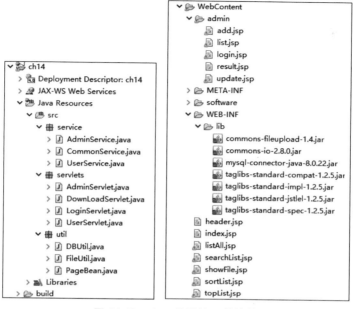

图 14-12　ch14 的最终目录结构

14.4.2　Web Project 的发布

Web Project 可以通过打包安装的方式发布到 Tomcat 服务器上。

1．打包

在 Eclipse 中，选中打包的工程并右击，在弹出的快捷菜单中选择 Export→War file 命令，出现如图 14-13 所示的界面。

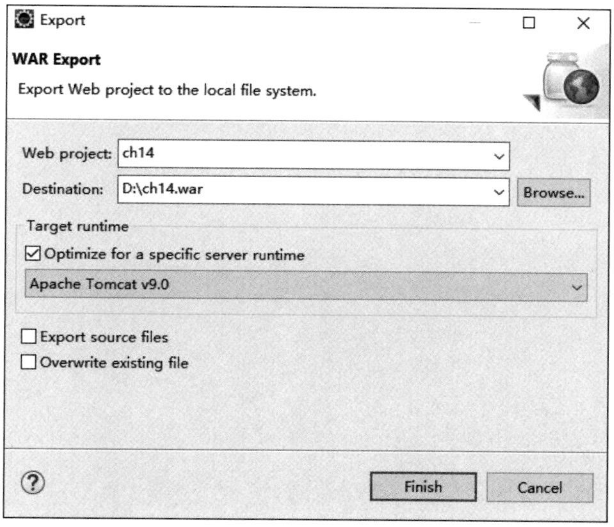

图 14-13　使用 Eclipse 打包 Web Project

在图 14-13 中，单击 Browse…按钮，在弹出的对话框中选择输出目录，单击 Finish 按钮，完成打包。

2. 安装

将打包后的 WAR 文件安装到 Tomcat 服务器的操作非常简单，只需要将 WAR 文件复制到"＄CATALINA_HOME\webapps"目录下即可。然后在浏览器地址栏中输入 URL：http://localhost:8080/ch14，即可访问 Web 应用。

本章小结

开发基于 MVC 模式的 Web 应用时，可以选择由 JSP 页面实现视图层，通过在 JSP 页面中使用 JSTL 和 EL，使 Java 脚本免于出现；可以选择 Servlet 作为控制器，负责流程控制、模型的调用和视图的选择；模型层可以用 Java 类实现，完成相应的业务逻辑。

开发过程中要注意路径的正确书写以及对于在 JSP 页面中以 get 方式提交的中文参数的特殊处理。

Web 应用开发完成后，可以使用 Eclipse 对其打包。打包后的应用便于发布和移植。

实验

1. 为娱乐无限下载中心添加管理员删除功能。
2. 基于 MVC 模式扩展图书管理系统，提供分页显示和图书封面图片的上传功能。

第 15 章 Java Web 开发框架

【学习目标】
- 理解框架的基本概念、功能和优点。
- 掌握常用框架的开发流程。
- 掌握 Spring＋SpringMVC＋MyBatis 的整合开发过程。
- 理解 Web 框架在软件分层开发中的应用。

15.1 Web 开发框架概述

框架是一组用于解决特定软件问题的类和接口的集合，通俗地讲，就是某种应用的半成品，供使用者选用以完成自己的系统。在日常开发过程中使用成熟的框架，就相当于借别人之力完成了一些基础的工作。框架一般具有成熟、稳健、扩展性良好的特点。

随着 Web 开发技术的日趋成熟，在 Web 开发领域出现了一些成熟的、优秀的框架，开发者可以直接使用它们。Spring 就是一个优秀的开源框架。

15.2 Spring 框架

Spring 是 Java 平台中的开源框架，是为了降低企业应用程序开发的复杂性而创建的。Spring 框架的主要优势之一是分层架构。分层架构允许对组件进行选择，同时为 Java EE 应用程序开发提供集成的框架。Spring 框架的核心是 IoC(Inversion of Control，控制反转) 模式，IoC 的本质是实现了对象之间的依赖关系的转移。通过使用 Spring 框架，开发人员不必在自己的代码中维护对象之间的依赖关系，只需要在配置文件中进行设定即可。Spring 框架会依据配置信息，把被依赖的对象设置给依赖对象。通俗地讲，就是不需要在程序中创建对象，只需在配置文件中描述它的创建方式，及对象之间的关系。Spring 框架的 IoC 容器会根据配置文件的信息创建所有对象。

15.2.1 Spring 框架简介

Spring 框架采用了分层架构的思想。Spring 5 框架总共约有 20 个模块，由 1300 多个不同的文件构成。这些模块主要包括核心容器（Core Container）、AOP（Aspect Oriented Programming，面向切面编程）、设备支持（Instrumentation）、数据访问及集成（Data Access/Integeration）、Web、报文发送（Messaging）、Test。Spring 5 框架的体系结构如图 15-1 所示。

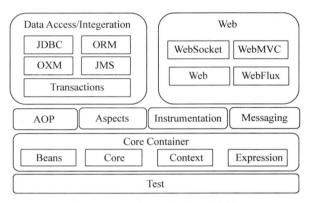

图 15-1　Spring 5 框架体系结构

图 15-1 中涵盖了 Spring 5 框架的所有模块，但实际应用中常用的模块主要有 Core Container、AOP、Aspects、Web、Servlet、Transactions、JDBC、ORM 几大模块。Spring 框架的每个模块集合或者模块都可以单独存在，也允许多个模块或集合的联合。各模块的组成和功能如下。

1. Core Container（核心容器）

Core Container（核心容器）主要由 spring-beans、spring-core、spring-context 和 spring-expression（Spring Expression Language，SpEL）4 个模块组成。Spring 核心容器是 Spring 框架其他模块建立的基础。

spring-beans 和 spring-core 模块是 Spring 框架的核心模块。spring-beans 模块提供了 BeanFactory 接口，该接口是 Spring 框架中的核心接口，是工厂模式的经典实现。Spring 将其管理对象（或组件）称为 Bean。spring-core 模块作为 Spring 框架的基本组成部分，实现了控制反转（Inversion of Control，IoC）和依赖注入（Dependency Injection，DI）。BeanFactory 使用 IoC 实现了应用程序的配置和依赖性与代码的分离。实际应用中，BeanFactory 容器实例化后并不会自动实例化 Bean 组件。只有当 Bean 被使用时，BeanFactory 容器才会对该 Bean 进行实例化与依赖关系的装配。

spring-context 模块建立在 spring-beans 和 spring-core 模块的基础上。该模块扩展了 BeanFactory，提供了许多企业级支持，如邮件访问、远程访问、任务调度等。ApplicationContext 接口是 spring-context 模块的核心接口，与 BeanFactory 不同的是，ApplicationContext 容器实例化后会自动对所有的单实例Bean进行实例化及依赖关系的装配，使之处于待用状态。

nspring-expression 模块是 Spring 3.0 以后新增的模块，是表达式语言（EL）的扩展模块。它可以查询、管理运行中的对象，同时也可以调用对象方法、操作数组、集合等。

2. AOP 和 Aspects 模块

spring-aop 是 Spring 的另一个核心模块，提供了面向切面编程实现。继面向对象编程（OOP）后，AOP 是又一种影响极大的编程思想，极大地开拓了编程人员的编程思路。spring-aspects 模块提供了与 AspectJ 框架的集成功能，后者是一个功能强大并较为成熟的面向切面编程框架。从 Spring 2.0 开始，SpringAOP 引入了对 AspectJ 的支持，提供多种 AOP 实现方法。

3. Web 模块

由 spring-web、spring-webmvc、spring-websocket 和 spring-webflux 模块组成。

pring-web 模块为 Spring 提供了最基础 Web 支持，主要建立于核心容器之上，使用 Servlet 监听器来初始化 IoC 容器以及 Web 应用的上下文。

spring-webmvc 模块又称 Web-Servlet 模块，实现了 Spring MVC 的 Web 应用。

spring-websocket 模块是 Spring 4.0 以后新增的模块，提供 Socket 通信以及 Web 端的推送功能。

spring-webflux 是一个新的非堵塞函数式 Reactive Web 框架。spring-webflux 是在 Spring 5 中引入的，可以用来建立异步的非阻塞事件驱动服务，并具有良好的扩展性。

4. 数据访问与集成

数据访问与集成由 spring-jdbc、spring-tx、spring-orm、spring-jms 和 spring-oxm 模块组成。

spring-jdbc 模块是 Spring 提供的 JDBC 抽象层，用于简化数据库操作编码。spring-jdbc 提供了 JDBC 模板、关系数据库对象化、事务管理等方式来简化 JDBC 编程，主要模板类包括 JdbcTemplate、SimpleJdbcTemplate 以及 NamedParameterJdbcTemplate。

spring-tx 模块是针对 Transactions 事务管理的模块，它对事务做了很好的封装，并可以通过 AOP 配置非常灵活地配置在任何一层。

spring-orm 模块是 ORM 框架支持模块，对 Hibernate、JPA（Java Persistence API）和 JDO（Java Data Objects）提供了集成。

spring-jms 模块能够发送和接收信息。jms 即 Java Messaging Service。自 Spring Framework 4.1 以后，该模块支持与 spring-messaging 模块的集成。

spring-oxm 模块主要提供抽象层以支撑 OXM（Object-to-XML-Mapping）。Spring 对于 OXM 映射的支持可以让 JAVA 与 XML 来回切换，可将 java 对象映射成 XML 数据，或将 XML 数据映射成 java 对象。

5. spring-instrument 模块

spring-instrument 模块即设备支持模块。spring-instrument 模块提供了在特定应用程序服务器中使用的类工具支持和类加载器实现。

6. spring-messaging 模块

spring-messaging 模块即报文发送模块。spring-messaging 是从 Spring 4 以后新增的

模块，主要为 Spring 框架集成一些基础的报文传送应用。

7. spring-test 模块

spring-test 模块即 Test 模块。spring-test 模块主要为单元测试或集成测试提供支持。

15.2.2　Spring 框架的配置

Spring 框架属于开源项目，要想使用 Spring 框架，首先需要下载 Spring 框架所需要的类库(jar 包)。Spring 开发所需的 jar 包主要包括两部分，一部分是 Spring 框架包，另一部分是 Spring 框架的第三方依赖包。

在官方网站"https://repo.spring.io/libs-release-local/org/springframework/spring/"中可以下载 Spring 框架的源码包和发行包。Spring 5.3.4 版本发行包的文件名为 spring-5.3.4-dist.zip。

将 spring-5.3.4-dist.zip 解压缩，目录结构中 libs 文件夹中包含了 jar 包和源码，docs 文件夹中包含了 API 文档以及开发规范，schema 文件夹中包含开发所需要的 schema 文件。打开 libs 文件夹可以看到 66 个 jar 文件，主要分为以下三类：

（1）以-5.3.4.jar 结尾：是 class 文件 jar 包。
（2）以-5.3.4-javadoc.jar 结尾：是 Spring 框架 API 文档的压缩包。
（3）以-5.3.4-sources.jar 结尾：是 Spring 框架源文件压缩包。

项目中要想使用 Spring 框架的各个模块，只需要将 libs 文件夹下以-5.3.4.jar 结尾的 jar 包复制到 Web 项目的 WEB-INF/lib 目录下即可。对于 Spring 框架的初级基础应用，仅需要复制 libs 文件夹下的四个 Spring 基础包和一个第三方依赖包。四个基础包具体如下：

（1）spring-core-5.3.4.jar：包含 Spring 框架的核心工具类。Spring 的其他组件都要用到这个包里的类。
（2）spring-beans-5.3.4.jar：所有应用都要用到的 jar 包。它包含访问配置文件、创建和管理 Bean 以及进行控制反转或者依赖注入操作相关的所有类。
（3）spring-context-5.3.4.jar：提供了在基础 IoC 功能上的扩展服务，还提供了许多企业级服务支持。
（4）spring-expression-5.3.4.jar：定义了 Spring 的表达式语言。

第三方依赖包是 Spring 框架所提供的 jar 包以外的其他 jar 包。Spring 框架在使用时，除了要使用自带的 jar 包外，Spring 的核心容器还需要依赖一个第三方 jar 包，即 commons-logging 的 jar 包，它负责记录程序运行时的活动日志。读者可以从官网下载 commons-logging 的 jar 包 commons-logging-1.2.jar，地址为"http://commons.apache.org/proper/commons-logging/download_logging.cgi"。

15.2.3　Spring 的核心技术

Spring 框架所实现的控制反转(IoC)是 Spring 框架的核心技术，在 Spring 中最重要的两个包 org.springframework.beans 和 org.springframework.context 提供了 IoC 容器的基本功能。其中 org.springframework.beans.factory.BeanFactory 接口为 Bean 的工厂类定义了访问 Bean 的基本方法。最常用的是 org.springframework.beans.factory.xml.XmlBeanFactory 类，它

可以通过 XML 格式的配置文件来配置 Bean 对象，维护对象之间的依赖关系。下面通过一个简单的实例介绍 IoC 容器的基本用法。

（1）定义需要处理的业务对象。这里是一个简单的 JavaBean，包括一个 msg 属性，代码如下：

```
文件名：IoCDemo.java
package test;
public class IoCDemo {
    private String msg;
    public String getMsg() {
        return msg;
    }
    public void setMsg(String msg) {
        this.msg = msg;
    }
}
```

（2）在 Web 项目的 src 目录下编写配置文件，在配置文件中配置 Bean，代码如下：

```
文件名：applicationContext.xml
<?xml version="1.0" encoding="UTF-8" ?>
<beans xmlns:xsi="http://www.w3.org/2001/XMLSchema-instance"
    xmlns="http://www.springframework.org/schema/beans"
    xsi:schemaLocation="http://www.springframework.org/schema/beans
    http://www.springframework.org/schema/beans/spring-beans-3.0.xsd">
    <bean id="iocDemo" class="test.IoCDemo">
        <property name="msg">
            <value>Hello World!</value>
        </property>
    </bean>
</beans>
```

这里采用 Spring 框架默认的配置文件 applicationContext.xml。在配置文件中通过＜bean＞元素配置相对应的 JavaBean，其属性说明如下：

① ＜id＞属性：该 Bean 在容器中的唯一标识，在整个配置文件中不能重复。

② ＜class＞属性：对应 Bean 的类名。

＜bean＞元素中的子元素＜property＞元素用来配置 Bean 中的属性。＜value＞元素用来给 Bean 的属性赋值。从上面的配置文件可以看出，配置文件为 IoCDemo 配置的标识是 iocDemo，并且为 msg 属性赋值为"Hello World!"。

（3）编写测试代码读取 Bean，代码如下：

```
文件名：IoCTest.java
package test;
```

```java
import org.springframework.context.ApplicationContext;
import org.springframework.context.support.ClassPathXmlApplicationContext;

public class IoCTest {

    public static void main(String[] args) {
        //从 CLASSPATH 指定的目录中读取配置文件
        ApplicationContext context= new ClassPathXmlApplicationContext("applicationContext.xml");
        //获得 Bean 的实例
        IoCDemo demo=(IoCDemo)context.getBean("iocDemo");
        //显示在配置文件中配置的属性值
        System.out.println(demo.getMsg());
    }
}
```

从上面的程序可以看出，IoC 容器可以通过配置文件在程序中自动生成 Bean 的实例，通过 BeanFactory 的 getBean()方法获得 Bean 实例的引用。上面程序显示的结果是"Hello World!"。IoC 容器中所有的 Java 对象都可以通过＜bean＞元素配置。

15.2.4 配置文件中 Bean 的装配

通过配置文件＜bean＞元素，可以对 Bean 的创建和实例等进行管理。

1. Bean 的创建

Spring 的 IoC 框架对 Bean 的实例化方法共有三种：

（1）使用构造方法创建 Bean 的实例。

```xml
<bean id="iocDemo" class="test.IoCDemo" />
```

等同于调用 Java 代码 new IoCDemo()来实现对象的实例化。

（2）使用静态工厂方法创建 Bean 的实例。

```xml
<bean id="staticBean" class="test.StaticFactory" factory-method="getInstance" />
```

等同于调用 Java 代码 StaticFactory.getInstance()来获得对象的实例。这种方法要求使用的方法（如：getInstance()方法）必须是静态的。

（3）使用实例化工厂方法创建 Bean 的实例。

```xml
<bean id="dyFactory" class="test.DynamicFactory " />
<bean id="dynamicFactoryBean" factory-bean="dyFactory " factory-method="getInstance" />
```

等同于调用 Java 代码：

```
DynamicFactory dyFactory=new DynamicFactory();
DynamicFactoryBean dynamicFactoryBean=dyFactory.getInstance();
```

2. 依赖注入的方式

（1）通过构造方法依赖注入。

这种方式的注入是通过程序的构造函数来实现的，代码如下：

```
文件名:UserBean.java
package test;
public class UserBean {
    private String name;
    private int age;
    private AnotherBean anotherBean;
    public UserBean() {    }
    public UserBean(String name, int age, AnotherBean anotherBean) {
        this.name = name;
        this.age = age;
        this.anotherBean = anotherBean;
    }
    //省略 get 和 set 方法
    ...
}
```

在 IoC 容器的配置文件中可以通过下面的配置完成构造函数的注入：

```
<bean id="userBean" class="test.UserBean">
    <constructor-arg index="0">
        <value type="java.lang.String">John</value>
    </constructor-arg>
    <constructor-arg index="1">
        <value type="int">30</value>
    </constructor-arg>
    <constructor-arg index="2">
        <ref bean="anotherBean" />
    </constructor-arg>
</bean>
<bean id="antherBean" class="test.AnotherBean" />
```

这里<constructor-arg>元素表示通过构造函数注入，index 属性表示传入第几个参数。<value>元素表示传入的值，type 属性指明传入值的类型。<ref>元素用来将 Bean 中指定的属性值设置为对容器中另外一个 Bean 的引用。

注意：通过构造方式注入，在程序中一定要存在这样的构造函数。

(2) 通过 setter 方法依赖注入。

这种方式首先通过调用无参构造函数实例化 Bean，再调用该 Bean 的 setter 方法。在上面 UserBean 的例子中，也可以采用 setter 方法注入，配置如下：

```
<bean id="userBean" class="test.UserBean">
    <property name="name" value="John"></property>
    <property name="age" value="30"></property>
    <property name="anotherBean" ref="anotherBean"></property>
</bean>
<bean id="antherBean" class="test.AnotherBean" />
```

＜property＞元素用来配置 Bean 的属性，name 属性指明配置的 Bean 的属性名，value 属性用来指定属性的值。

以上两种注入方式在使用中可以根据实际情况进行选取，也可以在同一个 Bean 中同时使用这两种方法实现对象的依赖注入。

15.2.5 使用 Annotation 注解装配 Bean

1. Spring 中的注解

基于配置文件的装配可能会导致配置文件过于臃肿，给后续的维护和升级带来一定的困难。为此，Spring 提供了 Annotation 注解技术来实现 Bean 的装配。Spring 中一些常用的注解如下：

（1）@Component：用于描述 Spring 中的 Bean，它是一个泛化的概念，仅仅表示一个组件。

（2）@Repository：用于将数据访问层（DAO）的类标识为 Spring 中的 Bean。

（3）@Service：用于将业务层（Service）的类标识为 Spring 中的 Bean。

（4）@Controller：用于将控制层（Controller）的类标识为 Spring 中的 Bean。

（5）@Autowired：用于对 Bean 的属性变量、属性的 setter 方法及构造方法进行标注，配合对应的注解处理器完成 Bean 的自动配置工作。

（6）@Resource：其作用与@Autowired 一样。@Resource 中有两个重要属性：name 和 type。Spring 将 name 属性解析为 Bean 实例名称，type 属性解析为 Bean 实例类型。

（7）@Qualifier：与@Autowired 注解配合使用，会将默认的按 Bean 类型装配修改为按 Bean 的实例名称装配。Bean 的实例名称由@Qualifier 注解的参数指定。

2. 使用注解进行依赖注入

使用注解进行依赖注入，除复制 Spring 类库的 4 个核心包和 1 个第三方依赖包到 Web 项目的 WEB-INF/lib 目录下外，还需要复制 Spring AOP 的 jar 包 spring-aop-5.3.4.jar。同时，需要在配置文件 applicationContext.xml 中加入基于 Annotation 注解装配 Bean 的代码。

```
<?xml version="1.0" encoding="UTF-8" ?>
<beans xmlns:xsi="http://www.w3.org/2001/XMLSchema-instance"
```

```xml
    xmlns="http://www.springframework.org/schema/beans"
    xmlns:context="http://www.springframework.org/schema/context"
    xsi:schemaLocation="http://www.springframework.org/schema/beans
    http://www.springframework.org/schema/beans/spring-beans-3.0.xsd
    http://www.springframework.org/schema/context
    http://www.springframework.org/schema/context/spring-context.xsd ">
    <!--使用context命名空间,开启注解处理器-->
    <context:annotation-config/>
    <!--使用context命名空间,配置Spring对指定包spring.annotation下的所有类进行
扫描,进行注解解析-->
    <context:component-scan base-package="spring.annotation"/>
</beans>
```

使用自动装配的方式将上节例子中的Bean实例anotherBean注入到UserBean实例中,可使用如下代码:

```
文件名:UserBean.java
package test;
public class UserBean {
    private String name;
    private int age;
    @Autowired
    private AnotherBean anotherBean;
    public UserBean() {    }
    public UserBean(String name, int age, AnotherBean anotherBean) {
        this.name = name;
        this.age = age;
        this.anotherBean = anotherBean;
    }
    //省略get和set方法
    ...
}
```

使用@Autowired注解标注在anotherBean属性上面,实现依赖注入。这种方式替代了配置文件中使用<property name="anotherBean" ref="anotherBean"></property>的属性注入配置,并且在UserBean中,无须再提供anotherBean对象的set方法。

15.3 Spring MVC 框架

15.3.1 Spring MVC 框架简介

一般情况下,Java EE 体系结构包括四层,分别是应用层、Web 层、业务层、数据持久层。Spring MVC 和 Struts 都属于 Web 层的应用框架,Spring 属于业务层的框架,下一节将介绍

的 MyBatis 属于数据持久层框架。

Spring MVC 是在 Spring 框架的基础上，采用了 Web MVC 设计模式的一种轻量级 Web 框架，也是目前最为流行的一种 Web 框架。Spring MVC 框架具有以下特点：

（1）拥有强大的灵活性、非侵入性和可配置性。

（2）提供了一个前端控制器 DispatcherServlet，开发者无须额外开发控制器对象。

（3）分工明确，包括控制器、验证器、命令对象、模型对象、处理程序映射视图解析器，每种功能的实现由一个专门的对象负责完成。

（4）可以自动绑定用户输入，并正确地转换数据类型。例如，Spring MVC 能自动解析字符串，并将其设置为模型的 int 或者 float 类型的属性。

（5）使用一个 Map 对象，实现更加灵活的模型数据传输。

（6）内置了常见的校验器，可以校验用户输入。如果校验不通过，则重定向会输入表单，输入校验是可选的，并且支持编程方式及声明方式。

（7）支持国际化，支持根据用户区域显示多国语言，并且国际化的配置非常简单。

（8）支持多种视图技术，常见的有 JSP、Velocity 和 FreeMarker 等。

（9）提供了一个简单而强大的 JSP 标签库，支持数据绑定功能，使得编写 JSP 页面更加容易。

15.3.2　Spring MVC 框架的核心组件

Spring MVC 框架提供了 4 大核心组件，分别是前端控制器（DispatcherServlet）、处理器映射器（HandlerMapping）、处理器适配器（HandlerAdapter）和视图解析器（ViewResovler）。

1. 前端控制器（DispatcherServlet）

DispatcherServlet 用于接收请求，给出响应结果。用户的请求首先到达前端控制器，它就相当于 MVC 模式中的 C。DispatcherServlet 是整个流程控制的中心，由它调用其他组件处理用户的请求。DispatcherServlet 的存在降低了组件之间的耦合性。

2. 处理器映射器（HandlerMapping）

HandlerMapping 负责根据用户请求找到 Handler，即处理器。Spring MVC 提供了不同的映射器以实现不同的映射方式，例如：配置文件方式、实现接口方式、注解方式等。

3. 处理器适配器（HandlerAdapter）

HandlerAdapter 用于按照特定规则去执行 Handler。它把处理器包装成适配器，这样就可以支持多种类型的处理器。

4. 视图解析器（ViewResovler）

ViewResovler 用于进行视图解析，根据逻辑视图名解析成真正的视图（View）。它首先把逻辑视图名解析成物理视图名，即具体的页面地址，然后生成 View 视图对象，最后对 View 进行渲染，将处理结果通过页面展示给用户。Spring MVC 框架提供了很多的 View 视图类型，包括 jstlView、freemarkerView、pdfView 等。

15.3.3　Spring MVC 框架的工作流程

Spring MVC 框架提供的核心组件为程序开发人员带来了极大的便利，降低了程序组件间的耦合度，使得开发工作更加简洁。开发人员在开发过程中，只需要关注实际业务逻辑（业务处理器 Handler）以及具体展示页面（View 层视图页面，如 JSP 页面等）的编写。

系统业务处理器 Handler 涉及具体的用户业务逻辑，是由程序开发人员负责编写的。编写 Handler 时遵循 HandlerAdapter 的要求，适配器才可以正确执行 Handler。Handler 是继承 DispatcherServlet 前端控制器的后端控制器，在 DispatcherServlet 的控制下，Handler 对具体的用户请求进行处理。

系统视图层 View 页面（如 jsp、freemarker、pdf 页面等）也需要由程序开发人员负责编写。一般情况下，View 页面需要通过一些页面标签或页面模版技术将业务数据展示给用户，由程序开发人员根据实际业务需求进行开发。

Spring MVC 的工作流程如下：

（1）用户发送请求至前端控制器 DispatcherServlet，同时加载 Spring MVC 的 XML 配置文件。

（2）前端控制器 DispatcherServlet 找到处理器映射器 HandlerMapping。

（3）处理器映射器 HandlerMapping 根据 XML 配置和注解找到具体的处理器 Handler，生成处理器对象及处理器拦截器（如果有则生成），并返回给 DispatcherServlet。

（4）DispatcherServlet 拿到 Handler 后，找到处理器适配器 HandlerAdapter。

（5）HandlerAdapter 根据 Handler 规则执行不同类型的 Handler。

（6）Handler 执行后，返回一个 ModelAndView 对象给 HandlerAdapter。

（7）HandlerAdapter 将执行结果 ModelAndView 返回给 DispatcherServlet。

（8）DispatcherServlet 请求视图解析器 ViewResolver 进行视图解析，根据逻辑视图名解析成真正的视图，也就是根据 ModelAndView 对象中存放的视图名称进行查找，找到对应的页面形成视图对象。

（9）ViewResolver 解析试图对象后返回具体的 View 到 DispatcherServlet。

（10）视图渲染，将 ModelAndView 对象中的数据放到 request 域中，供页面加载数据。

（11）DispatcherServlet 响应用户。

15.3.4　Spring MVC 框架的配置

（1）导入 Spring MVC 所需类库：在项目中使用 Spring MVC 框架，除了需要将 Spring 框架依赖的四个 Spring 基础包（spring-core-5.3.4.jar、spring-beans-5.3.4.jar、spring-context-5.3.4.jar 和 spring-expression-5.3.4.jar）和一个第三方依赖包（commons-logging-1.2.jar）复制到 Web 项目的 WEB-INF/lib 下，还需要添加 spring-aop-5.3.4.jar、spring-web-5.3.4.jar 和 spring-webmvc-5.3.4.jar。

（2）在 web.xml 文件中配置 Spring MVC 框架的前端控制器，代码如下：

```
    ...
        <servlet>
            <!-- 配置 Spring MVC 的前端控制器 DispatcherServlet,将其命名为 springmvc -->
            <servlet-name>springmvc</servlet-name>
```

```xml
        <servlet-class>org.springframework.web.servlet.DispatcherServlet</servlet-class>
        <!-- 配置项目初始化时需要加载的配置文件为类根路径下的 springmvc-config.xml 文件 -->
        <init-param>
            <param-name>contextConfigLocation</param-name>
            <param-value>classpath:springmvc-config.xml</param-value>
        </init-param>
        <!-- 表示容器在启动时立即加载本 Servlet -->
        <load-on-startup>1</load-on-startup>
    </servlet>
    <servlet-mapping>
        <servlet-name>springmvc</servlet-name>
        <url-pattern>*.do</url-pattern>
    </servlet-mapping>
    ...
```

＜servlet＞标签对 Spring MVC 的前端控制器 DispatcherServlet 进行配置,并命名为 springmvc;＜init-param＞标签设置了 Spring MVC 启动时要加载的 XML 配置文件的路径及名称;＜load-on-startup＞标签中设置值 1 表示 Spring 容器在启动时会立刻加载 springmvc 这个 Servlet;使用＜servlet-mapping＞标签下的子标签＜url-pattern＞进行配置,对整个项目的所有 URL 后缀为".do"的请求进行拦截,并将拦截后的请求交由 springmvc 这个 Servlet 进行控制,也就是交由 Spring MVC 的前端控制器 DispatcherServlet 进行处理。

(3) 在项目的 src 目录下创建配置文件 springmvc-config.xml,对 Spring 组件及 Spring MVC 框架进行配置。

15.4　项目 1：简单的用户登录

1. 项目构思

采用 Spring 和 Spring MVC 框架开发一个简单的用户登录程序。

2. 项目设计

(1) 创建 3 个 JSP 页面：login.jsp(登录页面),success.jsp(登录成功页面)和 error.jsp(登录失败页面)。

(2) 创建一个控制器类 action.UserController.java,完成用户操作的处理。该类包含方法 login(),用于实现用户登录操作的处理。使用@RequestMapping 注解将请求地址映射到类或方法上。

(3) 创建一个业务处理类 service.UserService.java,实现用户相关操作的业务逻辑。该类包含方法 loginCheck(),用于判断用户名和密码是否正确。使用@Service 注解表明该类是一个业务逻辑类,默认使用名字进行自动装配。

（4）创建 Spring MVC 的配置文件，对 Spring 组件及 Spring MVC 框架进行配置：配置 Spring 对哪些包进行扫描，配置使用注解驱动，配置视图解析器。

3. 项目实施

1）视图层

```
文件名:login.jsp
<%@ page contentType="text/html;charset=utf-8"%>
<html>
<head>
<title>登录页面</title>
</head>
<body>
    <form action="${pageContext.request.contextPath }/user/login.do" method="post">
        <table align="center">
            <tr>
                <td>用户名:</td>
                <td><input type="text" name="username"></td>
            </tr>
            <tr>
                <td>密 码:</td>
                <td><input type="password" name="password"></td>
            </tr>
            <tr>
                <td colspan="2" align="center">
                    <input type="submit" value="登录">
                    <input type="reset" value="取消">
                </td>
            </tr>
        </table>
    </form>
</body>
</html>


文件名:success.jsp
<%@ page contentType="text/html; charset=utf-8" %>
<html>
  <head>
    <title>欢迎页面</title>
  </head>
  <body>
    <h2>登录成功!</h2>
  </body>
```

```
</html>
```

文件名：error.jsp
```jsp
<%@ page contentType="text/html;charset=utf-8"%>
<html>
<head>
<title>错误页面</title>
</head>
<body>
    <h2 style="color:red;">用户名密码错误!</h2>
    <a href="${pageContext.request.contextPath }/views/login.jsp">返回</a>
</body>
</html>
```

2）控制层

文件名：UserController.java
```java
package action;
import org.springframework.beans.factory.annotation.Autowired;
import org.springframework.stereotype.Controller;
import org.springframework.web.bind.annotation.RequestMapping;
import service.UserService;

@Controller
@RequestMapping("/user")
public class UserController {

    @Autowired
    public UserService us;
    @RequestMapping("/login.do")
    public String login(String username, String password) {
        if(us.loginCheck(username, password)) {
            return "success";
        }else {
            return "error";
        }

    }
}
```

3）业务逻辑层

```java
package service;
import org.springframework.stereotype.Service;
```

```java
@Service
public class UserService {
    public boolean loginCheck(String username, String password) {
        if ("admin".equals(username) && "123".equals(password)) {
            return true;                          //登录成功
        } else {
            return false;                         //登录失败
        }
    }
}
```

4）配置文件

在项目的 src 目录下创建配置文件 springmvc-config.xml，代码如下：

文件名：springmvc-config.xml

```xml
<beans xmlns="http://www.springframework.org/schema/beans"
    xmlns:xsi="http://www.w3.org/2001/XMLSchema-instance"
    xmlns:context="http://www.springframework.org/schema/context"
    xmlns:mvc="http://www.springframework.org/schema/mvc"
    xsi:schemaLocation="http://www.springframework.org/schema/beans
    http://www.springframework.org/schema/beans/spring-beans.xsd
    http://www.springframework.org/schema/context
    http://www.springframework.org/schema/context/spring-context.xsd
    http://www.springframework.org/schema/mvc
    http://www.springframework.org/schema/mvc/spring-mvc.xsd">
<!--配置 Spring 对指定包 action、service 包下的所有类进行扫描，进行注解解析-->
    <context:component-scan base-package="action"/>
    <context:component-scan base-package="service"/>
    <!-- 使用注解驱动 Spring MVC-->
    <mvc:annotation-driven />
    <!-- 配置视图解析器 -->
    <bean
        class="org.springframework.web.servlet.view.InternalResourceViewResolver">
        <property name="prefix" value="/views/" />
        <property name="suffix" value=".jsp" />
    </bean>
</beans>
```

4. 项目运行

在浏览器地址栏中输入 URL："http://localhost:8080/ch15/views/login.jsp"，用户名输入 admin，密码输入 123，运行结果如图 15-2 所示。

图 15-2　登录成功运行结果

15.5　MyBatis 框架

15.5.1　MyBatis 框架概述

MyBatis 是一款优秀的持久层框架，它支持定制化 SQL、存储过程以及高级映射。MyBatis 免除了几乎所有的 JDBC 代码和手动设置参数以及获取结果集的工作，它与 Hibernate 一样，也是一种 ORM 框架。由于其性能优异，具有可优化、可维护和高度灵活等特点，目前已成为一些企业项目的首选框架。

MyBatis 原本是 Apache 的一个开源项目 iBatis。2010 年这个项目由 Apache Software Foundation 迁移到了 Google Code，并且改名为 MyBatis，2013 年 11 月这个项目又迁移到 Github。在 MyBatis 官方 GitHub 地址 https://github.com/mybatis/mybatis-3 中可以下载 MyBatis 框架的源码包和发行包。

MyBatis 具有如下特点：

（1）简单易学。

MyBatis 小且简单，没有任何第三方依赖。只需安装一个 jar 文件，然后配置几个 SQL 映射文件即可。MyBatis 易于学习，易于使用。通过文档和源代码，可以比较完全地掌握它的设计思路和实现。

（2）灵活。

MyBatis 不会对应用程序或者数据库的现有设计强加任何影响。这种框架将 SQL 写在 XML 文件里，便于统一管理和优化。MyBatis 解除了 SQL 与程序代码的耦合，通过提供 DAO 层，将业务逻辑和数据访问逻辑分离，使系统的设计更清晰，更易维护，更易进行单元测试。

（3）提供映射标签。

MyBatis 支持对象与数据库的 ORM 字段关系映射，支持对象关系组建维护，提供 XML 标签，支持编写动态 SQL。

15.5.2　MyBatis 工作原理

1. MyBatis 核心类

（1）Configuration。

Configuration 就像是 MyBatis 的总管，MyBatis 所有的配置信息都保存在 Configuration 对

象之中,配置文件中的大部分配置都会存储到该类中。Configuration 还提供了设置这些配置信息的方法。Configuration 可以从配置文件里获取属性值,也可以通过程序直接设置。

(2) SqlSessionFactory。

每个基于 MyBatis 的应用都以一个 SqlSessionFactory 的实例为中心。SqlSessionFactory 的实例可以通过 SqlSessionFactoryBuilder 获得。而 SqlSessionFactoryBuilder 则可以从 XML 配置文件或预先定制的 Configuration 实例构建出 SqlSessionFactory 的实例。SqlSessionFactory 一旦被创建就在应用的运行期间一直存在,建议使用单例模式或者静态单例模式。

(3) SqlSession。

既然有了 SqlSessionFactory,顾名思义,就可以从中获得 SqlSession 的实例了。作为 MyBatis 主要的顶层 API,SqlSession 表示和数据库交互时的会话,完全包含了面向数据库执行 SQL 命令所需的所有方法。SqlSession 是一个接口,它有两个实现类,分别是 DefaultSqlSession 以及 SqlSessionManager。SqlSession 通过内部存放的执行器(Executor)来对数据进行 CRUD(增加、检索、更新和删除)。此外,每个线程都应该有它自己的 SqlSession 实例。SqlSession 的实例不是线程安全的,因此不能共享,使用后需确保关闭。

(4) Executor。

MyBatis 的执行器 Executor 是 MyBatis 调度的核心,负责 SQL 语句的生成和查询缓存的维护。

(5) MappedStatement

MappedStatement 对应配置文件中的一个＜select|update|delete|insert＞节点,它描述的就是一条 SQL 语句。

2. MyBatis 工作流程

MyBatis 的工作流程大致如下:

(1) 解析配置文件,初始化 Configuration 对象。

(2) 获得 MyBatis 应用的核心实例 SqlSessionFactory。SqlSessionFactory 的实例可以通过 SqlSessionFactoryBuilder 获得。而 SqlSessionFactoryBuilder 既可以从 XML 配置文件中,也可以从一个预先定制的 Configuration 实例中构建出 SqlSessionFactory 的实例。

(3) 从 SqlSessionFactory 中获取 SqlSession 实例,执行具体的 SQL 请求。

(4) SqlSession 根据 Statement ID,在 MyBatis 配置对象 Configuration 中获取到对应的 MappedStatement 对象,然后调用 Executor 来执行具体的操作。

(5) 将操作数据库的结果按照映射的配置进行转换,可以转换成 HashMap、POJO 或者基本数据类型,并将最终结果返回。

15.5.3 MyBatis 核心配置文件

MyBatis 的核心配置文件默认命名为 mybatis-config.xml,程序运行前会加载这个文件,它包含了影响 MyBatis 行为的设置和属性信息。配置文档的顶层结构如下。

```
<configuration>(配置)
    <properties/>(属性)
```

```
<settings/>(设置)
<typeAliases/>(类型别名)
<typeHandlers/>(类型处理器)
<objectFactory/>(对象工厂)
<plugins/>(插件)
<environments>(环境配置)
<environment>(环境变量)
    <transactionManager/>(事务管理器)
    <dataSource>(数据源)
<databaseIdProvider/>(数据库厂商标识)
<mappers/>(映射器)
```

下面简要介绍一下常用元素。

1. 属性（properties）

属性都是可外部配置且可动态替换的，既可以在典型的 Java 属性文件中配置，亦可通过 properties 元素的子元素来传递，代码如下：

```
<properties resource="db.properties">
  <property name="username" value="root"/>
  <property name="password" value="root"/>
</properties>
```

这样，其中的属性就可以在整个配置文件中替换成所需的动态属性值，代码如下：

```
<dataSource type="POOLED">
  <property name="driver" value="${driver}"/>
  <property name="url" value="${url}"/>
  <property name="username" value="${username}"/>
  <property name="password" value="${password}"/>
</dataSource>
```

这段代码中的 username 和 password 将会由 properties 元素中设置的相应值来替换。driver 和 url 属性将会由 db.properties 文件中对应的值来替换。这样就为配置提供了诸多灵活选择。

2. 类型别名（typeAliases）

类型别名是为 Java 类型设置一个短的名称。它只和 XML 配置有关，存在的意义仅在于减少类完全限定名的冗余，代码如下：

```
<typeAliases>
  <typeAlias alias="Student" type="cn.edu.example.mybatis.po.Student" />
  <typeAlias alias="Customer" type="cn.edu.example.mybatis.po.Customer" />
</typeAliases>
```

当这样配置时，Student 可以用在任何使用 cn.edu.example.mybatis.po.Student 的地方。

也可以指定一个包名，MyBatis 会在包名下面搜索需要的 Java Bean，代码如下：

```xml
<typeAliases>
  <package name="cn.edu.example.mybatis.po"/>
</typeAliases>
```

包 cn.edu.example.mybatis.po 中的每一个 Java Bean 在没有注解的情况下，会使用 Bean 的首字母小写的非限定类名来作为它的别名。例如，cn.edu.example.mybatis.po.Student 的别名为 student；若有注解，则别名为其注解值，代码如下：

```java
@Alias("Student")
public class Student {
    ...
}
```

3. 环境配置（environments）

环境元素定义了如何配置环境。

```xml
<environments default="mysql">
  <environment id="mysq">
    <transactionManager type="JDBC">
      <property name="..." value="..."/>
    </transactionManager>
    <dataSource type="POOLED">
      <property name="driver" value="${driver}"/>
      <property name="url" value="${url}"/>
      <property name="username" value="${username}"/>
      <property name="password" value="${password}"/>
    </dataSource>
  </environment>
</environments>
```

本段代码的关键点包括：默认使用的环境 ID（如：default="mysql"）；每个 environment 元素定义的环境 ID（如：id="mysql"）；事务管理器的配置（如：type="JDBC"）；数据源的配置（如：type="POOLED"）。

(1) 事务管理器（transactionManager）。

在 MyBatis 中有两种类型的事务管理器，也就是 type="[JDBC|MANAGED]"。

① JDBC：这个配置直接使用了 JDBC 的提交和回滚设置，它依赖从数据源得到的连接管理事务作用域。

② MANAGED：这个配置自身并不实现事务管理。它从来不提交或回滚连接，而是让

容器来管理事务的整个生命周期。默认情况下它会关闭连接,与一些容器的需求相悖,因此需要将 closeConnection 属性设置为 false 来阻止它默认的关闭行为。

如果读者正在使用 Spring+MyBatis,则没有必要配置事务管理器,因为 Spring 模块会使用自带的管理器来覆盖前面的配置。

(2)数据源(dataSource)。

dataSource 元素使用标准的 JDBC 数据源接口配置 JDBC 连接对象的资源。许多 MyBatis 的应用程序都会配置数据源,虽然数据源配置是可选的,但如果要启用延迟加载特性,就必须配置数据源。MyBatis 有三种内建的数据源类型,即 type="[UNPOOLED|POOLED|JNDI]"。

① UNPOOLED:这种数据源的实现是每次被请求时打开和关闭连接。虽然速度不快,但对于在数据库连接可用性方面没有太高要求的简单应用程序而言,是一个很好的选择。不同的数据库在性能方面的表现也不相同,对于某些数据库来说,使用连接池并不重要,这个配置就很适合这种情形。

② POOLED:这种数据源的实现利用"池"的概念将 JDBC 连接对象组织起来,免除了创建新的连接实例时所必需的初始化和认证时间。这是一种使并发 Web 应用快速响应请求的流行处理方式。

③ JNDI:JNDI 即 Java 命名和目录接口,这种数据源的实现允许在 EJB 或应用服务器等容器中进行配置。容器可以集中或在外部配置数据源,并放置 JNDI 用于上下文的引用。

4. 映射器(mappers)

映射器为 MyBatis 指示包含 SQL 语句的映射文件的位置,比较常用的方式是使用相对于类路径的资源引用,完全限定资源定位符或类名和包名等指示映射文件的位置。代码如下:

```xml
<!-- 使用相对于类路径的资源引用 -->
<mappers>
    <mapper resource="cn/edu/example/mybatis/mapper/CustomerMapper.xml" />
    <mapper resource="cn/edu/example/mybatis/mapper/StudentMapper.xml" />
</mappers>
<!-- 使用完全限定资源定位符(URL) -->
<mappers>
    <mapper url="file:///var/mappers/CustomerMapper.xml" />
    <mapper url="file:///var/mappers/StudentMapper.xml" />
</mappers>
<!-- 使用映射器接口实现类的完全限定类名 -->
<mappers>
    <mapper class="cn.edu.example.mybatis.mapper.CustomerMapper" />
    <mapper class="cn.edu.example.mybatis.mapper.StudentMapper" />
</mappers>
<!-- 将包内的映射器接口实现全部注册为映射器 -->
<mappers>
```

```
<package name="cn.edu.example.mybatis.mapper"/>
</mappers>
```

15.5.4 MyBatis 映射文件

MyBatis 的真正强大之处在于它的 SQL 映射文件,这是它的魅力所在。映射文件采用 XML 文件格式。如果将它与具有相同功能的 JDBC 代码进行对比,会发现几乎减少了将近 95% 的代码,尽可能地提高了编写效率。

SQL 映射文件只有很少的几个顶级元素(按照应被定义的顺序列出):

(1) cache:对给定命名空间的缓存配置。
(2) cache-ref:对其他命名空间缓存配置的引用。
(3) resultMap:最复杂也是最强大的元素,用来描述如何从数据库结果集中加载对象。
(4) sql:可被其他语句引用的可重用语句块。
(5) insert:映射插入语句。
(6) update:映射更新语句。
(7) delete:映射删除语句。
(8) select:映射查询语句。

下面详细介绍几个常用元素。

1. insert/update/delete

insert/update/delete 元素可以进行数据变更,它们的属性如表 15-1 所示。

表 15-1 insert/update/delete 元素属性说明

属　　性	描　　述
id	命名空间中的唯一标识符,可用来代表这条语句
parameterType	传入参数的完全限定类名或别名。这个属性是可选的,因为 MyBatis 可以通过类型处理器推断出具体传入语句的参数,默认值为未设置(unset)
flushCache	设置为 true 后,只要语句被调用,都会导致本地缓存和二级缓存被清空,默认值为 true(对于 insert、update 和 delete 语句)
timeout	在抛出异常之前,驱动程序等待数据库返回请求结果的秒数。默认值为未设置(unset)(依赖驱动)
statementType	STATEMENT、PREPARED 或 CALLABLE 中的一个,令 MyBatis 分别使用 Statement、PreparedStatement 或 CallableStatement,默认值为 PREPARED
useGeneratedKeys	(仅对 insert 和 update 有用)令 MyBatis 使用 JDBC 的 getGeneratedKeys 方法取出由数据库内部生成的主键(如 MySQL 和 SQL Server 等关系数据库管理系统的自动递增字段),默认值为 false
keyProperty	(仅对 insert 和 update 有用)唯一标记一个属性,MyBatis 会通过 getGeneratedKeys 的返回值或者通过 insert 语句的 selectKey 子元素设置它的键值,默认值为未设置(unset)。如果希望得到多个生成的列,也可以设置为用逗号分隔的属性名称列表

续表

属　性	描　述
keyColumn	（仅对 insert 和 update 有用）通过生成的键值设置表中的列名。这个设置仅在某些数据库（如 PostgreSQL）中是必需的，当主键列不是表中的第一列的时候需要设置。如果希望使用多个生成的列，也可以设置为用逗号分隔的属性名称列表

2. select

select 是 MyBatis 最常用的元素之一。操作数据时，仅把数据存到数据库中价值并不大，还需要能够读取数据。在大多数应用中，查询远比更新频繁，这也是 MyBatis 聚焦于查询和结果映射的原因。每个插入、更新或删除操作通常会伴随着多个查询操作。select 元素的常用属性如表 15-2 所示。

表 15-2　select 元素属性说明

属　性	描　述
id	在命名空间中唯一的标识符，可以用来引用这条语句
parameterType	传入参数的完全限定名或别名。这个属性是可选的，因为 MyBatis 可以通过类型处理器（TypeHandler）推断出具体传入语句的参数，默认值为未设置（unset）
resultType	从这条语句中返回的期望类型的类的完全限定名或别名。注意，如果返回的是集合，则应该设置为集合包含的类型，而不是集合本身。该属性不与 resultMap 属性同时使用
resultMap	外部 resultMap 的命名引用。结果集的映射是 MyBatis 最强大的特性，可以使用 resultMap 或 resultType，但 resultMap 不与 resultType 属性同时使用
timeout	在抛出异常之前，驱动程序等待数据库返回请求结果的秒数。默认值为未设置（unset）（依赖驱动）
statementType	STATEMENT，PREPARED 或 CALLABLE 中的一个，令 MyBatis 分别使用 Statement、PreparedStatement 或 CallableStatement，默认值为 PREPARED
resultSetType	FORWARD_ONLY，SCROLL_SENSITIVE，SCROLL_INSENSITIVE 或 DEFAULT（等价于 unset）中的一个，默认值为 unset（依赖驱动）

3. resultMap

resultMap 元素是 MyBatis 中最重要、功能最强大的元素。它可以帮助编程者从 JDBC 结果集数据提取代码中解放出来，并在一些情形下允许编程者进行一些 JDBC 不支持的操作。resultMap 的设计思想是：对于简单的语句，根本不需要配置显式的结果映射；而对于较复杂的语句，只需要描述它们的关系即可。代码如下：

```
<select id="findStudentByStuno" parameterType="Integer" resultType="Student">
select * from t_student where stuno = #{stuno}
</select>
```

在上面的代码中，MyBatis 会自动创建一个 resultMap，再基于属性名映射列到 JavaBean 或 POJO 的属性上。如果列名和属性名没有精确匹配，可以通过在 select 语句中对列使用别名来匹配属性名。

resultMap 的优点在于无须显式配置。上面的示例根本不需要烦琐的配置,但对于复杂的情况,将会使用外部 resultMap 元素。如果使用外部的 resultMap,在引用它的语句中需要使用 resultMap 属性而不是 resultType 属性。

15.6 项目 2：使用 SSM 框架开发图书管理系统

1. 项目构思

在软件工程领域,为了降低模块耦合度,提高模块的可重用性,分层一直是广为采纳的方法。通过分层可以细化软件开发的分工,而且在每一层的应用中都可以采用相应的框架来实现,这样可以显著提高开发的效率。因此,在 Web 开发中采用 Spring+Spring MVC+MyBatis 的架构(简称 SSM)是一个很好的选择。

本项目采用 SSM 框架实现第 6 章中的图书管理系统,实现图书信息的浏览、添加、修改和删除功能。

2. 项目设计

本项目被划分为以下四层。

（1）表示层：负责与用户交互,包括接收用户请求并响应给用户。项目中通过 Spring MVC 框架对控制层进行管理。

（2）业务逻辑层：主要负责具体的业务处理。项目中通过 Spring 框架对业务逻辑层进行管理。

（3）数据持久层：实现对数据库的访问。项目中通过 MyBatis 框架来简化实际的编码。

（4）域模型层：具体的实体类,用于层与层之间的数据传输,通过 Spring MVC 框架和 MyBatis 框架减少了开发人员创建和维护数据的困难。

根据以上分层原则,列举程序所需文件及功能如表 15-3 所示,项目配置文件说明如表 15-4 所示。

表 15-3 项目所需文件及功能

分层	文 件 名	描 述
表示层	book.action.BookAction.java	程序的核心控制类,调用业务逻辑,响应用户
	index.jsp	系统首页
	book.css	样式文件
	book.js	JavaScript 文件
	/WEB-INF/book/list.jsp	浏览所有图书信息,并提供添加、修改和删除图书的超级链接
	/WEB-INF/book/add.jsp	添加图书信息页面
	/WEB-INF/book/edit.jsp	编辑图书信息页面,该页面会显示待修改的图书信息
	/WEB-INF/book/success.jsp	成功页面
	/WEB-INF/book/failure.jsp	出错页面

续表

分层	文件名	描述
业务逻辑层	book.service.BookService.java	图书管理的业务逻辑操作接口
	book.service.BooServiceImpl.java	图书管理的业务逻辑操作的实现
数据持久层	book.mapper.BookMapper.java	bookinfo 表的增、删、改、查操作接口
	book.mapper.BookMapper.xml	bookinfo 表的增、删、改、查操作的 SQL 语句
域模型层	book.entity.Book.java	代表 bookinfo 表的实体类

表 15-4 项目配置文件说明

文件名	位置	说明
web.xml	/WEB-INF	Web 项目的配置文件
applicationContext.xml	/WEB-INF/classes	Spring 框架的配置文件
springmvc-config.xml	/WEB-INF/classes	Spring MVC 框架的配置文件
mybatis_config.xml	/WEB-INF/classes	MyBatis 框架的配置文件

3. 项目实施

1）搭建项目整体结构

（1）新建 Web 项目 book。

（2）在项目的 src 目录下，按照图 15-3 的结构创建 Java 程序包。

（3）按照 15.2.2 节配置 Spring 框架。

（4）按照 15.3.4 节配置 Spring MVC 框架。

（5）将 MyBatis 发行包中的 mybatis-3.5.2.jar 文件复制到 Web 项目的 WEB-INF/lib 文件夹下。

（6）整合 MyBatis 框架和 Spring 框架，将 MyBatis 依托 Spring 管理。在 https://mvnrepository.com/artifact/org.mybatis/mybatis-spring 网站下载 MyBatis-Spring 框架的 jar 包，将其复制到 Web 项目的 WEB-INF/lib 文件夹下。

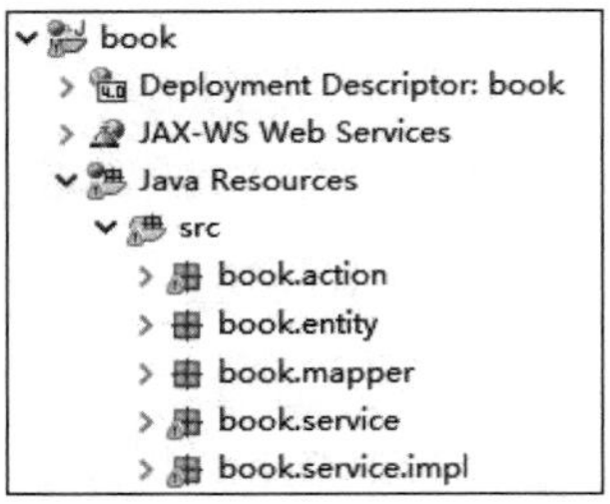

图 15-3 book 项目的 Java 程序包结构

（7）项目需要连接数据库，因此需要在 WEB-INF/lib 文件夹下添加 MySQL 数据库的驱动程序 jar 文件 mysql-conector-java-8.0.22.jar 以及 Spring 框架所依赖的 jar 文件 spring-tx-5.3.4.jar 和 spring-jdbc-5.3.4.jar。

（8）项目需要使用 JSTL 标准标签库，因此需要在 WEB-INF/lib 文件夹下添加所需的 4 个 jar 文件。

全部整合完成后，项目的 WEB-INF/lib 文件夹结构如图 15-4 所示。

2）编写配置文件

（1）在项目的 src 目录下，创建 Spring 的配置文件 applicationContext.xml，配置数据源

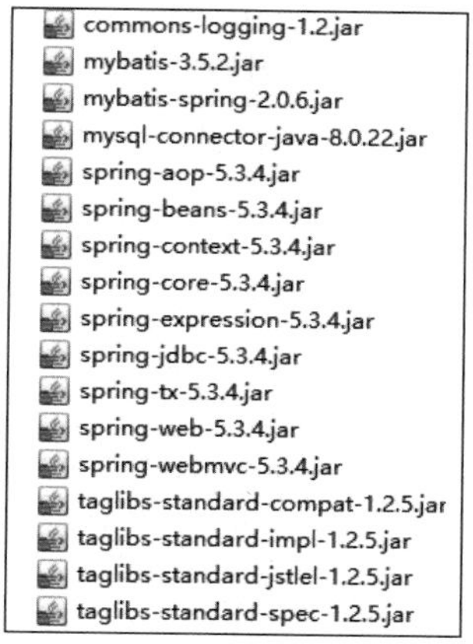

第 15 章　Java Web 开发框架　401

图 15-4　book 项目的 WEB-INF/lib 文件夹结构

和 MyBatis，代码如下：

```
文件名：applicationContext.xml
<?xml version="1.0" encoding="UTF-8" ?>
 <beans xmlns:xsi="http://www.w3.org/2001/XMLSchema-instance"
    xmlns="http://www.springframework.org/schema/beans"
    xsi:schemaLocation="http://www.springframework.org/schema/beans
    http://www.springframework.org/schema/beans/spring-beans.xsd">
    <!-- 1.配置数据源 -->
    <bean id="dataSource"
       class="org.springframework.jdbc.datasource.DriverManagerDataSource">
       <property name="driverClassName" value="com.mysql.cj.jdbc.Driver" />
       <property name="url" value="jdbc:mysql://localhost:3306/book?serverTimezone=GMT" />
       <property name="username" value="root" />
       <property name="password" value="root" />
    </bean>
    <!-- 2.配置 mybatis:配置 SqlSessionFactory -->
    <bean id="sqlSessionFactory" class="org.mybatis.spring.SqlSessionFactoryBean">
       <property name="dataSource" ref="dataSource" />
       <property name="configLocation" value="classpath:mybatis_config.xml"></property>
    </bean>
    <!-- 3.Spring 和 MyBatis 整合：配置扫描 Dao 接口的包，动态实现 Dao 接口，注入到 Spring 容器中 -->
    <bean class="org.mybatis.spring.mapper.MapperScannerConfigurer">
       <!-- 给出需要扫描的 Dao 接口包，set 注入-->
       <property name="basePackage" value="book.mapper" />
```

```xml
            <property name="sqlSessionFactoryBeanName" value="sqlSessionFactory"
></property>
        </bean>
</beans>
```

（2）在项目的 src 目录下，创建 MyBatis 的配置文件 mybatis_config.xml，配置实体类别名和需要加载的 SQL 映射文件，代码如下：

```xml
文件名:mybatis_config.xml
<?xml version="1.0" encoding="UTF-8"?>
<!DOCTYPE configuration
    PUBLIC "-//mybatis.org//DTD Config 3.0//EN"
    "http://mybatis.org/dtd/mybatis-3-config.dtd">
<configuration>
    <!-- 配置类别名 -->
    <typeAliases>
        <!-- <typeAlias type="book.entity.Book" alias="book" /> -->
        <package name="book.entity"/>
    </typeAliases>
    <!-- 配置需要加载的 SQL 映射配置文件的路径-->
    <mappers>
        <!-- <mapper resource="book/mapper/BookMapper.xml" /> -->
        <package name="book.mapper "/>
    </mappers>
</configuration>
```

（3）在项目的 src 目录下，创建 Spring MVC 的配置文件 springmvc-config.xml，对 Spring 组件及 Spring MVC 框架进行配置，代码如下：

```xml
文件名:springmvc-config.xml
<beans xmlns="http://www.springframework.org/schema/beans"
    xmlns:xsi="http://www.w3.org/2001/XMLSchema-instance"
    xmlns:context="http://www.springframework.org/schema/context"
    xmlns:mvc="http://www.springframework.org/schema/mvc"
    xsi:schemaLocation="http://www.springframework.org/schema/beans
    http://www.springframework.org/schema/beans/spring-beans.xsd
    http://www.springframework.org/schema/context
    http://www.springframework.org/schema/context/spring-context.xsd
    http://www.springframework.org/schema/mvc
    http://www.springframework.org/schema/mvc/spring-mvc.xsd">
<!--配置 Spring 对指定包 action、service 包下的所有类进行扫描，进行注解解析-->
    <context:component-scan base-package="book.action"/>
    <context:component-scan base-package="book.service"/>
    <!-- 使用注解驱动 Spring MVC-->
```

```xml
    <mvc:annotation-driven />
    <!-- 配置视图解析器 -->
    <bean
        class="org.springframework.web.servlet.view.InternalResourceViewResolver">
        <property name="prefix" value="/WEB-INF/book/" />
        <property name="suffix" value=".jsp" />
    </bean>
</beans>
```

（4）在项目的 WEB-INF/web.xml 文件中配置编码过滤器、Spring 以及 Spring MVC 框架，代码如下：

文件名：web.xml
```xml
<?xml version="1.0" encoding="UTF-8"?>
<web-app xmlns:xsi="http://www.w3.org/2001/XMLSchema-instance"
    xmlns="http://xmlns.jcp.org/xml/ns/javaee"
    xsi:schemaLocation="http://xmlns.jcp.org/xml/ns/javaee http://xmlns.jcp.org/xml/ns/javaee/web-app_4_0.xsd"
    id="WebApp_ID" version="4.0">
    <!-- 配置编码过滤器 -->
    <filter>
        <filter-name>charsetFilter</filter-name>
        <filter-class>org.springframework.web.filter.CharacterEncodingFilter</filter-class>
        <init-param>
            <param-name>encoding</param-name>
            <param-value>UTF-8</param-value>
        </init-param>
        <init-param>
            <param-name>forceEncoding</param-name>
            <param-value>true</param-value>
        </init-param>
    </filter>
    <filter-mapping>
        <filter-name>charsetFilter</filter-name>
        <url-pattern>/*</url-pattern>
    </filter-mapping>
    <!-- 配置加载 Spring 文件的监听器-->
    <context-param>
        <param-name>contextConfigLocation</param-name>
        <param-value>classpath:applicationContext.xml</param-value>
    </context-param>
```

```xml
<listener>
    <listener-class>
        org.springframework.web.context.ContextLoaderListener
    </listener-class>
</listener>
<servlet>
    <!-- 配置 Spring MVC 的前端控制器 DispatcherServlet,将其命名为 springmvc -->
    <servlet-name>springmvc</servlet-name>
    <servlet-class>org.springframework.web.servlet.DispatcherServlet</servlet-class>
    <!-- 配置项目初始化时需要加载的配置文件为类根路径下的 springmvc-config.xml 文件 -->
    <init-param>
        <param-name>contextConfigLocation</param-name>
        <param-value>classpath:springmvc-config.xml</param-value>
    </init-param>
    <!-- 表示容器在启动时立即加载本 Servlet -->
    <load-on-startup>1</load-on-startup>
</servlet>
<servlet-mapping>
    <servlet-name>springmvc</servlet-name>
    <url-pattern>*.do</url-pattern>
</servlet-mapping>
</web-app>
```

3) 实现域模型层

创建与 bookinfo 表对应的实体类,代码如下:

```java
文件名:Book.java
package book.entity;

public class Book implements java.io.Serializable {
    private static final long serialVersionUID = 1L;
    private int id;
    private String bookname;
    private String author;
    private String press;
    private float price;
    public Book() {
    }
    public Book(String bookname, String author, String press, float price) {
        this.bookname = bookname;
        this.author = author;
```

```java
        this.press = press;
        this.price = price;
    }
    public int getId() {
        return this.id;
    }
    public void setId(int id) {
        this.id = id;
    }
    public String getBookname() {
        return this.bookname;
    }
    public void setBookname(String bookname) {
        this.bookname = bookname;
    }
    public String getAuthor() {
        return this.author;
    }
    public void setAuthor(String author) {
        this.author = author;
    }
    public String getPress() {
        return this.press;
    }
    public void setPress(String press) {
        this.press = press;
    }
    public float getPrice() {
        return this.price;
    }
    public void setPrice(float price) {
        this.price = price;
    }
    @Override
    public String toString() {
        return "Book [id=" + id + ", bookname=" + bookname + ", author=" + author + ",
            press=" + press + ", price="+ price + "]";
    }
}
```

4）实现数据持久层

根据项目功能，编写持久化层的数据操作接口，代码如下：

文件名：BookMapper.java
```java
package book.mapper;
import java.util.List;
import book.entity.Book;
public interface BookMapper {
    public List<Book> findAllBook();
    public Book findBookById(int id);
    public int addBook(Book b);
    public int delBook(int id);
    public int editBook(Book b);
}
```

根据数据操作接口，在配置文件中编写相应的 SQL 语句，代码如下：

文件名：BookMapper.xml
```xml
<?xml version="1.0" encoding="UTF-8"?>
<!DOCTYPE mapper
  PUBLIC "-//mybatis.org//DTD Mapper 3.0//EN"
  "http://mybatis.org/dtd/mybatis-3-mapper.dtd">
<mapper namespace="book.mapper.BookMapper">
    <select id="findAllBook" resultType="book">
        select * from bookinfo
    </select>
    <select id="findBookById" parameterType="Integer" resultType="book">
        select * from bookinfo where id = #{id}
    </select>
    <insert id="addBook" parameterType="book">
        insert into bookinfo values (null, #{bookname}, #{author}, #{press}, #{price})
    </insert>
    <delete id="delBook" parameterType="Integer">
        delete from bookinfo where id = #{id}
    </delete>
    <update id="editBook" parameterType="book">
        update bookinfo set bookname = #{bookname}, author = #{author}, press = #{press},
        price = #{price} where id = #{id}
    </update>
</mapper>
```

5）实现业务逻辑层

业务逻辑层由 Spring 框架支持。需要抽象出业务逻辑的接口，并编写接口的实现类。根据项目功能，创建业务逻辑接口 BookService，代码如下：

文件名：BookService.java
```java
package book.service;
import java.util.List;
import org.springframework.stereotype.Service;
import book.entity.Book;
public interface BookService {
    public List<Book> getAllBooks();
    public Book getBookById(int id);
    public int addBook(Book b);
    public int delBook(int id);
    public int updateBook(Book b);
}
```

由于维护 bookinfo 表需要添加、更新、删除、浏览等功能，因此在接口中封装了 5 个方法来满足其业务需求。BookService 的实现类为 BookServiceImpl，代码如下：

文件 BookServiceImpl.java
```java
package book.service.impl;
import java.util.List;
import org.springframework.beans.factory.annotation.Autowired;
import org.springframework.stereotype.Service;
import book.entity.Book;
import book.mapper.BookMapper;
import book.service.BookService;
@Service
public class BookServiceImpl implements BookService {

    @Autowired
    private BookMapper bookMapper;
    @Override
    public List<Book> getAllBooks() {
        return bookMapper.findAllBook();
    }
    @Override
    public Book getBookById(int id) {
        return bookMapper.findBookById(id);
    }
    @Override
    public int addBook(Book b) {
        return bookMapper.addBook(b);
    }
    @Override
    public int delBook(int id) {
```

```java
        return bookMapper.delBook(id);
    }
    @Override
    public int updateBook(Book b) {
        return bookMapper.editBook(b);
    }
}
```

在实现接口的方法中调用 BookMapper 完成对数据库的各类操作,从而实现图书管理系统的业务需求。

6) 实现表示层

表示层采用 Spring MVC 框架完成,包括视图和控制两部分。视图部分负责与用户交互,由 JSP 页面实现;控制部分负责接收用户的请求,调用相应的业务逻辑完成操作,并选择合适的视图返回给用户,由 Spring MVC 的控制器实现。

在图书管理系统中,控制器 BookAction 负责接收用户添加、修改、删除和读取图书信息的请求,并调用业务逻辑层完成相应操作,最后返回。代码如下:

```java
文件名:BookAction.java
package book.action;
import org.springframework.beans.factory.annotation.Autowired;
import org.springframework.stereotype.Controller;
import org.springframework.web.bind.annotation.ModelAttribute;
import org.springframework.web.bind.annotation.RequestBody;
import org.springframework.web.bind.annotation.RequestMapping;
import org.springframework.web.bind.annotation.RequestMethod;
import org.springframework.web.servlet.ModelAndView;
import book.entity.Book;
import book.service.BookService;
@Controller
public class BookAction {

    @Autowired
    public BookService bookService;             //注入业务逻辑对象

    /**
     * 显示所有图书信息
     */
    @RequestMapping("/list.do")
    public ModelAndView list() {
        ModelAndView mv = new ModelAndView("list");
        mv.addObject("books", bookService.getAllBooks());
        return mv;
    }
```

```java
/**
 * 准备添加单本图书信息
 */
@RequestMapping("/add.do")
public ModelAndView add() {
    ModelAndView mv = new ModelAndView("add");
    return mv;
}

/**
 * 添加单本图书信息
 */
@RequestMapping(value="/deal_add.do", method=RequestMethod.POST)
public ModelAndView dealAdd(Book b) {
    ModelAndView mv = new ModelAndView();
    int r = bookService.addBook(b);
    if(r==1) {
        mv.setViewName("success");
    }else
        mv.setViewName("failure");
    return mv;
}

/**
 * 获取单本图书信息
 */
@RequestMapping("/edit.do")
public ModelAndView edit(String id) {
    ModelAndView mv = new ModelAndView("edit");
    mv.addObject("book", bookService.getBookById(Integer.parseInt(id)));
    return mv;
}

/**
 * 更新单本图书信息
 */
@RequestMapping(value="/update.do", method=RequestMethod.POST)
public ModelAndView update(Book b) {
    ModelAndView mv = new ModelAndView();
    int r = bookService.updateBook(b);
    if(r==1) {
        mv.setViewName("success");
```

```
        }else
            mv.setViewName("failure");
        return mv;
    }

    /**
     * 删除单本图书信息
     */
    @RequestMapping("/del.do")
    public ModelAndView del(String id) {
        ModelAndView mv = new ModelAndView();
        int r = bookService.delBook(Integer.parseInt(id));
        if(r==1) {
            mv.setViewName("success");
        }else
            mv.setViewName("failure");
        return mv;
    }
}
```

视图部分的代码如下:

```
文件名:index.jsp
<%@ page contentType="text/html;charset=utf-8" %>
<%@ taglib prefix="c" uri="http://java.sun.com/jsp/jstl/core" %>
<html>
  <body>
    <c:redirect url="list.do" />
  </body>
</html>
```

文件名:book.js(同 3.4.3 节,略)
文件名:book.css(同 3.4.3 节,略)

```
文件名:list.jsp
<%@ page pageEncoding="utf-8" import="java.util.*" %>
<%@ taglib uri="http://java.sun.com/jsp/jstl/core" prefix="c"%>
<html>
<head>
<title>图书管理系统</title>
<link rel="stylesheet" href="book.css" type="text/css">
</head>
<body>
<h2 align="center">图书管理系统</h2>
```

```html
<p align="center"><a href="${pageContext.request.contextPath }/add.do">添加图书信息</a><p>
<table align="center" width="50%" border="1">
    <tr><th>书名</th><th>作者</th><th>出版社</th><th>价格</th><th>管理</th></tr>
    <c:forEach items="${books }" var="book">
        <tr><td>${book.bookname }</td>
            <td>${book.author }</td>
            <td>${book.press }</td>
            <td>${book.price }</td>
            <td><a href="${pageContext.request.contextPath }/edit.do?id=${book.id }">修改</a> 
            <a href="${pageContext.request.contextPath }/del.do?id=${book.id }" onclick="return confirm('确定要删除吗?')">删除</a></td></tr>
    </c:forEach>
</table>
</body>
</html>
```

文件名:add.jsp
```html
<%@ page pageEncoding="utf-8" %>
<html>
<head>
<title>添加图书信息</title>
<link rel="stylesheet" href="book.css" type="text/css">
<script type="text/javascript" src="book.js"></script>
</head>
<body>
<h2 align="center">添加图书信息</h2>
<form name="form1" onSubmit="return check()" action="${pageContext.request.contextPath }/deal_add.do" method="post">
<table align="center" width="30%" border="1">
    <tr><th width="30%">书名:</th>
        <td><input type="text" name="bookname"></td></tr>
    <tr><th>作者:</th>
        <td><input type="text" name="author"></td></tr>
    <tr><th>出版社:</th>
        <td><input type="text" name="press"></td></tr>
    <tr><th>价格:</th>
        <td><input type="text" name="price"></td></tr>
    <tr><th colspan="2">
        <input type="submit" value="添加">
        <input type="reset" value="重置"></th></tr>
```

```
    </table>
   </form>
  </body>
</html>
```

文件名：edit.jsp

```jsp
<%@ page pageEncoding="utf-8" %>
<%@ taglib uri="http://java.sun.com/jsp/jstl/core" prefix="c"%>
<html>
<head>
<title>修改图书信息</title>
<link rel="stylesheet" href="book.css" type="text/css">
<script type="text/javascript" src="book.js"></script>
</head>
<body>
    <c:if test="${!empty book }">
        <h2 align="center">修改图书信息</h2>
        <form name="form1" onSubmit="return check()" action="${pageContext.request.contextPath }/update.do" method="post">
        <input type="hidden" name="id" value="${book.id }">
        <table align="center" width="30%" border="1">
            <tr><th width="30%">书名:</th>
                <td><input type="text" name="bookname" value="${book.bookname }"></td></tr>
            <tr><th>作者:</th>
                <td><input type="text" name="author" value="${book.author }"></td></tr>
            <tr><th>出版社:</th>
                <td><input type="text" name="press" value="${book.press }"></td></tr>
            <tr><th>价格:</th>
                <td><input type="text" name="price" value="${book.price }"></td></tr>
            <tr><th colspan="2">
               <input type="submit" value="修改">
               <input type="reset" value="重置"></th></tr>
        </table>
        </form>
    </c:if>
</body>
</html>
```

文件名：failure.jsp

```
<%@ page pageEncoding="utf-8" %>
<html>
<head>
<meta charset="UTF-8">
<title>操作失败提示</title>
</head>
<body>
操作失败!
<a href="javascript:history.back()">返回</a>
</body>
</html>
```

文件名:success.jsp
```
<%@ page pageEncoding="utf-8" %>
<html>
<head>
<title>操作成功提示</title>
</head>
<body>
操作成功!
<a href="${pageContext.request.contextPath }/list.do">浏览图书信息</a>
</body>
</html>
```

4. 项目运行

基于 SSM 框架实现的图书管理系统的功能并未发生改变,因此这里不再赘述它的运行结果。

本章小结

Spring 是 Java 平台中的开源框架,是为了降低企业应用程序开发的复杂性而创建的。框架的主要优势之一是分层架构。分层架构允许对组件进行选择,同时为 Java EE 应用程序开发提供集成的框架。

Spring MVC 是在 Spring 框架的基础上,采用了 Web MVC 设计模式的一种轻量级 Web 框架,也是目前最为流行的一种 Web 框架。

MyBatis 是一款优秀的持久层框架,它支持定制化 SQL、存储过程以及高级映射。MyBatis 免除了几乎所有的 JDBC 代码和手动设置参数以及获取结果集的工作,它与 Hibernate 一样,也是一种 ORM 框架。

在实际的 Java Web 开发过程中,Spring + Spring MVC + MyBatis 的架构(简称 SSM)是一种很好的选择。

习题

1. 简述 Spring MVC 框架的工作流程。
2. 简述 MyBatis 框架核心配置文件中常用元素 properties、typeAliases 和 environments 的作用。
3. 简述如何整合 Spring 框架和 MyBatis 框架。
4. 简述 Spring 框架中 Bean 的装配方式。

实验

采用 SSM 框架实现 9.5 节的项目,完成用户注册和信息显示。

参 考 文 献

［1］ 文杰书院. Java Web 程序设计基础入门与实战(微课版)[M]. 北京：清华大学出版社，2020.
［2］ 刘晓华，张健，周慧贞. JSP 应用开发详解[M]. 3 版. 北京：电子工业出版社，2007.
［3］ 孙卫琴. Tomcat 与 Java.Web 开发技术详解[M]. 3 版. 北京：电子工业出版社，2019.